최단기문제풀이

통계학

공기업 **통계학**
최단기 문제풀이

개정 4판 발행		2024년 2월 29일
개정 5판 발행		2025년 1월 3일

편 저 자 | 취업적성연구소

발 행 처 | ㈜서원각

등록번호 | 1999-1A-107호

주　　소 | 경기도 고양시 일산서구 덕산로 88-45(가좌동)

교재주문 | 031-923-2051

팩　　스 | 031-923-3815

교재문의 | 카카오톡 플러스 친구[서원각]

홈페이지 | goseowon.com

Preface

청년 실업자가 45만 명에 육박, 국가 사회적으로 커다란 문제가 되고 있습니다. 정부의 공식 통계를 넘어 실제 체감의 청년 실업률은 23%에 달한다는 분석도 나옵니다. 이러한 상황에서 대학생과 대졸자들에게 '꿈의 직장'으로 그려지는 공기업에 입사하기 위해 많은 지원자들이 몰려들고 있습니다. 그래서 공사·공단에 입사하는 것이 갈수록 더 어렵고 간절해질 수밖에 없습니다.

많은 공사·공단의 필기시험에 통계학이 포함되어 있습니다. 통계학의 경우 내용이 워낙 광범위하기 때문에 체계적이고 효율적인 방법으로 공부하는 것이 무엇보다 중요합니다. 이에 서원각은 공사·공단을 준비하는 수험생들에게 필요한 것을 제공하기 위해 진심으로 고심하여 이 책을 만들었습니다.

본서는 수험생들이 보다 쉽게 통계학 과목에 대한 감을 잡도록 돕기 위하여 핵심이론을 요약하고 단원별 필수 유형문제를 엄선하여 구성하였습니다. 또한 해설과 함께 중요 내용에 대해 확인할 수 있도록 구성하였습니다.

수험생들이 본서와 함께 합격이라는 꿈을 이룰 수 있기를 바랍니다.

Structure

1 필수암기노트

반드시 알고 넘어가야 하는 핵심적인 내용을 일목요연하게 정리하여 학습의 맥을 잡아드립니다.

2 학습의 point

핵심이론 중 좀 더 확실한 대비를 위해 꼭 알아두어야 할 내용을 한눈에 파악할 수 있도록 표와 그림으로 구성하였습니다.

시험에 **2회 이상** 출제된

필수 암기노트

01 통계학의 기초지식

❶ 통계학이란 무엇인가?

(1) 통계학(statistics)의 정의

연구목적에 필요한 자료를 수집하여 정리, 요약, 분석함과 동시에, 제한된 자료에서 얻어진 정보로부터 합리적인 판단을 내릴 수 있는 과학적 방법을 제시해주는 학문

(2) 통계학의 기본 용어

① **모집단**(population) … 관심의 대상이 되는 모든 개체의 관측값이나 측정값의 집합

② **표본**(sample) … 모집단에서 추출된 관측값이나 측정값의 집합
   * 표본은 모집단의 특성을 잘 나타낼 수 있는 모집단의 부분집합이다.

③ **모수**(parameter) … 모집단의 특성을 수치로 나타낸 것

④ **통계량**(statistic) … 표본의 특성을 수치로 나타낸 것

모집단의 특성 : 모수(parameter)
모평균(μ), 모분산(σ^2), 모비율(p) 등

표본의 특성 : 통계량(statistic)
표본평균($\overline{X}$), 표본분산(S^2), 표본비율($\hat{p}$)

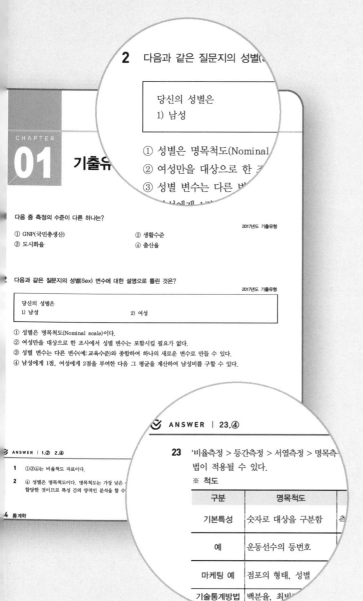

2 다음과 같은 질문지의 성별(

당신의 성별은
1) 남성

① 성별은 명목척도(Nominal
② 여성만을 대상으로 한 조
③ 성별 변수는 다른 변

CHAPTER

01 기출유

다음 중 측정의 수준이 다른 하나는?

2017년도 기출유형

① GNP(국민총생산)   ② 생활수준
③ 도시화율   ④ 출산율

다음과 같은 질문지의 성별(Sex) 변수에 대한 설명으로 틀린 것은?

2017년도 기출유형

당신의 성별은
1) 남성   2) 여성

① 성별은 명목척도(Nominal scale)이다.
② 여성만을 대상으로 한 조사에서 성별 변수는 포함시킬 필요가 없다.
③ 성별 변수는 다른 변수(예 : 교육수준)와 종합하여 하나의 새로운 변수로 만들 수 있다.
④ 남성에게 1점, 여성에게 2점을 부여한 다음 그 평균을 계산하여 남성비를 구할 수 있다.

ANSWER | 1.② 2.④

1 ①③④는 비율척도 자료이다.

2 ④ 성별은 명목척도이다. 명목척도는 가장 낮은 ...
할당한 것이므로 특성 간의 양적인 분석을 할 수 ...

4 통계학

☺ ANSWER | 23.④

23 '비율측정 > 등간측정 > 서열측정 > 명목측...
법이 적용될 수 있다.
※ 척도

구분	명목척도	
기본특성	숫자로 대상을 구분함	측
예	운동선수의 등번호	
마케팅 예	점포의 형태, 성별	
기술통계방법	백분율, 최비	

출제예상문제   3

그동안 실시되어 온 기출문제의 유형을 파악하고 출제가 예상되는 핵심영역에 대하여 다양한 유형의 문제로 재구성하였습니다.

상세한 해설   4

출제예상문제에 대한 해설을 이해하기 쉽도록 상세하게 기술하여 실전에 충분히 대비할 수 있도록 하였습니다.

Contents

통계학

01 통계학의 기초지식

❶ 통계학이란 무엇인가?

(1) 통계학(statistics)의 정의

연구목적에 필요한 자료를 수집하여 정리, 요약, 분석함과 동시에, 제한된 자료에서 얻어진 정보로부터 합리적인 판단을 내릴 수 있는 과학적 방법을 제시해주는 학문

(2) 통계학의 기본 용어

① **모집단**(population) ··· 관심의 대상이 되는 모든 개체의 관측값이나 측정값의 집합

② **표본**(sample) ··· 모집단에서 추출된 관측값이나 측정값의 집합
   * 표본은 모집단의 특성을 잘 나타낼 수 있는 모집단의 부분집합이다.

③ **모수**(parameter) ··· 모집단의 특성을 수치로 나타낸 것

④ **통계량**(statistic) ··· 표본의 특성을 수치로 나타낸 것

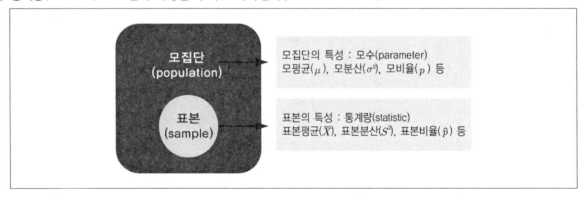

모집단의 특성 : 모수(parameter)
모평균(μ), 모분산(σ^2), 모비율(p) 등

표본의 특성 : 통계량(statistic)
표본평균($\overline{X}$), 표본분산(S^2), 표본비율($\hat{p}$) 등

(3) 통계학의 분류

① **기술통계학**(descriptive statistics) ··· 수집된 자료를 쉽게 파악할 수 있도록 자료를 표나 그림 또는 대푯 값, 변동의 크기 등을 통하여 정리, 요약하는 방법을 다루는 분야

> * 기술통계학에서 자료를 정리하는 방법으로 표(도수분포표), 그림(막대그래프, 히스토그램, 파이차트, 상자그림 등), 대푯값(평균, 중 앙값, 최빈값), 변동의 크기(분산, 표준편차, 범위 등), 비대칭성(왜도, 첨도) 등이 있다.

② **추측통계학**(inferential statistics) ··· 모집단에서 추출한 표본의 정보를 이용하여 모집단의 여러 가지 특성 을 과학적으로 추론하는 방법을 다루는 분야

> * 추측통계학에서는 추정(estimation)과 가설검정(hypotheses testing) 그리고 미래에 대한 예측(forecasting)을 수행할 수 있다. 또한 자료의 구조와 규칙에 관련된 모형을 설정(modeling)하므로 합리적인 의사결정을 할 수 있도록 한다.

② 자료의 형태

(1) 질적자료(qualitative data)

① **정의** ··· 범주자료(categorical data)라고도 하며, 계산 가능한 숫자적(numeric)인 의미보다 명목적 (nominal) 의미나 서열적(ordinal) 의미를 갖는 자료

② **예제** ··· 업종(전자=1, 음식료=2, 조립기계=3), 선호도(좋다=1, 보통이다=2, 나쁘다=3), 성별(남자=1, 여자=2), 연령별(청소년층=1, 청장년층=2, 노년층=3) 등

(2) 수치자료(quantitative data)

① **정의** ··· 숫자적 계산과 측정이 가능한 변수로써 우리가 가장 많이 접하는 변수이며, 이산형 자료(discrete data)와 연속형 자료(continuous data)로 구분

② **예제** ··· 등록금 금액, 시험성적, 학생수 등

(3) 이산형 자료(discrete data)

① **정의** ··· 한 개, 두 개 등 개수로시 정확히 셀 수 있는 자료로서 개수 측정단위 이하로는 셀 수 없는 자료

② **예제** ··· 학생 수를 한 명, 열 명 등의 단위로 셀 수는 있으나 한 명 반으로는 불가

(4) 연속형 자료(continuous data)

① **정의** … 특정한 값뿐만 아니라 일정 실수 구간 내에서 어떤 값이라도 가질 수 있는 자료

② **예제** … 3.5시간, 2.7원 등

❸ 측정척도의 종류

(1) 명목 또는 명명척도(nominal scale)

① **명목척도의 정의** … 어떤 사물, 인간 또는 속성을 분류하기 위해서 단순히 숫자나 기호를 부여하는 것

② **명목척도의 예** … 인간을 성별로 분류하여 한 집단을 "남성", 다른 집단을 "여성"이라고 할 때, "남성" 집단에게는 1을, "여성" 집단에게는 2라는 숫자를 부여한다면 이것이 곧 명목척도가 된다.

③ **명목척도의 연산가능 한계** … 명목척도는 수량적 의미를 띄는 것이 아니라, 집단의 명칭을 대신할 뿐이므로 산술적 연산이 불가능하다.

  * 기술통계에서 최빈수, 빈도 계산이 가능하며, 추측통계에서는 비모수적 통계부분에서 카이제곱검증에서만 적용될 수 있다.

(2) 서열 또는 순위척도(ordinal scale)

① **서열척도의 정의** … 어떤 사물을 비교하기 위하여 그 사물들의 어떤 속성의 대소의 순서에 따라 수치를 부여하는 방법, 그러나 그 사물들의 순서에는 일정한 간격이 명시 되지 않은 경우

② **서열척도의 예** … 대학교에서 1학년부터 4학년까지의 서열이나 제품의 선호도를 '매우 좋다, 좋다. 보통이다, 나쁘다, 매우 나쁘다'의 다섯 등급으로 나누어 각 등급에 따라 '1, 2, 3, 4, 5'의 값을 부여하는 경우

③ **서열척도의 연산가능 한계** … 서열척도는 각 수치들 사이에 질적인 대소관계는 유지되지만 산술적 연산은 불가능하다.

  * 서열척도는 명목척도와 같이 최빈수나 빈도 계산이 가능하고, 집단의 경향을 알아볼 때 평균이나 중앙값을 구해볼 수 있다.

(3) 등간 또는 구간척도(interval scale)

① **등간척도의 정의** ··· 서열척도와 같이 각 수치들 사이에 질적으로 대소의 서열이 유지되는 동시에 그 척도 상에 계속되는 수치들 사이의 간격이 양적으로 똑같은 척도

  * 등간척도는 반드시 측정 단위가 있어야 하며, 척도상의 모든 단위들 사이의 간격이 일정하고 동일하다.

② **등간척도의 예** ··· '영규가 희철이 보다 나이가 두 살 더 많다' 든가 '이 방이 저 방보다 온도가 섭씨 5도 더 따뜻하다'는 경우에서 2세 또는 5도 등이 바로 등간척도에 의하여 얻어진 값이다.

③ **등간척도의 연산가능 한계** ··· 등간척도는 어느 정도 산술적 연산이 가능하지만, 절대영점이 없거나 또는 있 더라도 척도상의 영점과 일치되지 않으므로 실제로 수학적 응용에는 제한이 있다.

  * 등간척도에 의해 얻어진 자료는 모든 모수적 통계방법(산술평균, 표준편차, 상관계수, $F-test$, $t-test$ 등)의 적용이 가능하다.

(4) 비율척도(ratio scale)

① **비율척도의 정의** ··· 명목, 서열, 등간척도의 여러 가지 원리를 모두 만족시키며, 그 위에 절대 영점을 갖고 있는 척도

② **비율척도의 예** ··· 대표적인 예로 저울을 들 수 있다. 온스, 파운드, 그램 등은 절대영점을 가지고 있기 때 문이다. 또한 비중은 측정의 단위와 독립적이므로 어떤 사물의 무게를 파운드로 측정하였든지 아니면 그 램으로 측정하였든지 그 비율은 같다.

③ **비율척도의 연산가능 한계** ··· 비율척도는 모든 수학적 연산이 가능하다.

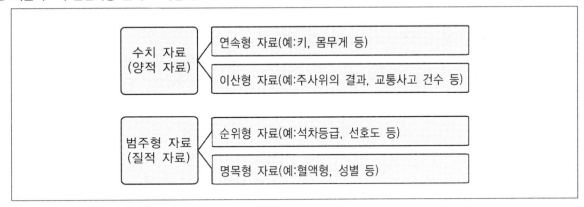

기출유형문제

1 다음 중 측정의 수준이 다른 하나는?

① GNP(국민총생산) ② 생활수준

③ 도시화율 ④ 출산율

2 다음과 같은 질문지의 성별(Sex) 변수에 대한 설명으로 틀린 것은?

당신의 성별은
1) 남성 2) 여성

① 성별은 명목척도(Nominal scale)이다.

② 여성만을 대상으로 한 조사에서 성별 변수는 포함시킬 필요가 없다.

③ 성별 변수는 다른 변수(예:교육수준)와 종합하여 하나의 새로운 변수로 만들 수 있다.

④ 남성에게 1점, 여성에게 2점을 부여한 다음 그 평균을 계산하여 남성비를 구할 수 있다.

Ⓥ **ANSWER** | 1.② 2.④

1 ①③④는 비율척도 자료이다.

2 ④ 성별은 명목척도이다. 명목척도는 가장 낮은 수준의 척도로 단지 측정대상의 특성만 구분하기 위하여 숫자나 기호를 할당한 것이므로 특성 간의 양적인 분석을 할 수 없고, 때문에 특성 간에 대소의 비교도 할 수 없다.

3 질적변수와 양적변수에 관한 설명으로 틀린 것은?

① 질적변수는 속성의 값을 나타내는 수치의 크기가 의미 없는 변수이다.

② 양적변수는 측정한 속성 값을 연산이 가능한 의미 있는 수치로 나타낼 수 있다.

③ 양적변수는 이산변수와 연속변수로 구분할 수 있다.

④ 몸무게가 80kg 이상인 사람을 1로, 이하인 사람을 0으로 표시하는 것은 질적변수를 양적변수로 변환시킨 것이다.

4 아래의 질문에서 사용된 척도는?

당신의 출신지역은 다음 중 어디에 해당됩니까?

① 명목척도　　　　　　　　　　② 서열척도

③ 등간척도　　　　　　　　　　④ 비율척도

3 ④ 몸무게가 80kg 이상인 사람을 1로, 이하인 사람을 0으로 표시하는 것은 양적변수를 질적변수로 변환시킨 것이다.

4 명목척도(Nominal Scale)
　㉠ 연구하고자 하는 대상을 분류시킬 목적으로 임의로 숫자를 부여하는 척도이다.
　㉡ 상하 관계는 없고 일종의 구분만 존재하는 척도이다.
　㉢ 단순하게 이름만 가지고 구별이 가능한 척도이다.
　㉣ 명목척도에 있어서 수는 부류 또는 범주의 역할을 수행한다.
　㉤ 명목척도는 상호배반적이어야 한다.

출제예상문제

1 다음 중 기술통계학에 속하지 않는 것은?

① 도표   ② 추정
③ 평균   ④ 분산

2 다음 중 추측통계학에 속하지 않는 것은?

① 추정   ② 검정
③ 분산   ④ 예측

3 다음 중 기술통계학에 속하지 않는 것은?

① 운동선수의 기록   ② 세금
③ 농수산물 생산량   ④ 미래의 불확실한 상황에 대한 의사결정

✅ **ANSWER** | 1.② 2.③ 3.④

1   추정은 추측통계학에 속한다.

2   분산은 기술통계학에 속한다.

3   추측통계학은 미래의 불확실한 상황에 대한 의사결정이나 현상을 예측하고 추론하기 위해 수학적 확률의 개념을 이용하는 통계학의 한 분야이다.

4 강원도에 출마하고자 하는 유씨는 당선가능성을 예측하기 위하여 유권자 10,000명을 대상으로 여론조사를 실시한 결과 그 중 69%가 자신을 지지하는 것으로 나타났다. 위와 같은 여론조사에서 표본은 얼마인가?

① 강원도 유권자 전체

② 6,900명

③ 강원도 유권자 전체 × 69%

④ 10,000명

5 엄청난 규모의 데이터베이스에서 유용한 정보를 추출하고자 통계와 컴퓨터 공학의 절차를 사용하는 프로세스를 일컫는 용어는 무엇인가?

① 통계적 추론

② 데이터 마이닝

③ 범주형 자료

④ 시계열 자료

6 모집단의 크기가 20인 경우 크기가 3인 표본의 가지수는 몇개인가?

① 6,840개

② 3,420개

③ 2,280개

④ 1,140개

ANSWER | 4.④ 5.② 6.④

4 강원도 유권자 전체는 모수이다.

5 데이터 마이닝(data mining) … 엄청난 규모의 데이터베이스에서 유용한 정보를 추출하고자 통계와 컴퓨터 공학의 절차를 사용하는 프로세스

6 $_{20}C_3 = (20 \times 19 \times 18) \div (3 \times 2) = 1,140$개, 즉 이는 20개의 원소 중에서 3개의 원소를 뽑는 방법과 같다고 할 수 있다.

7 모집단과 표본에 관한 아래 설명 중 맞는 것은?

① 각 모집단으로부터 추출할 수 있는 표본은 1가지이다.
② 표본으로부터 추정된 특성치는 모집단의 특성치와 일치한다.
③ 모집단의 크기가 10인 경우 크기가 2인 표본의 가지수는 45개이다.
④ 표본의 크기(n)가 모집단 크기(N)보다 작을 때 표본과 모집단의 특성치는 반드시 다르다.

8 표본에 관한 다음 사항 중 틀린 것은?

① 표본의 특성치와 모집단의 특성치는 다를 수 있다.
② 표본의 크기는 모집단의 크기보다 반드시 작다.
③ 표본의 크기는 1이 될 수도 있다.
④ 표본으로부터 추정한 모집단의 특성치는 표본의 크기에 따라 그 신빙성이 달라진다.

9 다음 설명 중 틀린 것은?

① 추측통계는 부분적인 자료의 분석을 통해 전체에 대한 예측이나 추측을 하는 과정이다.
② 기술통계는 자료를 수집하고 정리 · 요약함으로써 의미 있는 정보를 창출하는 데 목적이 있다.
③ 기술통계는 그 자체로도 여러 용도에 쓰일 수 있지만 대개는 보다 자세한 통계적 분석을 위한 전단계의 역할을 한다.
④ 기술통계는 남 · 여, 1학년 · 2학년 · 3학년, 사무직 · 생산직 · 전문직 등과 같이 관찰대상의 특성을 기초로 하는 자료를 말한다.

✅ ANSWER | 7.③ 8.② 9.④

7 ③ $_{10}C_2 = (10 \times 9) \div 2 = 45$개, 즉 이는 10개의 원소 중에서 2개의 원소를 뽑는 방법과 같다고 할 수 있다.
① 일반적으로 모집단에서 추출할 수 있는 표본의 수는 무수히 많다.
② 표본으로부터 추정된 특성치는 모집단의 특성치와 다를 수 있다.
④ 표본의 크기가 모집단의 크기보다 작아도 그 특성치는 서로 같을 수 있다.

8 표본의 크기가 모집단의 크기와 같을 수도 있다.

9 ④ 범주적 자료는 남 · 녀, 1학년 · 2학년 · 3학년, 사무직 · 생산직 · 전문직 등과 같이 관찰대상의 특성을 기초로 하는 자료를 말한다.

10 "올해 도시가구당 연평균 소득은 3,000만 원이며 내년도에는 3,500만 원~4,000만 원 정도가 될 것이다"라는 예측을 하는 것과 같이 부분적인 자료 분석을 통해 전체에 대한 예측이나 추측을 하는 과정을 무엇이라 하는가?

① 범주적 자료　　　　　　　　　　② 추측통계
③ 기술통계　　　　　　　　　　　④ 연속적 자료

11 다음 중 (　)에 들어갈 알맞은 용어는 무엇인가?

> (A)는 각 요소의 속성을 확인하기 위해 사용하는 레이블로 명목척도와 서열척도 둘 중 하나를 사용하며 숫자, 문자, 기호로 표현하고, (B)는 어떤 실체에 대한 수와 양을 재기 위한 수치로 등간 혹은 비율척도를 사용하여 얻는다.

① A : 범주형 자료, B : 정량적 자료　　② A : 정량형 자료, B : 범주적 자료
③ A : 횡단면 자료, B : 시계열 자료　　④ A : 시계열 자료, B : 횡단면 자료

12 다음 자료 중 질적자료인 것은?

① 회사의 매출액
② 매일 주식거래량
③ 월별 실업률
④ 200명의 성인들이 가장 좋아하는 라면의 이름

✓ **ANSWER** ｜ 10.② 11.① 12.④

10　**추측통계** … 부분적인 자료 분석을 통해 전체에 대한 예측이나 추측을 하는 과정

11　범주형 자료는 각 요소의 속성을 확인하기 위해 사용하는 레이블로 명목척도와 서열척도 둘 중 하나를 사용하며 숫자, 문자, 기호로 표현하고, 정량적 자료는 어떤 실체에 대한 수와 양을 재기 위한 수치로 등간 혹은 비율척도를 사용하여 얻는다.

12　①②③ 양적자료
　　④ 질적자료
　　※ **질적자료** … 양적자료에 대응하는 용어로 정성적 자료라고도 한다. 자료의 측정이 어떤 특성의 유무에 따라 측정되는 것을 말한다. 원칙적으로 숫자로 표시될 수 없는 자료이며, 숫자를 부여하는 경우가 있지만 그 숫자들이 양적인 크기를 나타내는 것은 아니다.

13 다음 중 질적변수에 속하는 것은?

① 군인들의 계급   ② 휴가일수

③ 야구선수의 홈런 수   ④ 나이

14 국내 대기업 100여 곳을 조사한 결과 신입사원 평균연봉이 3,000만 원으로 나타났다. 다음 중 3,000만 원의 속성을 바르게 나타낸 것은?

① 범주적 자료, 수치적 자료

② 수치적 자료, 기술통계

③ 범주적 자료, 기술통계

④ 범주적 자료, 수치적 자료, 기술통계

15 다음 중 연속적 자료에 대한 설명이 바르게 된 것은?

① 도수와 같이 한정된 숫자 중에서 그 값이 결정된다.

② 유한이든 무한이든 간에 0, 1, 2, … 등과 같은 정수 값을 취한다.

③ 데이터의 속성상 그 값이 취할 수 있는 범위에 제한이 없다.

④ 0보다 작은 값을 취할 수 없다.

ANSWER | 13.① 14.② 15.③

13 군인들의 계급은 서열 질적변수에 속한다.

14 3,000만 원은 수치적 자료와 기술통계에 대한 속성이다.

15 연속적 자료는 0보다 작은 값을 취할 수 있다.

16 우체국에서 정해주는 우편번호는 다음 중 어디에 속하는가?

① 범주적 자료　　　　　　　　　② 추측통계

③ 수치적 자료　　　　　　　　　④ 연속적 자료

17 다음 중 조사를 통해 자료를 수집한 경우, 수집된 자료의 성격이 다를 것으로 예상되는 것은?

① 전화번호　　　　　　　　　　② 주민등록번호

③ 학번　　　　　　　　　　　　④ 통계학 성적순위

18 수 또는 순서의 개념과는 상관없이 이름만 붙여지는 척도를 뜻하는 것은?

① 명목척도　　　　　　　　　　② 서열척도

③ 등간척도　　　　　　　　　　④ 비율척도

19 다음 중 기온은 어느 척도로 분류되는가?

① 명목척도　　　　　　　　　　② 서열척도

③ 등간척도　　　　　　　　　　④ 비율척도

ⓒ ANSWER | 16.① 17.④ 18.① 19.③

16 우체국에서 정해주는 우편번호는 범주적 자료에 속한다.

17 ①②③ 측정대상의 특성을 분류하거나 확인할 목적으로 숫자를 부여하는 경우(명목척도)
④ 순서관계를 나타내는 경우(서열척도)

18 명목척도는 수 또는 순서의 개념과는 상관없이 이름만 붙여지는 척도이며, 응답 번호와는 연관성이 전혀 없다.

19 등간척도는 명목척도나 서열척도와는 달리 측정된 자료들 간에 더하기와 빼기가 가능한 척도를 의미한다.

20 더하기, 빼기, 곱하기, 나누기 연산이 가능한 척도는 무엇인가?

① 명목척도

② 서열척도

③ 등간척도

④ 비율척도

21 다음 중 서열척도에 해당하는 것은?

① 운동선수의 등번호

② 토너먼트의 순위

③ 길이

④ 부피

22 다음 중 변수의 측정수준에 따른 집중경향치(중심방향)와 산포도에 관한 설명으로 틀린 것은?

① 명목변수는 집중경향치인 최빈값만 존재하고 그 밖의 기술통계치는 정의되지 않는다.

② 서열변수는 집중경향치 가운데 최빈값과 중앙값이 존재하지만, 산포도는 범위만 존재한다.

③ 등간척도는 최빈값과 중앙값, 평균이 모두 존재하며, 산포도 역시 범위, 사분편차, 분산, 표준편차가 존재한다.

④ 등간척도는 최빈값과 중앙값, 평균이 모두 존재하며, 산포도 역시 범위, 사분편차, 분산, 표준편차가 존재한다.

✅ **ANSWER |** 20.④ 21.② 22.②

20 비율척도는 명목, 서열, 등간척도의 여러 가지 원리를 모두 만족시키며, 그 위에 절대 영점을 갖고 있는 척도로 모든 수학적 연산이 가능하다.

21 서열척도는 숫자 혹은 수치와는 관련이 없고, 단순하게 순서를 구분하기 위해 만들어진 척도를 의미한다.

22 서열척도에서는 평균을 구할 수 없으므로 산포도가 없다.

23 다음 (   )안에 알맞은 것은?

> (   ) 순으로 얻어진 자료가 담고 있는 정보의 양이 많으며, 보다 정밀한 분석방법이 적용될 수 있다.

① 서열측정 > 명목측정 > 비율측정 > 등간측정
② 명목측정 > 서열측정 > 등간측정 > 비율측정
③ 등간측정 > 비율측정 > 서열측정 > 명목측정
④ 비율측정 > 등간측정 > 서열측정 > 명목측정

ⓒ ANSWER | 23.④

23 '비율측정 > 등간측정 > 서열측정 > 명목측정' 순으로 얻어진 자료가 담고 있는 정보의 양이 많으며, 보다 정밀한 분석방법이 적용될 수 있다.

※ 척도

구분	명목척도	서열척도	등간척도	비율척도
기본특성	숫자로 대상을 구분함	측정대상의 순서를 나타냄	속성대상의 순위를 부여하되 간격이 동일함	등간척도에 영의 개념이 있어 비율계산이 가능함
예	운동선수의 등번호	품질의 순위, 토너먼트의 순위	기온	길이, 무게
마케팅 예	점포의 형태, 성별	선호, 시장점유순, 사회계층	태도, 의견	나이, 소득, 비용, 매출, 시장점유율
기술통계방법	백분율, 최빈값	중앙치, 사분위수	범위, 평균, 표준편차	기하평균, 조화평균
주론통계방법	• 카이제곱 • 이항분포검증 • 교차분석	• 서열상관관계 • 아노바	• 상관관계 • t테스트 • 아노바 • 회귀분석 • 요인분석	• 변동계수
구분	0	0	0	0
선호도	–	0	0	0
차이 정도	–	–	0	0
비율	–	–	–	0

02 자료의 요약

① 도수분포표(frequency distribution table)

(1) 도수분포표의 정의

수집된 자료를 계급(class) 또는 범주(category)에 따라 몇 개의 범주 수준으로 나누고 각 수준에 속한 자료의 빈도수를 구하여 작성한 표를 도수분포표라 하며, 전체 자료의 분포형태를 개괄적으로 쉽게 파악할 수 있는 장점이 있다.

(2) 도수분포표 작성 방법

① **계급의 수 결정** … 자료 요약의 효율성과 분포의 이해를 위해 적절한 계급의 수를 결정하는 것이 중요하다.

* 자료의 수가 n 이면 적절한 계급의 수 k 는 $2^k \geq n$ 을 만족시키는 최소의 정수이다. 예를 들어 자료의 수가 50개라면 $k=6$ 이 된다.

② **계급의 간격 설정** … 계급간격의 결정은 계급의 수와 관련되며, 기본 원칙은 모두 간격이 같아야 한다는 점이다.

* 예를 들어 계급의 수를 6으로 하고 자료의 최대값이 95, 최소값이 42일 경우, 계급의 간격은
$$\frac{(자료의\ 최대값)-(자료의\ 최소값)}{(계급의\ 수)} = \frac{95-42}{6} = 8.833$$ 이다. 이 경우 계급의 간격은 8 또는 9로 정하면 된다.

③ **계급의 한계 결정** … 각 계급의 하한과 상한을 결정해야 하는데, 먼저 첫 번째 계급의 하한 경계값을 자료의 최소값보다 조금 작은 값을 선택하여 어떤 자료도 놓치지 않도록 한다.

* 예를 들어 최소값이 42인 경우 최소단위의 반인 0.5를 뺀 41.5를 하한으로 정한다. 계급의 간격은 8로 한다면 첫 번째 계급의 구간은 41.5에서 49.5이다.

④ **도수분포표 작성** … 각 계급에 속하는 관측값의 수를 세어 계급의 도수를 구하고, 각 계급의 도수를 전체도수로 나누어 상대도수를 구한다.

❷ 히스토그램(histogram)

(1) 히스토그램의 정의

도수분포표를 그래프화하는 방법 중 하나로 막대를 이용하여 자료분포의 형태를 시각적으로 보여주는 그래프이다. 계급 폭을 밑변으로, 그 계급에 해당하는 자료의 도수 또는 상대도수(=비율)을 높이로 하며, 연속형자료일 때 사용한다.

(2) 히스토그램의 특징

히스토그램으로부터 우리가 알 수 있는 점은

① 분포가 어느 점을 중심으로 퍼져 있는가(분포의 중심)

② 분포가 얼마나 넓게 퍼져 있는가(분포의 분산 정도)

③ 분포가 어느 쪽으로 얼마나 치우쳐 있는가(분포의 치우침 정도)

④ 분포가 얼마나 뾰족한가(분포의 높이) 등이다.

[키에 대한 히스토그램]

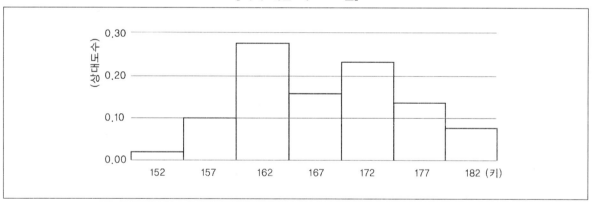

❸ 도수다각형(polygon)

(1) 도수다각형의 정의

각 계급에 속한 도수나 비율을 꺾은선그래프의 형태로 표시하여 도수의 변화량을 다각형 모양으로 표현한 것을 도수다각형이라고 한다.

(2) 도수다각형의 특징

① 히스토그램의 면적과 일치한다.

② 상대도수분포곡선이나 확률분포곡선하의 총면적은 1의 값을 가진다.

③ 두 개 이상의 자료집합의 분포 비교 시 용이하다.

④ 자료값의 변화에 따라 상대도수의 변이과정을 표시한다.

⑤ 자료집합의 크기가 너무 클 경우 부적합하다.

[키에 대한 도수다각형]

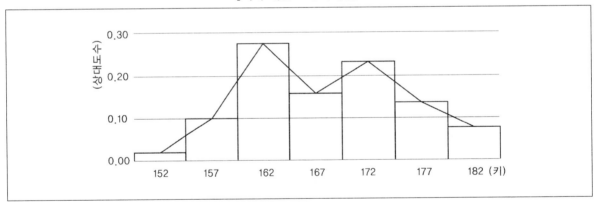

4 줄기-잎 그림(stem and leaf plots)

(1) 줄기-잎 그림의 정의

히스토그램은 그룹 간 관측값의 분포를 보여주는 반면 그 정확한 관측값을 나타내지 않는다. 하지만 줄기-잎 그림은 정량적인 자료를 나타내는데 사용이 되며 시각적으로 자료의 분포를 쉽게 알아 볼 수 있음과 동시에 그 정확한 관측값을 보여준다.

(2) 줄기-잎 그림의 특징

① 자료의 값이 보존되므로 정보가 유실되지 않는다.

② 자료의 값은 크기순으로 나열된다.

③ 특정위치의 자료값의 산출이 쉽다.

④ 공간의 제한으로 인해 자료 집단이 큰 경우에는 사용이 부적절하다.

[키에 대한 줄기-잎 그림]

stems	leaves
15	2 8 8 8 8 9
16	0 0 0 0 0 0 0 1 2 2 3 3 3 4 5 6 7 7 7 8 9 9
17	0 0 0 0 1 1 1 3 3 3 4 4 6 7 7 8 8 8 9
18	0 0 1 3

5 상자그림(box plot)

(1) 상자그림의 정의

상자그림은 도수분포표를 만들지 않고 표본자료를 크기 순으로 나열한 자료에서 표본의 중앙값, 제1사분위수, 제3사분위수 그리고 최소값 및 최대값을 하나의 상자와 상자 양끝에서 나온 두 개의 끈으로 나타낸 것이다.

(2) 상자그림 그리는 방법

① 자료를 순서정렬(sort) 한다.

② 최소값, 제1사분위수, 중앙값, 제3사분위수, 최대값을 구한다.

③ 제1사분위수에서 최소값까지 직선으로 연결한다.

④ 제3사분위수에서 최대값까지 직선으로 연결한다.

⑤ 제1사분위수와 제3사분위수 위치에 사각형을 그린다.

⑥ 위의 사각형 위에 중앙값을 지나는 직선을 그린다.

⑦ 특이값을 각각 점으로 표시한다.

(3) 상자그림의 특징

① 표본 자료의 중심(중앙값)과 산포(사분위수 범위)를 통해 분포 특성을 파악할 수 있다.

② 표본 자료가 한 쪽으로 치우침을 통해 정규분포를 따르는지 확인할 수 있다.

③ 특이값을 가장 잘 식별하기 쉽다.

④ 여러 그룹별 중심과 산포를 비교하기 용이하다.

[서비스 만족도에 대한 성별 상자그림(Box Plot)]

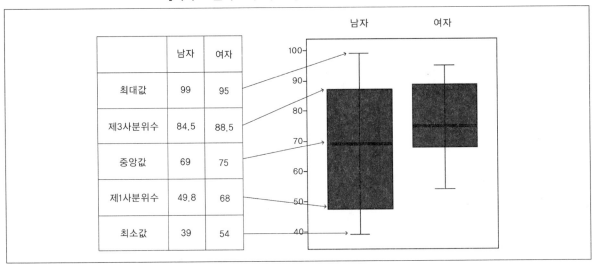

	남자	여자
최대값	99	95
제3사분위수	84.5	88.5
중앙값	69	75
제1사분위수	49.8	68
최소값	39	54

1 다음 상자그림(box plot)에 대한 설명으로 옳지 않은 것은?

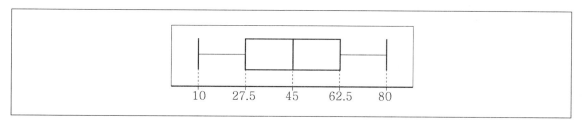

① 최솟값은 10이다.
② 범위(range)는 70이다.
③ 45이상의 값을 갖는 자료는 전체 자료의 35%이다.
④ 사분위수 범위는 35이다.

5 상자그림(box plot)으로부터 알 수 없는 통계량은?

① 중앙값(median)　　　　　　　② 25% 절사평균(trimmed mean)
③ 사분위수 범위(interquartile range)　　④ 범위(range)

✅ **ANSWER** | 1.③ 2.②

1　상자그림(box plot)에서
　③ 중앙값이 45이므로 45이상의 값을 갖는 자료는 전체 자료의 50%이다.
　① 최솟값은 10이다.
　② 최댓값은 80으로 범위는 최대값과 최소값의 차이인 70이다.
　④ 제1사분위수가 27.5, 제3사분위수가 62.5이므로 사분위수 범위는 35이다.

2　상자그림(box plot)으로부터 알 수 있는 통계량은 최소값, 제1사분위수, 중앙값, 제3사분위수, 최댓값, 범위, 사분위수 범위이다.
　평균, 최빈값, 그리고 25% 절사평균 등은 실제 자료의 값을 알 수 없기 때문에 구할 수 없다.

6 어느 대학교에서 통계학을 수강한 학생들의 중간고사 점수에 대한 상자그림이 다음과 같다. 이 자료에 대한 설명으로 옳지 않은 것은?

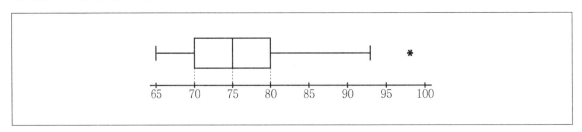

① 중앙값은 75이다.

② 제25백분위수(25th percentile)는 70이다.

③ 제3사분위수(Q_3)는 80이다.

④ 범위(range)는 30보다 작다.

3 중간고사 점수에 대한 상자그림(box plot)에서

   ④ 범위는 95보다 큰 최대값과 최소값 65와의 차이이므로 30보다 크다.

   ① 중앙값은 75이다.

   ② 제1사분위수(제25백분위수)는 70이다.

   ③ 제3사분위수(제75백분위수)는 80이다.

7 어느 회사의 기계 A, B, C로부터 생산된 베어링의 수명에 대한 상자그림(box plot)은 다음과 같다. 이에 대한 설명으로 옳지 않은 것은?

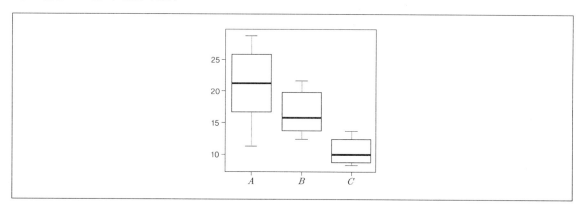

① 최댓값은 A가 C보다 크다.
② 범위(range)는 A가 B보다 크다.
③ 중앙값(median)의 크기는 $A > B > C$ 순이다.
④ B의 제3사분위수(Q_3)는 A의 제1사분위수(Q_1)보다 작다.

4 어느 회사의 기계 A, B, C로부터 생산된 베어링의 수명에 대한 상자그림(box plot)에서
④ B의 제3사분위수(Q_3)는 A의 제1사분위수(Q_1)보다 크다.
① 최댓값은 $A > B > C$ 순이다.
② 범위(range)의 크기는 $A > B > C$ 순이다.
③ 중앙값(median)의 크기는 $A > B > C$ 순이다.

출제예상문제

1 다음 설명 중 도수분포표를 작성하는 방법과 관계 없는 것은?

① 평균을 계산한다.
② 범위를 계산한다.
③ 계급의 수는 분석자가 주관적으로 결정할 수 있다.
④ 도수를 산정한다.

2 다음 중 ( )에 들어갈 알맞은 용어는 무엇인가?

자료를 몇 개의 계급으로 나누고 각 계급에 속하는 돗수를 세어서, 가로축에는 각 계급의 끝 값을, 세로축에는 대응하는 돗수를 나타내어 그린 수직 막대그래프를 ( )이라 한다.

① 도수분포표   ② 도수다각형
③ 히스토그램   ④ 줄기-잎-그림

3 막대그림표, 꺾은선그림표 또는 원그림표 등을 이용한 통계를 무엇이라 하는가?

① 기술통계   ② 추측통계
③ 표본통계   ④ 모집단통계

✅ **ANSWER** | 1.① 2.③ 3.①

1 도수분포표 작성 시 평균은 계산하지 않는다.

2 자료를 몇 개의 계급으로 나누고 각 계급에 속하는 돗수를 세어서, 가로축에는 각 계급의 끝 값을, 세로축에는 대응하는 돗수를 나타내어 그린 수직 막대그래프를 히스토그램이라 한다.

3 막대그림표, 꺾은선그림표 또는 원그림표 등을 이용한 통계를 기술통계라고 한다.

4 다음 중 범주적 자료를 나타내는 데 사용할 수 있는 도구인 것은?

① 막대그림표, 꺾은선그림표

② 꺾은선그림표, 원그림표

③ 막대그림표, 원그림표

④ 막대그림표, 꺾은선그림표, 원그림표

5 도수분포표에서 계급의 개수가 8이고, 최대값이 92, 최소값이 52일 때 적절한 계급간격을 구하면 얼마인가?

① 5   ② 8

③ 11.5   ④ 40

6 도수분포표로 정리된 변수의 활동수준을 막대의 길이로 표시하여 수평이나 수직으로 늘어놓아 상호비교가 용이하게 만든 그림을 무엇이라 하는가?

① 원그림표   ② 막대그림표

③ 꺾은선그림표   ④ 히스토그램

7 만약 히스토그램의 모습이 종 모양인 경우 다음과 같이 경험법칙이 적용되는데 그 내용이 틀린 것은?

① 모든 관측치의 약 68%는 평균의 1표준편차 이내에 속한다.

② 모든 관측치의 약 95%는 평균의 2표준편차 이내에 속한다.

③ 모든 관측치의 약 99%는 평균의 3표준편차 이내에 속한다.

④ 모든 관측치의 약 99%는 평균의 6표준편차 이내에 속한다.

✅ ANSWER | 4.③ 5.① 6.④ 7.④

4 범주적 자료를 나타내는 데 사용할 수 있는 도구인 것은 막대그림표와 원그림표이다.

5 계급간격 = (92-52)/8 = 5

6 도수분포표로 정리된 변수의 활동수준을 막대의 길이로 표시하여 수평이나 수직으로 늘어놓아 상호비교가 용이하게 만든 그림을 히스토그램이라고 한다.

7 모든 관측치의 약 99%는 평균의 3표준편차 이내에 속한다.

8 어느 회사에 출퇴근하는 직원들 500명을 대상으로 이용하는 교통수단을 지하철, 자가용, 버스, 택시, 지하철과 택시, 지하철과 버스, 기타의 분야로 나누어 조사하였다. 이 자료를 정리하기에 적합하지 않은 것은?

① 도수분포표   ② 막대그래프

③ 원형그래프   ④ 히스토그램

9 도수분포의 그래프 중 줄기-잎-그림(stem and leaf plot) 분석기법 사용시 그 작성 과정이 잘못된 것은?

① 자료의 줄기 부분을 선택하고 나머지 부분을 잎으로 정한다.

② 줄기값을 크기 순서대로 세로에 나열하고 그 옆에 수평선을 그린다.

③ 각 줄기에 해당하는 잎 부분을 그 줄기의 오른쪽에 가로로 나열한다.

④ 각 줄기에서 잎의 값을 크기 순서대로 재나열한다.

10 어떤 자료에서 최소값이 500이고 최대값이 900일 때, 계급의 수를 5로 하여 도수분포표를 만들면 계급의 간격은 얼마로 해야 하는가?

① 80   ② 100

③ 180   ④ 280

⊘ **ANSWER** | 8.④ 9.② 10.①

8 히스토그램은 연속형 변수로 된 자료를 정리하는데 더 유용하다.

9 줄기값을 크기 순서대로 세로에 나열하고 그 옆에 수직선을 그린다.

10 계급의 간격 = (900-500)/5 = 80

11 도수분포표를 만들고자 한다. 최소값이 100이고 계급의 간격은 10, 계급의 수가 70일 때 최대값은 얼마가 되는가?

① 600

② 700

③ 800

④ 1,000

12 히스토그램에서 각 계급의 막대 윗부분의 중간점을 직선으로 나타낸 것을 무엇이라 하는가?

① 줄기-잎-그림

② 상대도수다각형

③ 누적도수다각형

④ 상자그림표

13 도수분포표를 만들지 않고 크기 순서대로 나열한 자료에서 직접 만들 수 있는 그림표는 무엇인가?

① 줄기-잎-그림

② 상대도수다각형

③ 누적도수다각형

④ 상자그림표

 ANSWER | 11.③ 12.② 13.④

11 최대값 $= 100 + (70 \times 10) = 800$

12 히스토그램에서 각 계급의 막대 윗부분의 중간점을 직선으로 나타낸 것을 상대도수다각형이라고 한다.

13 상자그림표(box-plot)는 도수분포표를 만들지 않고 크기 순서대로 나열한 자료에서 직접 만들 수 있는 그림표이다.

14 도수분포표를 만들고자 한다. 최소값이 50이고 최대값이 90일 때, 계급의 간격을 4로 하면 계급의 수는 얼마가 되는가?

① 10
② 12.5
③ 22.5
④ 35

15 일변량 분포의 기울어짐(skewness)에 대한 정보를 주지 않는 것은?

① 평균, 표준편차
② 제1사분위수, 제3사분위수, 중위수
③ 상자그림
④ 히스토그램

⊘ ANSWER | 14.① 15.①

14 계급의 수 = (90−50)/4 = 10

※ **도수분포표의 작성**
  ㉠ 자료의 최대값과 최소값을 찾아 자료의 범위(최대값 − 최소값)를 구한다.
  ㉡ 자료의 크기를 고려하여 5개에서 15개 정도의 계급의 개수를 정하고, 적당한 계급구간의 폭(class interval width)을 정한다. 일반적으로 (자료의 범위÷계급의 개수)보다 조금 큰 숫자를 계급의 폭으로 정한다.
  ㉢ 위에서 정한 계급의 개수와 폭을 이용하여 서로 중복되지 않는, 동일한 간격의 계급구간을 정한다. 단, 최소 관측값이 첫 번째 계급구간에 포함되고, 어떤 관측값도 계급이 경계점에 놓이지 않도록 하는 것이 바람직하다.
  ㉣ 각 계급에 속하는 관측값의 개수를 세어 계급의 도수를 구한다.
  ㉤ 각 계급의 상대도수(각 계급의 도수 ÷ 자료의 총수)를 계산한다.

15 평균과 표준편차는 일변량 분포의 기울어짐(skewness)에 대한 정보를 주지 않는다.

※ 다음 자료를 보고 물음에 답하시오. 【16~17】

다음 표는 현재 우리나라 주식시장에서 거래되고 있는 25개의 펀드에 대한 수익률을 나타내고 있다.

구간	빈도수	상대도수	누적상대도수
5~8	3		
9~12	5		
13~16	7	(A)	
17~20	6		(B)
21~24	3		
25~28	1		
합계	25		

16 (A)에 들어갈 상대도수는 얼마인가?

① 0.12

② 0.20

③ 0.24

④ 0.28

16

구간	빈도수	상대도수
5~8	3	0.12
9~12	5	0.20
13~16	7	0.28
17~20	6	0.24
21~24	3	0.12
25~28	1	0.04
합계	25	1.00

17 (B)에 들어갈 누적상대도수는 얼마인가?

① 0.32

② 0.60

③ 0.84

④ 0.96

17	구간	빈도수	상대도수	누적 상대도수
	5~8	3	0.12	0.12
	9~12	5	0.20	0.32
	13~16	7	0.28	0.60
	17~20	6	0.24	0.84
	21~24	3	0.12	0.96
	25~28	1	0.04	1.00
	합계	25	1.00	

03 기술통계

양적 자료의 정보를 수치적으로 나타내는 방법은 여러 가지가 있지만 가장 많이 이용하는 방법으로 중심위치의 측도, 산포의 측도 등을 생각할 수 있다.

❶ 중심위치의 측도(대표값)

중심위치의 측도는 주어진 자료가 어떤 값을 중심으로 분포되어 있는가는 나타내는 것으로, 자료의 중심위치를 나타내는 대푯값을 측정하는 방법에는 평균, 중앙값, 최빈값 등이 널리 사용되고 있다.

(1) 평균(mean)

① **정의** … 평균은 모든 자료의 값을 더하여 자료의 개수로 나눈 값을 의미하며, 이는 산술평균으로 자료의 중심위치를 나타내는 대푯값으로 가장 널리 사용되고 있다.

$$모평균 \ \mu = \frac{1}{N}(x_1 + x_2 + \ldots + x_N) = \frac{1}{N}\sum_{i=1}^{N} x_i \ , \ 모집단의 \ 자료수 \ N$$

$$표본평균 \ \overline{X} = \frac{1}{n}(x_1 + x_2 + \ldots + x_n) = \frac{1}{n}\sum_{i=1}^{n} x_i \ , \ 표본의 \ 자료수 \ n$$

② **특징**

㉠ 평균은 자료의 특성을 파악하거나 둘 이상의 모집단을 비교할 때 가장 많이 사용되는 통계량이다.

㉡ 자료 속에 극단적으로 큰 값이나 또는 작은 값이 있을 경우 자료 전체를 대표할 수 없는 한계점을 갖는다.

㉢ 편차의 합은 0 이다. 즉 $\sum_{i=1}^{n}(x_i - \overline{X}) = 0$ 이다.

(2) 중앙값(median)

① **정의** … 자료를 크기순으로 나열할 때 가운데 위치하는 자료값을 의미하며, 숫자로 표시된 양적 자료에만 사용된다. 자료의 수를 n이라 할 때 크기 순으로 나열된 자료값을 순서통계량(order statistics)이라 하며 $x_{(1)}, x_{(2)}, \cdots, x_{(n)}$으로 표시한다. 여기서 $x_{(1)}$은 자료의 최소값이고 $x_{(n)}$은 자료의 최대값이다.

$$\text{표본 중앙값 } \tilde{x} = \begin{cases} x_{\left(\frac{n+1}{2}\right)}, & n\text{이 홀수} \\[2mm] \dfrac{x_{\left(\frac{n}{2}\right)} + x_{\left(\frac{n}{2}+1\right)}}{2}, & n\text{이 짝수} \end{cases}$$

② **특징**

　㉠ 표본의 중앙값은 자료값의 크기 순서에 의존하기 때문에 표본평균에 비하여 민감하지 않다.

　㉡ 중앙값은 자료의 이상값(또는 특이값)에 큰 영향을 받지 않기 때문에 이상값이 포함된 자료집단에서 중심위치를 측정할 때 평균보다 더 유용하다.

　㉢ 통계학에서 이상값에 따라 크게 변하지 않는 통계량을 로버스트(robust)하다고 한다.

(3) 최빈값(mode)

① **정의** … 표본 자료 중에서 가장 높은 빈도수를 가진 값(계급 또는 항목)으로 정의된다. 빈도수가 높다는 의미는 자주 발생한다는 뜻을 갖고 있이 때문에 대푯값으로 사용되고 있다.

② **특징**

　㉠ 최빈값은 자료에 따라 존재하지 않을 수도 있으며, 또한 존재하더라도 유일하지 않을 수도 있다.

　㉡ 최빈값은 양적 자료뿐만 아니라 질적 자료에서도 사용된다.

　㉢ 예를 들어, 소비자의 상품 구매 충동이 어떤 광고 매체를 통하여 이루어졌는가를 조사하여 최빈값을 구하면 가장 효율적인 광고매체를 결정할 수 있다.

(4) 대푯값들의 비교

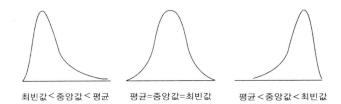

최빈값<중앙값<평균　　　평균=중앙값=최빈값　　　평균<중앙값<최빈값

2 산포도

산포도는 자료가 대푯값을 중심으로 얼마만큼 집중되어 있는가 또는 얼마나 흩어져 있는가를 나타내는 측도이다. 두 집단을 비교하는데 있어서 평균이 같다 하더라고 분포의 형태는 다를 수 있다. 따라서 자료의 분포에 대한 특성을 알아보기 위하여 중심위치와 더불어 산포도에 관한 추가적인 정보가 필요하다. 산포도로 사용되는 통계량에는 분산과 표준편차, 범위, 사분위수 범위, 변동계수 등이 있다.

(1) 분산(variance)와 표준편차(standard deviation)

① **정의** … 자료값과 평균과의 차이를 편차라고 하며, 편차의 제곱합을 자유도로 나눈 값을 분산이라 한다. 또한 분산의 양의 제곱근을 표준편차라고 한다. 모집단의 분산을 σ^2이라 표기하고 모표준편차를 σ라 하고, 표본분산을 S^2이라 표기하며 표본표준편차를 S라 한다.

$$\sigma^2 = \frac{1}{N}\sum_{i=1}^{N}(x_i-\mu)^2 \ , \ \ S^2 = \frac{1}{n-1}\sum_{i=1}^{n}(x_i-\overline{X})^2$$

$$\sigma = \sqrt{\frac{1}{N}\sum_{i=1}^{N}(x_i-\mu)^2} \ , \ \ S = \sqrt{\frac{1}{n-1}\sum_{i=1}^{n}(x_i-\overline{X})^2}$$

② **특징**

   ㉠ 분산이 작으면 자료값이 평균 가까이에 집중되어 있음을 의미하고, 분산이 크면 자료값이 평균으로부터 멀리 떨어져 흩어져 있음을 의미한다.

   ㉡ 표본분산은 모집단분산의 추정치로 사용된다.

   ㉢ 일반적으로 산포도의 척도로서 분산보다는 표준편차를 많이 사용한다. 왜냐하면 분산은 편차의 제곱합이므로 분산의 단위는 사용되는 측정단위의 제곱형태로 나타난다. 반면에 표준편차는 분산의 제곱근이므로 표준편차의 단위는 사용되는 측정단위와 동일하다.

(2) 범위(range)

① **정의** … 자료의 최대값과 최소값의 차이를 범위라 하며, 자료의 퍼진 정도를 나타내는 가장 간단한 방법이다. 그러나 이 방법은 자료의 두 값만을 사용하므로 정보손실의 우려가 있다.

$$\text{표본 범위 } R = \max\{X_i\} - \min\{X_i\}, \, (i=1, 2, ..., n)$$

② 특징

　㉠ 자료 속에 극단적으로 큰 값이나 또는 작은 값이 있을 경우 범위는 영향을 받게 된다.

　㉡ 자료의 양 극단값의 차이만을 나타내기 때문에 분포의 양상을 설명하기 어렵다.

(3) 사분위수 범위(inter-quartile range : IQR)

① **정의** … 표본 자료 전체를 크기 순서대로 나열한 다음 중앙값으로 2 등분한다. 그리고 최소값과 중앙값을 다시 2 등분 하고, 중앙값과 최대값을 2 등분 하면 전체 자료를 4 등분할 수 있다. 이 때 최소값부터 시작되는 처음 등분된(25%) 위치의 값을 제1사분위수(Q_1)라 하고, 두 번째 등분된 값을 중앙값(Q_2), 세 번째 등분된(75%) 위치의 값을 제3사분위수(Q_3)라 한다. 사분위수 범위는 제3사분위수와 제1사분위수의 차이를 말한다.

$$\text{사분위수 범위 } IQR = Q_3 - Q_1$$

② 특징

　㉠ 중앙값을 기준으로 전체 표본자료의 가운데 50% 에 해당하는 자료에 대한 범위를 사분위수 범위라고 한다. 따라서 정보의 손실이 우려된다.

　㉡ 자료의 양 끝의 25% 를 제외하므로 이상값에 영향을 크게 받지 않는다.

(4) 변동계수(coefficient of variation : CV)

① **정의** … 변동계수는 표준편차를 평균으로 나눈 값을 퍼센트(%)로 나타낸 것이며, 분산계수라고도 한다.

$$\text{변동계수 } CV = \frac{S}{\overline{X}} \times 100\%$$

② 특징

　㉠ 변동계수는 여러 종류의 자료의 산포도를 비교하는데 사용된다.

　㉡ 두 자료의 평균과 표준편차가 서로 다를 경우 상대적인 산포의 정도를 측정하는데 변동계수가 유용하다.

기출유형문제

1 다음은 자료 $x_1, x_2, \cdots, x_n$에 대한 표본평균($\overline{x}$)의 성질이다. 이에 대한 설명으로 옳은 것만을 모두 고르면?

> ㄱ. 5개의 자료 1, 3, 5, 7, 9의 표본평균은 5이다.
> ㄴ. 표본평균보다 값이 큰 자료 수와 작은 자료 수는 같다.
> ㄷ. $\displaystyle\sum_{i=1}^{n}\left(x_i - \overline{x}\right)$ 의 값은 항상 0이다.

① ㄱ, ㄴ   ② ㄱ, ㄷ

③ ㄴ, ㄷ   ④ ㄱ, ㄴ, ㄷ

✅ **ANSWER** | 1.②

1
  ㄱ. 5개 자료의 표본평균은 $\dfrac{1+3+5+7+9}{5} = 5$ 이다.

  ㄴ. 일반적으로 표본평균 $\overline{x}$ 보다 값이 큰 자료 수와 작은 자료 수가 같지 않다. 중앙값의 경우 중앙값보다 큰 자료 수와 작은 자료 수가 같다.

  ㄷ. 그리고 편차의 합은 항상 0이 된다.

2 서로 다른 값을 가지는 세 개 이상의 연속형 자료를 요약할 때 사용하는 기술통계량에 대한 설명으로 옳은 것은?

① 자료의 개수가 적을수록 평균과 분산에서 극단값의 영향은 작아진다.

② 최댓값이 현재 값보다 큰 값으로 바뀌면 중앙값은 커진다.

③ 최댓값이 α만큼 증가하고, 최솟값이 α만큼 감소하여도 변동계수(coefficient of variation) 값은 바뀌지 않는다.

④ 평균보다 작은 자료의 개수가 평균보다 큰 자료의 개수보다 많으면 중앙값은 평균보다 작다.

3 다음 자료에 대한 설명으로 옳지 않은 것은?

0, 0, 0, 0, 0, 0, 1, 3, 5, 7

① 평균은 $\frac{8}{5}$이다.

② 중앙값(median)은 0이다.

③ 최빈값(mode)은 0이다.

④ 10 % 절사평균(trimmed mean)은 1이다.

---

2 ④ 중앙값은 순서통계량 중에서 가장 가운데 위치한 관측값이므로, 평균보다 작은 자료의 개수가 평균보다 큰 자료의 개수보다 많으면 중앙값은 평균보다 작다.

① 자료의 개수가 적을수록 평균과 분산에서 극단값의 영향은 커진다.

② 중앙값은 양 극단값의 영향을 받지 않는 로버스트 통계량이므로 최댓값이 현재 값보다 큰 값으로 바뀌어도 중앙값은 변하지 않는다.

③ 변동계수는 표준편차를 평균으로 나눈 값이므로 표준편차가 변하면 변동계수도 변한다.

3 ④ 10% 절사평균은 순서통계량에서 가장 큰 값과 가장 작은 값을 $10 \times \frac{0.1}{2} = 0.5$ 개 절사한 나머지 자료의 평균이다.

이 경우 절사되는 자료가 없으므로 10개 자료의 평균과 같다.

① 자료의 개수는 10개이며, 자료의 합은 16이다. 따라서 평균은 $\frac{16}{10} = \frac{8}{5}$ 이다.

② 중앙값은 순서통계량에서 5번째와 6번째 자료의 평균값으로 0이다.

③ 최빈값은 자료 중 가장 높은 빈도를 갖는 수를 의미하며 0이 6개로 가장 빈도가 높다.

4 그림과 같이 분포가 오른쪽으로 긴 꼬리를 가지는 확률변수에 대해 최빈값(mode), 평균(mean), 중앙값(median)을 작은 것부터 순서대로 바르게 나열한 것은?

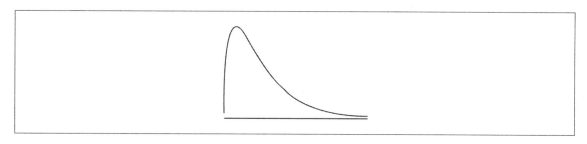

① 최빈값 < 평균 < 중앙값

② 중앙값 < 평균 < 최빈값

③ 최빈값 < 중앙값 < 평균

④ 평균 < 중앙값 < 최빈값

5 다음은 18명의 지능지수(IQ)를 측정한 자료를 줄기-잎 그림으로 정리한 것이다. 이 자료의 중앙값은?

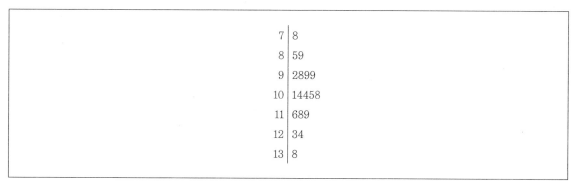

① 102

② 103

③ 104

④ 105

---

4 분포가 오른쪽으로 긴 꼬리를 가지는 확률변수에서는 오른쪽 꼬리에 다른 대부분의 자료값 보다 매우 큰 값이 존재하기 때문에 평균이 상향되어 중앙값보다 커지게 된다. 따라서 최빈값 < 중앙값 < 평균의 관계가 성립된다.
반대로 왼쪽으로 긴 꼬리를 가지는 확률변수에서는 왼쪽 꼬리에 매우 작은 값이 존재하여 평균이 중앙값보다 작게 됨으로 평균 > 중앙값 > 최빈값의 관계가 성립한다.

5 중앙값이란 자료를 크기 순서대로 나열한 순서통계량 중에서 가장 가운데 위치한 관측값으로 정의된다.
자료의 수가 18명으로 짝수인 경우의 중앙값은 순서통계량에서 9번째($X_{(9)}$)와 10번째($X_{(10)}$) 관측값의 평균을 의미한다. 따라서 이 두 값 $X_{(9)} = 104$, $X_{(10)} = 104$ 의 평균은 104이다.

출제예상문제

1 수치로 된 자료를 크기의 순서대로 나열했을 때 그 중앙에 위치하는 수를 무엇이라 부르는가?

① 산술평균　　　　　　　　　　　② 기하평균
③ 중위수　　　　　　　　　　　　④ 최빈수

2 자료로부터 얻은 다섯 수치 요약이 10, 20, 30, 40, 100 이었다. 대푯값으로 가장 적당한 것은?

① 최빈수　　　　　　　　　　　　② 중위수
③ 산술평균　　　　　　　　　　　④ 조화평균

3 다음 중 위치적 대표값이 아닌 것은?

① 중앙값　　　　　　　　　　　　② 최빈값
③ 산술평균　　　　　　　　　　　④ 사분위수

ANSWER | 1.③　2.②　3.③

1 중위수란 수치로 된 자료를 크기의 순서대로 나열했을 때 그 중앙에 위치하는 수를 말한다.

2 중위수란 자료를 크기 순으로 나열했을 때 가장 가운데에 위치한 자료값을 말하며 중앙값이라고도 한다.

3 산술평균은 계산적 대표값에 속한다.

4 다음 중 산술평균의 특징이 아닌 것은?

① 산술평균에 대한 편차의 합은 0이다.
② 이상점의 영향을 거의 받지 않는다.
③ 산술평균은 추상적인 대표치이고 반드시 절대적인 뜻을 가진 대표치는 아니다.
④ 편차의 제곱의 합을 최소로 하는 것은 산술평균이다.

5 14.5, 17.5, 16.6, 13.4, 15.7 에서의 범위를 구하면 얼마인가?

① 2.1   ② 2.3
③ 3.2   ④ 4.1

6 평균에 대한 편차의 합은 얼마인가?

① −1   ② 0
③ 0.5   ④ 1

✔ **ANSWER** | 4.②   5.④   6.②

4 산술평균은 이상점의 영향을 많이 받는다.
   ※ **산술평균의 특징**
      ⊙ 자료값과 평균과의 차이 $x_i - \overline{x}$를 편차(deviation)라고 하는데 자료값의 편차의 합은 0이다.

$$\sum_{i=1}^{n}(x_i - \overline{x}) = 0$$

      ⓛ 산술평균은 극단적인 값의 영향을 많이 받는다.
      ⓒ 산술평균은 편차의 제곱의 합을 최소로 한다. 즉 산술평균에 대한 편차의 제곱의 합은 임의의 어떤 다른 수에 대한 편차의 제곱의 합보다 크지 않다.

$$\sum_{i=1}^{n}(x_i - \overline{x})^2 \leq \sum_{i=1}^{n}(x_i - a)^2 \text{ (단, } a\text{는 상수)}$$

      ⓔ 가평균을 A라 하고 x_i의 각 편차를 $d_i = x_i - A$라 하면

$$\overline{x} = A + \left(\frac{\sum u_i f_i}{N}\right) \times C \text{이 된다.}$$

        (단 $C = \dfrac{\text{가장 큰 변량} - \text{가장 작은 변량}}{\text{계급의 수}}$

5 범위 = 최대관측값 − 최소관측값 = 17.5−13.4 = 4.1

6 평균에 대한 편차의 합은 0이다.

※ 다음 자료를 보고 물음에 답하라. 【7~10】

3, 6, 9, 2, 8, 5, 3, 4

7 범위는 얼마인가?

① 2   ② 7

③ 9   ④ 11

8 분산은 얼마인가?

① 2.345   ② 5.5

③ 12.9   ④ 30.25

9 표준편차는 얼마인가?

① 2.345   ② 5.5

③ 12.9   ④ 30.25

10 통계학을 가르치는 교수가 학생들의 점수 분포를 보니 평균(mean)이 40점, 중위값(median)이 38점, 그리고 최빈치(mode)가 36점이었다. 점수가 너무 낮아서 이 교수는 학생들에게 12점의 기본점수를 더해 주기로 하였다. 이 경우 중위값은 얼마나 되었는가?

① 40점   ② 42점

③ 50점   ④ 52점

✅ **ANSWER** | 7.②   8.②   9.①   10.③

7 범위는 최대치와 최소치의 차이인 7이다.

8 분산은 $(2 \times 2 + 1 \times 1 + 4 \times 4 + 3 \times 3 + 3 \times 3 + 0 \times 0 + 2 \times 2 + 1 \times 1)/8 = 5.5$이다.

9 표준편차는 $\sqrt{5.5} = 2.345$ 이다.

10 평균, 중위값, 최빈치는 모두 대푯값으로 임의의 상수를 더하면 산포도는 변하지 않으나, 대푯값은 상수를 더한 만큼 변한다. 따라서 중위값은 38 + 12 = 50이다.

※ 다음 자료를 보고 아래 질문에 답하시오. 【11~13】

> 10, 11, 12, 13, 14

11 평균과 중앙값은 얼마인가?

① 평균 : 6, 중앙값 : 7
② 평균 : 12, 중앙값 : 12
③ 평균 : 15, 중앙값 : 12
④ 평균 : 20, 중앙값 : 13

12 분산과 표준편차는 얼마인가?

① 분산 : 1, 표준편차 : 1
② 분산 : 2, 표준편차 : 1.414
③ 분산 : 38.5, 표준편차 : 6.205
④ 분산 : 42.5, 표준편차 : 6.519

13 변동계수는 얼마인가?

① 변동계수 : 8.33%, 비대칭도 : 1
② 변동계수 : 9.43%, 비대칭도 : 0.5
③ 변동계수 : 11.78%, 비대칭도 : 0
④ 변동계수 : 51.71%, 비대칭도 : 0

Ⓒ **A N S W E R** | 11.② 12.② 13.③

11 평균 $= (10 + 11 + 12 + 13 + 14)/ 5 = 12$
중앙값 $= 12$

12 분산 $= 730/5 - 144 = 2$
표준편차 $= \sqrt{2} ≒ 1.414$

13 변동계수 $= 1.414/12 = 11.78\%$
비대칭도 $= 3(12 - 12)/1.414 = 0$

14 다음 중 중앙값(median)에 대한 설명이 바르지 않은 것은?

① 중앙값을 계산하기 위해서는 우선 관측치를 크기순으로 재배열하고 상부에 총관측치의 50%, 하부에 나머지 50%가 놓이는 분기점을 선택한다.

② 관측치의 분포가 극도로 편재되어 있는 경우에 많이 쓰이는 경향치로, 모든 관측치를 크기의 순서대로 나열했을 때 중앙에 오는 관측치의 값을 말한다.

③ 중앙값은 소득과 같은 인구통계학적 자료의 요약에 자주 쓰이게 되는데, 이는 지나치게 큰 값이 자료 전체의 특성을 흐려버리는 경향을 줄이기 위해서이다.

④ 관측치의 수가 짝수인 경우에는 중앙에 위치하는 두 개의 관측치를 찾은 뒤 이들 두 관측치의 합을 중앙값으로 정한다.

15 다음 중 최빈값의 특징이 아닌 것은?

① 최빈값은 반드시 하나만 존재하는 것은 아니다.
② 의류업계의 기성복의 치수 등을 정할 때 편리하다.
③ 자료 중 극단적인 값(이상점)의 영향을 받지 않는 대표값이다.
④ 경기변동을 산출할 때 사용한다.

⊘ ANSWER | 14.④ 15.④

---

14 관측치의 수가 짝수인 경우에는 중앙에 위치하는 두 개의 관측치를 찾은 뒤 이들 두 관측치의 중간값을 중앙값으로 정한다.

※ **중앙값의 특징**

㉠ 극단적인 값의 영향을 받지 않으나 대수적 취급이 불편하다.

㉡ 중앙값에 대한 편차의 절대값의 합을 최소로 한다. 즉 다음이 성립한다.

$$\sum_{i=1}^{n}|x_i - Me| \leq \sum_{i=1}^{n}|x_i - a|$$

(단, a는 상수)

㉢ 좌우대칭 분포형일 때는 $\bar{x}$와 Me는 일치한다.

㉣ 경기변동을 산출할 때 사용한다.

15 경기변동을 산출할 때는 중앙값을 사용하는 것이 보통이다.

※ **최빈값의 특징**

㉠ 가장 이해하기 쉬운 대푯값이다.

㉡ 자료 중의 극단적인 값(이상점)의 영향을 받지 않은 대푯값이다.

㉢ 최빈값은 반드시 하나만 존재하는 것은 아니다.

㉣ 의류업계의 기성복의 치수 등을 정할 때 편리하다.

16 산술평균, 중앙값, 최빈값을 선택할 때 고려해야 할 사항과 데이터를 정리하는 방법에 대한 설명 중 틀린 것은?

① 관측치들의 분포가 거의 좌우대칭이며 봉우리가 하나인 형태를 취할 때에는 어떤 대표치를 선택하더라도 그리 큰 문제가 없다.

② 관측치들의 분포가 왼쪽 또는 오른쪽으로 편향된 분포형태를 취할 때에는 단순히 산술평균만을 그 대표치로 삼아서는 곤란하다. 이러한 경우에는 산술평균과 함께 최빈값을 대표치로 사용해야 한다.

③ 집중경향치란 주어진 자료의 특징이나 전체적 경향을 나타내는 통계적 수치이다.

④ 각 관측치들이 서로 얼마나 밀집해 있는가를 알아보기 위해서는 분산이나 표준편차와 같은 통계량을 계산한다.

17 주어진 자료에서 가장 큰 값과 가장 작은 값의 차이를 의미하며 산포도를 알아보는 방법 중 가장 손쉽게 그 값을 구할 수 있는 것은 무엇인가?

① 범위   ② 편차
③ 변동계수   ④ 표준편차

18 측정단위가 서로 다른 두 개의 자료를 비교하고자 하는 경우 범위나 분산과 같은 산포도 측정치를 계산하는 것만으로는 충분하지 않다. 예를 들어 몸무게 자료와 키 자료를 직접 비교하기는 어렵다. 이런 경우 사용할 수 있는 통계량은 무엇인가?

① 산포도   ② 범위
③ 변동계수   ④ 표준편차

ANSWER | 16.② 17.① 18.③

16 관측치들의 분포가 왼쪽 또는 오른쪽으로 편향된 분포형태를 취할 때에는 단순히 산술평균만을 그 대표치로 삼아서는 곤란하다. 이러한 경우에는 산술평균과 함께 중앙값을 대표치로 사용해야 한다.

17 범위란 주어진 자료에서 가장 큰 값과 가장 작은 값의 차이를 의미한다.

18 변동계수란 관측치들의 표준편차를 평균으로 나눈 값으로 정의되며 여러 종류의 자료의 산포도를 비교하는데 사용된다. 두 자료의 평균과 표준편차가 서로 다를 경우 상대적인 산포의 정도를 측정하는데 유용하다.

※ 다음 자료를 보고 아래 질문에 답하시오. 【19~21】

2, 4, 6, 8, 10

19 평균과 중앙값은 얼마인가?

① 평균 : 6, 중앙값 : 6
② 평균 : 6, 중앙값 : 7.5
③ 평균 : 7.5, 중앙값 : 6
④ 평균 : 7.5, 중앙값 : 7.5

20 분산과 표준편차는 얼마인가?

① 분산 : 2, 표준편차 : 1.414
② 분산 : 8, 표준편차 : 2.828
③ 분산 : 12.25, 표준편차 : 3.5
④ 분산 : 19, 표준편차 : 4.359

21 변동계수는 얼마인가?

① 변동계수 : 23.57%, 비대칭도 : 1
② 변동계수 : 37.71%, 비대칭도 : 0.5
③ 변동계수 : 47.14%, 비대칭도 : 0
④ 변동계수 : 133.33%, 비대칭도 : 0

✅ **ANSWER** | 19.① 20.② 21.③

19 평균 $= (2 + 4 + 6 + 8 + 10)/5 = 6$
중앙값 $= 6$

20 분산 $= 220/5 - 36 = 8$
표준편차 $= \sqrt{8} = 2.828$

21 변동계수 $= 2.828/6 = 47.14\%$
비대칭도 $= 3(6-6)/2.828 = 0$

22 다음 중 분산에 관한 설명이 바르지 않은 것은?

① 분산의 값은 0보다 작을 수 없으며 분산이 0인 경우에는 모든 관측치가 평균과 같은 값을 가지고 있다는 것을 의미한다.

② 산술평균과 각 관측치 간의 차이를 제곱하여 그 합을 구한 뒤 전체 관측치 수로 나누어 계산한 값이다.

③ 범위와는 달리 모든 관측치를 이용하여 계산하며, 단순히 얼마나 퍼져 있는가를 나타내기보다는 평균에서 얼마나 떨어져 있는가를 나타내 준다.

④ 표본을 추출하여 모집단의 특성을 알아보더라도 공식은 모집단 전체를 대상으로 계산하는 경우와 동일하다.

23 다음 중 분산도(산포, dispersion)를 나타내는 것은?

① 중앙값   ② 표준편차
③ 산술평균   ④ 최빈값

24 1,000개로 구성된 표본으로부터 산술평균이 100이고 표준편차가 8일 때 변동계수는 얼마인가?

① 8%   ② 10%
③ 64%   ④ 156.25%

ANSWER | 22.④ 23.② 24.①

22 표본을 추출하여 모집단의 특성을 알아보는 것으로 공식은 모집단 전체를 대상으로 계산하는 경우와 동일하지 않다.

   ※ 분산과 표준편차의 특성

     ⊙ 분산이 0이면 자료는 모두 평균값에 집중되어 있다.

     ⓛ 표준편차는 편차의 제곱으로 계산된 것이기 때문에 자료의 이상적인 변동의 뜻을 중시하는 산포도이다.

     ⓒ 2개 집단 N_1, N_2의 산술평균이 $\bar{x}$이고 σ_1^2, σ_2^2일 때 N_1, N_2의 합동 분산은 $\dfrac{N_1\sigma_1^2 + N_2\sigma_2^2}{N_1 + N_2}$이다.

     ⓔ 자료 x_1, x_2, ..., x_n의 표준편차를 σ라 한 때 이 자료에 일정한 수 k를 곱한 자료 kx_1, kx_2, ..., kx_n의 표준편차를 $|k|\sigma$가 된다.

     ⓜ 자료 x_1, x_2, ..., x_n의 표준편차와 이 자료에 일정한 수 k를 더하거나 뺀 자료 $x_1 \pm k$, $x_2 \pm k$, ..., $x_n \pm k$의 표준편차는 일치한다.

23 분산도(산포, dispersion)를 나타내는 것은 표준편차이다.

24 변동계수는 8/100＝8%이다.

25 200개로 구성된 표본으로부터 산술평균이 25이고 분산이 16일 때 변동계수는 얼마인가?

① 8%
② 12.5%
③ 16%
④ 64%

26 데이터를 히스토그램으로 나타내면 평균을 중심으로 해서 거의 좌우가 동형일 때 주로 적용되는 규칙으로 경험적 규칙이라는 것이 있다. 이에 대한 설명으로 틀린 것은?

① 전체 데이터의 약 67% 정도는 평균으로부터 1배의 표준편차 내에 위치한다.
② 전체 데이터의 약 95%는 평균으로부터 2배의 표준편차 내에 위치한다.
③ 거의 대부분의 데이터가 평균으로부터 3배의 표준편차 내에 위치한다.
④ 거의 대부분의 데이터가 평균으로부터 6배의 표준편차 내에 위치한다.

※ 다음 자료를 보고 아래 물음에 답하라. 【27~32】

강원대학교에 재학 중인 학생 9명을 임의로 추출하여 200미터를 뛰는 데 소요되는 시간을 측정한 결과 아래와 같은 자료를 얻었다.

32초, 37초, 27초, 32초, 34초, 29초, 28초, 23초, 30초

27 평균은 얼마인가?

① 30초
② 30.22초
③ 32초
④ 34초

✅ **A N S W E R │ 25.③ 26.④ 27.②**

25 변동계수는 $\sqrt{16}/25 = 16\%$이다.
　　※ 변이계수의 특성
　　　　㉠ 변동계수의 제곱$(V_r)^2$을 상대분산(relative variance)이라 한다.
　　　　㉡ 여러 다른 종류의 통계집단이나 동종의 집단일지라도 평균이 크게 다를 때 산포를 비교하기 위한 측도이다.

26 거의 대부분의 데이터가 평균으로부터 3배의 표준편차 내에 위치한다.

27 평균 $= (32 + 37 + 27 + 32 + 34 + 29 + 28 + 23 + 30)/9 = 30.22$

28 중앙값은 얼마인가?

① 30초　　　　　　　　　　　② 30.22초

③ 32초　　　　　　　　　　　④ 34초

29 최빈값은 얼마인가?

① 30초　　　　　　　　　　　② 30.22초

③ 32초　　　　　　　　　　　④ 34초

30 분산은 얼마인가?

① 3.88초　　　　　　　　　　② 4.12초

③ 15.05초　　　　　　　　　　④ 16.94초

31 표준편차는 얼마인가?

① 3.88초　　　　　　　　　　② 4.12초

③ 15.05초　　　　　　　　　　④ 16.94초

ANSWER | 28.①　29.③　30.③　31.①

28　중앙값 = 30

29　최빈값 = 32

30　분산 = 편차의 제곱의 평균 = 15.05

31　표준편차 = $\sqrt{15.05}$ = 3.88

32 변동계수는 얼마인가?

① 0.1284　　　　　　　　　　② 0.1363

③ 0.4980　　　　　　　　　　④ 0.5606

33 다음 중 오른쪽 꼬리가 긴 분포인 경우는?

① 평균 = 50, 중위수 = 50, 최빈수 = 50

② 평균 = 50, 중위수 = 45, 최빈수 = 40

③ 평균 = 40, 중위수 = 45, 최빈수 = 50

④ 평균 = 40, 중위수 = 50, 최빈수 = 55

⊘ **ANSWER** | 32.①　33.②

32　변동계수 = 표준편차/평균 = 3.88/30.22 = 0.1284

33　평균이 중위수보다 크면 오른쪽 꼬리가 긴 분포라고 할 수 있다.

　　※ 대표값의 비교

　　　⊙ 도수분포가 완전히 대칭인 경우 : $\overline{X} = M_e = M_o$

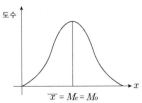

　　　⊙ 도수분포가 왼쪽으로 치우친 경우 : $M_o < M_e < \overline{X}$

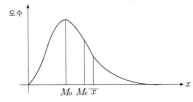

　　　⊙ 도수분포가 오른쪽으로 치우친 경우 : $M_o > M_e > \overline{X}$

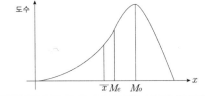

34 표본의 분산을 구할 때 표본의 평균과 각 관측치 간의 차이의 제곱합을 총관측치 수로 나누어 주지 않고 (총관측치 수 − 1)로 나누어 준다. 이 경우 (총관측치 수 − 1)을 무엇이라 하는가?

① 자유도   ② 편차

③ 산포도   ④ 기술통계량

35 다음 X변수의 관찰값에 관한 설명으로 틀린 것은?

1, 2, 4, 5, 5, 7, 11

① 범위는 10이다.   ② 중앙값은 5.5이다.

③ 평균값은 5이다.   ④ 최빈수는 5이다.

36 다음 중 최빈수에 관한 설명으로 틀린 것은?

① 최빈수는 관찰값을 의미한다.

② 최빈수는 중심 경향의 측정치이다.

③ 최빈수는 1개 이상 존재할 수 있다.

④ 최빈수는 계급이 존재하는 경우 보다 쉽게 구할 수 있다.

ⓒ **ANSWER** | 34.①   35.②   36.①

34 자유도란 통계량을 추정할 때 사용되는 데이터의 정보량을 의미한다. 분산은 편차의 제곱합을 자유도로 나눈 값을 말한다.

35 중앙값은 관찰값의 개수가 7개이므로 4번째 값인 5가 된다.

36 계급이 존재하는 경우에는 관찰값이 아닐 수 있다.

37 다음 자료에 대한 설명으로 틀린 것은?

1, 3, 5, 10, 1

① 분산은 14이다.   ② 중위수는 5이다.

③ 범위는 9이다.   ④ 평균은 4이다.

38 두 집단 자료의 단위가 다르거나 단위는 같지만 평균의 차이가 클 때 두 집단자료의 산포를 비교하는데 변동계수를 사용한다. 얻은 자료의 산술평균이 20이고 분산이 16일 때 변동계수는 얼마인가?

① 4/20   ② 16/20

③ 20/4   ④ 20/16

39 다음은 5년 동안 연도별로 실현된 투자수익률이다. 다음 중 5년 동안의 연평균 수익률을 가장 잘 나타낸 것은?

연도	1	2	3	4	5
수익률	0.10	0.22	0.06	−0.05	0.20

① 산술평균 = 0.106   ② 산술평균 = 0.102

③ 기하평균 = 0.106   ④ 기하평균 = 0.102

37 중위수란 데이터를 크기순으로 배열할 때 중앙에 오는 데이터로 주어진 자료의 중위수는 3이다.

38 변동계수 = 표준편차/산술평균 = 4/20

39 변화율 또는 비율의 평균을 구할 때에는 기하평균을 사용한다.

기하평균 $= 5\sqrt{0.10 \times 0.22 \times 0.06 \times 0.05 \times 0.20} = 0.102$

※ 다음 자료를 보고 물음에 답하라. 【40~43】

5, 7, 0, 3, 15, 8, 5, 9, 3, 8, 10, 5, 2, 0, 12

40 범위는 얼마인가?

① 5
② 8
③ 10
④ 15

41 평균값은 얼마인가?

① 5
② 6.133
③ 6.571
④ 7.077

24 중앙값은 얼마인가?

① 5
② 6
③ 7
④ 8

42 최빈값은 얼마인가?

① 5
② 6
③ 7
④ 8

✅ ANSWER | 40.④ 41.② 42.① 43.①

40 범위는 최대치와 최소치의 차이인 15이다.
   ※ 범위의 특성
   ㉠ 가장 간단히 구할 수 있는 산포도이다.
   ㉡ 이상치에 영향을 많이 받기 때문에 불안정한 산포도이다.
   ㉢ 생산품질관리 등의 경우에서처럼 제한적인 분야에서만 사용된다.

41 평균값 = 92/15 = 6.133

42 중앙값 = 5

43 최빈값 = 5

04 확률의 기초

① 사상과 표본공간

(1) 개념

① **실험**(experiment) ··· 실행되었을 때 그 결과가 오직 한 가지만 실행되는 과정이며 그 관측된 결과를 실험의 결과(outcome)이라 한다.

② **표본공간**(sample space) ··· 실험에서 발생 가능한 모든 결과들의 모임을 뜻하며, 벤다이어그램(venn diagram)이나 트리그램(treegram)으로 나타내어진다.

③ **사건**(event) **또는 사상** ··· 실험으로 인하여 발생하는 하나 또는 두 개 이상의 결과의 집합을 의미하며, 표본공간의 부분집합이다.

④ **사상공간**(event space) ··· 어떤 실험에서 관련 있는 모든 사상들의 집합

(2) **상호배반사상**(mutually exclusive)

① **정의** ··· 동시에 발생할 수 없는 사상들을 상호배반사상이라 한다.

② **성질** ··· 두 사상 A와 사상 B가 상호배반사상이라면, 두 사상은 서로 공통 요소를 갖지 않는다. 따라서 $A \cap B = \phi$이다.

② 확률

(1) 확률(probability)

확률은 어떤 특정한 사건이 발생할 가능성을 수치로 나타낸 측정값으로, 다음의 공리를 만족한다.

표본공간 S에서의 임의의 사상 A에 대하여
① $0 \leq P(A) \leq 1$
② $P(S) = 1$
③ $P(A_1 \cup A_2) = P(A_1) + P(A_2)$, 단 두 사상 A_1, A_2는 상호배반사상

(2) 확률(probability)의 개념

확률은 개념적 접근방법으로 고전적 확률, 상대도수적 확률, 그리고 주관적 확률이 있다.

① **고전적 확률**(classical probability) … 실험의 결과로 나타나는 각 사상들의 발생가능성이 동일한(equality likely) 경우에 적용되는 개념이다.

고전적 확률

근원사상 E_i에 대하여 $P(E_i) = \dfrac{1}{\text{표본공간 전체에서의 근원사상의 수}}$

임의의 사상 A 에 대하여 $P(A) = \dfrac{\text{사상}A\text{에 속하는 근원사상의 수}}{\text{표본공간 전체에서의 근원사상의 수}}$

② **상대도수적 확률** … 실험결과로 나타날 수 있는 사상들의 발생 가능성이 같지 않은 경우에 상대도수 (relative frequency)의 개념을 사용하여 확률을 정의할 수 있다.

상대도수적 확률
동일한 실험을 n번 반복 시행하여 사상 A가 f번 발생할 경우 상대도수적 확률 $P(A)$는 다음과 같다.

$$P(A) = \frac{f}{n}$$

③ **주관적 확률**(subjective probability) … 어떤 실험에서 특정사건이 발생할 가능성이 각 개인들의 주관적 경험 또는 지식과 그의 가치관에 따라 다르게 부여될 경우에 대한 확률을 주관적 확률이라 한다.
 * 예를 들어 A라는 프로야구팀이 시즌에서 우승할 확률이 40%라든가 내일 종합주가지수가 올라갈 확률이 20%라든가 하는 것은 주관적일 수밖에 없다.

③ 주변확률과 조건부확률

주변확률과 조건부확률의 개념을 이해하기 위해 다음 예제를 살펴보자. 100명의 대학생에 대한 설문조사 결과를 성별과 흡연 두 가지 변수에 대하여 구분하여 정리한 이원분할표이다.

	흡연(B)	비흡연(B^c)	합계
남자(A)	33	28	61
여자(A^c)	9	30	39
합계	42	58	100

(1) 결합확률(joint probability)

성별과 흡연 여부의 분포를 동시에 고려한 확률로 전체 조사 대상자 100명 중에 성별이 남자이면서 흡연자는 33명이므로 다음과 같다.

$$P(\text{남자} \cap \text{흡연자}) = P(A \cap B) = \frac{33}{100}$$

이 확률을 결합확률이라 한다. 예제에서는 $P(A \cap B)$, $P(A \cap B^c)$, $P(A^c \cap B)$, $P(A^c \cap B^c)$등 4가지의 결합확률을 구할 수 있다.

(2) 주변확률(marginal probability)

두 변수 중에서 성별만을 혹은 흡연 여부만을 고려한 경우로 남자일 확률 또는 흡연자일 확률은 다음과 같다.

$$P(\text{남자}) = P(A) = \frac{61}{100}, \ P(\text{흡연자}) = P(B) = \frac{42}{100}$$

이와 같이 다른 사상을 고려하지 않고 관심 있는 한 가지 사상만의 확률을 주변확률이라 한다. 예제에서는 $P(A)$, $P(A^c)$, $P(B)$, $P(B^c)$등 4가지 주변확률을 구할 수 있다.

(3) 조건부확률(conditional probability)

한 가지 사상이 이미 일어났을 때 다른 사상이 발생할 확률을 조건부확률이라 한다. 사상 A가 이미 발생했을 때 사살 B가 발생할 조건부확률은 다음과 같이 표시된다.

조건부확률

사상 A와 B에 대해 $P(A) > 0$이라고 하면, 조건부확률 $P(B \mid A)$는 다음과 같다.

$$P(B \mid A) = \frac{P(A \cap B)}{P(A)}$$

예제문제

100명 중에서 남자가 한 사람 선택되었다고 하자. 즉 선택한 사람이 남자라는 사상이 이미 발생했다면 그 선택된 사람이 흡연자일 확률은 얼마인가?

✔ $P(\text{흡연자} \mid \text{남자}) = P(B \mid A) = \dfrac{P(A \cap B)}{P(A)} = \dfrac{33/100}{66/100} = \dfrac{1}{2}$

4 사상의 독립

어떤 한 사상의 발생이 다른 사상의 발생 확률에 영향을 미치지 않는 경우 이 두 사상을 서로 독립(independent)이라 한다.

독립사상(independent event)

다음 조건 중 하나를 만족한다면 사상 A와 B는 독립이다.

① $P(A \cap B) = P(A)P(B)$

② $P(A \mid B) = P(A), \ (P(B) > 0)$

③ $P(B \mid A) = P(B), \ (P(A) > 0)$

⑤ 확률의 법칙

(1) 확률의 합법칙

두 개 이상의 사상들의 합집합의 확률을 계산하는 방법을 확률의 합법칙(addition rule)이라 하며 다음과 같이 정의된다.

① 두 사상 A와 B의 합집합(union)의 확률

확률의 합법칙
$$P(A \cup B) = P(A) + P(B) - P(A \cap B)$$

② 두 사상 A와 B가 상호배반사상일 경우

상호배반사상의 합법칙
$$P(A \cup B) = P(A) + P(B)$$

(2) 확률의 곱법칙

두 사상의 교집합은 한 사상의 확률과 다른 사상의 조건부확률의 곱으로 계산할 수 있으며 이를 확률의 곱법칙(multiplication rule)이라 하며 다음과 같이 정의된다.

① 두 사상 A와 B의 교집합(intersection)의 확률

확률의 곱법칙
$$P(A \cap B) = P(A)\, P(B \mid A)$$
$$= P(B)\, P(A \mid B)$$

② 두 사상 A와 B가 독립일 경우

독립사상인 경우 확률의 곱법칙
$$P(A \cap B) = P(A)\, P(B)$$

6 베이즈 정리

(1) 전확률 정리

전확률 정리

표본공간을 상호배반사상인 B_1, B_2, ..., B_n으로 분할하고 $P(B_i) > 0$라고 가정하자. 이 때 사상 A에 대하여,

$$P(A) = \sum_{i=1}^{n} P(A \mid B_i)\, P(B_i)$$
$$= P(A \mid B_1)\, P(B_1) + P(A \mid B_2)\, P(B_2) + \cdots + P(A \mid B_n)\, P(B_n).$$

(보조정리) 위 정리의 조건하에서
$$P(A) = P(A \mid B)\, P(B) + P(A \mid B^c)\, P(B^c).$$

(2) 베이즈 정리

특정 사상에 대하여 처음 주어진 확률을 사전확률(prior probability)이라고 한다. 이런 사전확률은 특정 사건과 관련된 추가적인 정보를 이용하여 수정될 수 있으며, 이 수정된 확률을 사후확률(posterior probability)이라고 한다. 베이즈 정리(Bayes' theorem)는 사전확률과 추가된 정보에 의해 사후확률을 계산하는데 사용한다.

베이즈 정리

표본공간을 상호배반사상인 B_1, B_2, ..., B_n으로 분할하고 $P(B_i) > 0$이라 하면, $P(A) > 0$인 사상 A 에 대하여 사상 A가 주어졌을 때 B_k의 사후확률은 다음과 같다.

$$P(B_k \mid A) = \frac{P(A \mid B_k)\, P(B_k)}{\sum_{i=1}^{n} P(A \mid B_i)\, P(B_i)}$$

(보조정리) 위 정리의 조건하에서
$$P(B \mid A) = \frac{P(A \mid B)\, P(B)}{P(A \mid B)\, P(B) + P(A \mid B^c)\, P(B^c)}$$

기출유형문제

1 $P(A) = \dfrac{1}{3}$, $P(B) = \dfrac{1}{4}$, $P(B|A) + P(A|B) = \dfrac{7}{12}$ 일 때, $P(A \cap B)$의 값은?

① $\dfrac{1}{12}$

② $\dfrac{1}{6}$

③ $\dfrac{1}{4}$

④ $\dfrac{1}{3}$

2 $P(A) = 0.4$, $P(B) = 0.3$, $P(B \mid A) = 0.5$ 일 때, $P(A \cup B)$의 값은?

① 0.45

② 0.5

③ 0.55

④ 0.7

✅ **ANSWER** | 1.① 2.②

1 $P(A) = \dfrac{1}{3}$, $P(B) = \dfrac{1}{4}$, $P(B \mid A) + P(A \mid B) = \dfrac{7}{12}$ 일 때, 조건부확률의 정의를 이용하여 식을 정리하면 다음과 같다.

$$\dfrac{7}{12} = P(B \mid A) + P(A \mid B) = \dfrac{P(A \cap B)}{P(A)} + \dfrac{P(A \cap B)}{P(B)} = \dfrac{P(A \cap B)}{\dfrac{1}{3}} + \dfrac{P(A \cap B)}{\dfrac{1}{4}} = 7P(A \cap B).$$

따라서 $P(A \cap B) = \dfrac{1}{12}$ 이다.

2 $P(A) = 0.4$, $P(B) = 0.3$, $P(B \mid A) = 0.5$일 때, 확률의 덧셈법칙과 조건부 확률을 이용하면 다음과 같다.

$P(A \cup B) = P(A) + P(B) - P(A \cap B) = P(A) + P(B) - P(A)P(B \mid A) = 0.4 + 0.3 - 0.4 \times 0.5 = 0.5$.

3 도시 A에 거주하는 사람 중에서 1%가 질병 D에 걸렸고 나머지 99%는 질병 D에 걸리지 않았다고 한다. 질병 D에 걸린 사람이 어떤 진단 시약에 대해 양성 반응을 보일 확률이 질병 D에 걸리지 않은 사람이 양성 반응을 보일 확률의 33배라고 한다. 도시 A에 거주하는 사람 중에서 임의로 뽑힌 사람이 이 진단 시약에 대해 양성 반응을 보였을 때, 이 사람이 질병 D에 걸렸을 확률은?

① $\dfrac{1}{4}$ ② $\dfrac{1}{3}$

③ $\dfrac{1}{2}$ ④ $\dfrac{2}{3}$

4 작년 입사 지원자 중 60%가 남자이고 40%가 여자인 어느 회사에서 남자 지원자 중 8%, 여자 지원자 중 6%가 합격하였을 때 이 회사의 작년 입사 지원자 중 합격한 사람의 비율은?

① 7.2%   ② 7.4%

③ 7.6%   ④ 7.8%

⊘ ANSWER | 3.① 4.①

3 사상 A를 질병 D에 걸린 사상, 사상 A^c을 질병 D에 걸리지 않은 사상이라고 하면, 사전확률은 각각
$P(A) = 0.1$, $P(A^c) = 0.99$이다.
또한 사상 B를 진단 시약에 대해 양성반응을 보일 사상이라고 하면, $P(B \mid A) = 33 \cdot P(B \mid A^c)$이다.
임의로 뽑힌 사람이 이 진단 시약에 대해 양성반응을 보였을 때, 이 사람이 질병 D에 걸릴 확률 $P(A \mid B)$은 베이즈 정리를 이용하여 구하면

$$P(A \mid B) = \frac{P(A \cap B)}{P(B)} = \frac{P(A)P(B \mid A)}{P(A)P(B \mid A) + P(A^c)P(B \mid A^c)}$$

$$= \frac{0.01 \times P(B \mid A)}{0.01 \times P(B \mid A) + 0.99 \times \dfrac{P(B \mid A)}{33}} = \frac{1}{4} \, \text{이다.}$$

4 지원자가 남자일 사건을 A, 여자일 사건을 A^c라 하고, 합격한 사건을 B라 하자.
지원자가 남자일 확률은 $P(A) = 0.6$이고, 여자일 확률은 $P(A^c) = 0.4$이다.
또한 남자 지원자 중 합격한 확률은 $P(B \mid A) = 0.08 = \dfrac{P(B \cap A)}{P(A)}$이고,

여자 지원자 중 합격한 확률은 $P(B \mid A^c) = 0.06 = \dfrac{P(B \cap A^c)}{P(A^c)}$이다.

따라서 지원자 중 합격할 확률은
$P(B) = P(A \cap B) + P(A^C \cap B) = P(B \mid A)P(A) + P(B \mid A^c)P(A^c)$
$= 0.6 \times 0.08 + 0.4 \times 0.06 = 0.072$
이므로 작년 입사 지원자 중 합격한 사람의 비율은 7.2%이다.

5 사건 A가 일어날 확률은 0.6이고, 사건 A가 일어났을 때 사건 B가 일어날 조건부확률은 0.4이다. 사건 A와 B가 서로 독립일 때, 사건 B가 일어날 확률은?

① 0.24

② 0.4

③ 0.5

④ 0.6

5 $P(A) = 0.6$, $P(B \mid A) = 0.4$이다.

사건 A와 B가 독립이면, $P(B \mid A) = P(B)$와 같으므로 $P(B) = 0.4$이다.

출제예상문제

1 5, 6, 7, 8, 9 숫자를 오직 한 번만 사용하여 만들 수 있는 3자리 짝수는 몇 가지인가?

① 10가지   ② 24가지

③ 32가지   ④ 60가지

2 1에서 9까지의 정수 가운데 세 개의 숫자를 뽑을 때 뽑힌 숫자가 연속적인 세 개의 숫자일 확률은 얼마인가?

① $\dfrac{1}{24}$ ② $\dfrac{1}{12}$

③ $\dfrac{1}{9}$ ④ $\dfrac{1}{6}$

3 10개 중 3개의 당첨 제비가 들어 있는 제비뽑기에서 두 번째 뽑는 사람이 당첨될 확률은 얼마인가?

① $\dfrac{1}{15}$ ② $\dfrac{7}{30}$

③ $\dfrac{3}{10}$ ④ $\dfrac{1}{3}$

✅ **ANSWER** | 1.② 2.② 3.③

1   3자리 숫자가 짝수이기 위해서는 마지막 일의 자리 숫자가 짝수이어야 하므로 2×4×3=24가지의 짝수를 만들 수 있다.

2   9개의 정수 중에서 3개의 숫자를 뽑아내는 경우의 수 = $_9C_3 = 84$
연속적인 세 개의 숫자로 이루어진 정수 = 123, 234, 345, 456, 567, 678, 789
따라서, 확률 = 7/84 = 1/12

3 $\dfrac{3}{10}\times\dfrac{2}{9}+\dfrac{7}{10}\times\dfrac{3}{9}=\dfrac{3}{10}$

4 남자 주머니에 흰 공 3개, 검은 공 2개가 들어있고, 여자 주머니에 흰 공 1개, 검은 공 2개가 들어 있다. 무심코 한 주머니에서 공 한 개를 꺼낼 때 흰 공일 확률은 얼마인가?

① $\dfrac{1}{6}$　　　　　　　　　　　　② $\dfrac{3}{10}$

③ $\dfrac{7}{15}$　　　　　　　　　　　　④ $\dfrac{1}{2}$

5 한 개의 동전을 계속해서 6번 던졌다. 이 때 적어도 한 번 앞면이 나올 확률은 얼마인가?

① $\dfrac{1}{6}$　　　　　　　　　　　　② $\dfrac{1}{12}$

③ $\dfrac{31}{32}$　　　　　　　　　　　　④ $\dfrac{63}{64}$

6 두 개의 주사위를 동시에 던질 때 눈의 합이 7 또는 11이 나올 확률은 얼마인가?

① $\dfrac{1}{6}$　　　　　　　　　　　　② $\dfrac{1}{12}$

③ $\dfrac{1}{9}$　　　　　　　　　　　　④ $\dfrac{2}{9}$

7 0, 1, …, 9를 사용해서 만들 수 있는 세 자리 숫자는 몇 가지인가?

① 720가지　　　　　　　　　　② 810가지

③ 900가지　　　　　　　　　　④ 1,000가지

✅ **ANSWER** | 4.③　5.④　6.④　7.③

4　$\dfrac{1}{2} \times \dfrac{3}{5} + \dfrac{1}{2} \times \dfrac{1}{3} = \dfrac{7}{15}$

5　표본공간의 원소는 64가지이고, 모두 뒷면이 나오는 경우의 수는 1이므로 적어도 한 번 앞면이 나올 확률은 63/64이다.

6　두 개의 주사위를 동시에 던질 때 눈의 합이 7일 확률은 1/6이고, 눈의 합이 11일 확률은 1/18이므로, 이 두 가지 확률을 더하면 2/9이다.

7　숫자의 중복을 허용하므로 첫째 자리에만 0을 제외한 9개의 숫자가 올 수 있다. 따라서 9 × 10 × 10 = 900개를 만들 수 있다.

8 2개의 주사위를 던질 때 눈의 합이 3이하일 확률은 얼마인가?

① $\dfrac{1}{3}$

② $\dfrac{1}{6}$

③ $\dfrac{1}{12}$

④ $\dfrac{1}{36}$

9 '3·6·9 게임'은 참가자들이 돌아가며 자연수를 1부터 차례로 말하되 3, 6, 9가 들어가 있는 수는 말하지 않는 게임이다. 예를 들면 3, 13, 60, 396, 462, 900 등은 말하지 않아야 한다. '3·6·9 게임'을 할 때, 1부터 999까지의 자연수 중 말하지 않아야 하는 수의 개수를 구하시오.

① 342

② 343

③ 656

④ 657

10 조커를 제외한 52장의 카드 중에서 차례대로 2장의 카드를 꺼낼 때 2장 모두 J카드가 나타날 확률을 복원추출을 가정한 상황에서 구하면 얼마인가?

① $\dfrac{1}{13}$

② $\dfrac{2}{13}$

③ $\dfrac{1}{169}$

④ $\dfrac{2}{169}$

ANSWER | 8.③ 9.④ 10.③

8 2개의 주사위를 던지면 모두 36가지의 사건이 발생하고 이 중 눈의 합이 3 이하일 사건은 3가지 경우이므로 확률은 3/36인 1/12이다.

9 말하여야 하는 수는 3, 6, 9를 제외한 7가지 수로 이루어져 있고, 그 중 0은 제외되므로 그 개수는 $7 \times 7 \times 7 - 1 = 342$
따라서 말하지 않아야 하는 수의 개수는 $999 - 342 = 657$

10 $\dfrac{4}{52} \times \dfrac{4}{52} = \dfrac{1}{169}$

11 다음 중 ( )에 들어갈 알맞은 용어는 무엇인가?

(A)이란 처음에 추정한 사건의 확률을 말하고, (B)이란 부가적 정보에 기초하여 개정된 사건의 확률을 말한다. 여기서 베이즈 정리는 (C)을 구하는 데 사용되는 방법이다.

① A : 사전확률, B : 사후확률, C : 사전확률
② A : 사전확률, B : 사후확률, C : 사후확률
③ A : 사후확률, B : 사전확률, C : 사후확률
④ A : 사후확률, B : 사전확률, C : 사전확률

12 다음 중 ( )에 들어갈 알맞은 용어는 무엇인가?

(A)이란 두 사건이 함께 일어날 확률을 말하고, (B)이란 결합확률의 가장자리에 나타나는 확률값으로 각 사건에 대한 확률이 분리되어 주어진다.

① A : 결합확률, B : 사후확률
② A : 결합확률, B : 한계확률
③ A : 조건부확률, B : 한계확률
④ A : 조건부확률, B : 사전확률

ⓒ **ANSWER** | 11.② 12.②

11 사전확률이란 처음에 추정한 사건의 확률을 말하고, 사후확률이란 부가적 정보에 기초하여 개정된 사건의 확률을 말한다. 여기서 베이즈 정리는 사후확률을 구하는 데 사용되는 방법이다.
※ 베이즈의 정리 … 사상 A_1, ..., A_n이 표본공간 Ω의 분할이고 $P(A_k)>0$이고 $P(B)>0$일 때, 다음이 성립한다.

$$P(A_k|B) = \frac{P(A_k)P(B|A_k)}{\sum_{i=1}^{n} P(A_i)P(B|A_i)}$$

베이즈의 정리에서 확률 $P(A_1)$, ... $P(A_n)$을 사전확률(prior probability)이라 하고 조건부 확률 $P(A_1|B)$, ... $P(A_n|B)$을 사후확률(posterior probability)이라 한다.

12 결합확률이란 두 사건이 함께 일어날 확률을 말하고, 한계확률이란 결합확률의 가장자리에 나타나는 확률값으로 각 사건에 대한 확률이 분리되어 주어진다.

13 어떤 비행기의 승객 중 60%가 한국인이고 승객 중 42%가 한국인 남자이다. 한국인 중에서 임의로 한 명을 뽑을 때, 그 사람이 남자일 확률은 얼마인가?

① 0.252

② 0.42

③ 0.6

④ 0.7

14 10명으로 구성된 연극 동아리에서 연극 공연에 필요한 배우 6명을 제비뽑기를 하여 정하기로 하였다. 한국 최고 미녀 주미가 가장 먼저 제비를 뽑고, 두 번째 미녀 태희가 그 다음으로 제비를 뽑을 때, 2명 모두 배우로 뽑힐 확률은 얼마인가?

① $\dfrac{1}{3}$

② $\dfrac{5}{9}$

③ $\dfrac{6}{10}$

④ $\dfrac{5}{6}$

13 한국인일 사건을 A, 남자일 사건을 B라고 하면, 한국인 남자일 사건은 $A \cap B$이다.

그러므로 $\therefore P(A) = \dfrac{60}{100} = \dfrac{3}{5}$, $P(A \cap B) = \dfrac{42}{100} = \dfrac{21}{50}$

한국인일 조건 하에서 남자일 확률은 $P(B/A)$이므로

$\therefore P(B/A) = \dfrac{P(A \cap B)}{P(A)} = \dfrac{\dfrac{21}{50}}{\dfrac{3}{5}} = \dfrac{7}{10}$

14 주미가 배우로 뽑히는 사건을 A, 태희가 배우로 뽑히는 사건을 B라고 하자. 주미가 배우로 뽑힐 확률은 $P(A) = \dfrac{6}{10}$

주미가 배우로 뽑혔을 때, 태희가 배우로 뽑힐 확률은 $P(B/A) = \dfrac{5}{9}$

주미가 배우로 뽑힌 상태에서 태희가 배우로 뽑혀야 하므로 2명 모두 배우로 뽑힐 확률은

$\therefore P(A \cap B) = P(A)P(B/A) = \dfrac{6}{10} \times \dfrac{5}{9} = \dfrac{1}{3}$

※ 다음을 이용하여 물음에 답하라. 【15~17】

주머니에 흰 공이 4개, 검은 공이 6개 들어 있다.

15 공을 두 개 연속하여 무작위적으로 꺼낼 때 둘 다 흰색일 확률은?

① $\dfrac{16}{100}$

② $\dfrac{4}{30}$

③ $\dfrac{2}{10}$

④ $\dfrac{16}{90}$

16 공을 두 개 연속하여 무작위적으로 꺼낼 때 흰색과 검은색이 골고루 나올 확률은?

① $\dfrac{24}{45}$

② $\dfrac{6}{25}$

③ $\dfrac{11}{25}$

④ $\dfrac{3}{4}$

17 공을 하나 꺼낸 후 다시 넣고 또 하나를 꺼낼 때 둘 다 검은 공일 확률은?

① $\dfrac{4}{9}$

② $\dfrac{1}{3}$

③ $\dfrac{1}{2}$

④ $\dfrac{9}{25}$

ⓒ ANSWER | 15.② 16.① 17.④

15 첫 번째 공을 꺼내면 주머니 속에 남은 공의 개수가 9개로 감소하므로, 두 번째 공을 꺼내는 것은 종속사상이다. 첫 번째 공이 흰 공일 확률이 4/10이고, 두 번째 공이 흰 공일 확률은 3/9(=1/3)이므로, 종속사상인 경우의 확률의 승법정리에 의하여 4/30이다.

16 흰색과 검은색이 골고루 나오는 경우라는 것은 흰 공이 먼저 나온 후 검은 공이 나오는 경우와 검은 공이 먼저 나온 후 흰 공이 나오는 경우를 합쳐서 일컫는 경우이다. 따라서 흰 공, 검은 공 순서로 나올 확률(4/10 × 6/9 = 24/90)과 검은 공, 흰 공 순서로 나올 확률(6/10 × 4/9 = 24/90)의 합이다. 즉, 24/45이다.

17 꺼낸 공을 다시 넣으면, 두 번째 공을 꺼낼 때에도 주머니 속의 공은 여전히 10개이다. 따라서 두 번째 공을 꺼내는 사건은 첫 번째 공을 꺼내는 사건과는 무관한 독립사상이므로 독립사상의 승법정리에 따라 계산해야 한다. 검은 공이 나올 확률은 각각 6/10이므로 검은 공이 두 번 나올 확률은 6/10 × 6/10 = 9/25이다.

18 한 식당에 김치 2가지, 찌개 3가지, 채소 5가지, 과일 4가지로 식단이 짜여져 있다. 각 종류에서 한 가지씩 선택한다면 가능한 방법은 몇 가지인가?

① 14가지   ② 30가지

③ 60가지   ④ 120가지

19 상자에 붉은 공 1개, 검은 공 1개, 흰 공 1개가 들어 있다. 이 상자에서 무작위로 한 개를 선택하여 색상을 기록하고 다시 넣는다. 그리고 같은 방법으로 두 번째와 세 번째 공을 선택하여 색상을 기록할 때, 서로 다른 기록 방법은 몇 가지인가?

① 9가지   ② 18가지

③ 27가지   ④ 36가지

20 S(전체집합) = {1, 2, 3, 4, 5, 6, 7, 8, 9, 10}이고, 부분집합은 A = {1, 2, 3, 6, 8}와 B = {2, 3, 7, 9, 10}일 때, 다음 중 틀린 것은?

① A^c = {4, 5, 7, 10}   ② A∪B = {1, 2, 3, 6, 7, 8, 9, 10}

③ A∩B = {2, 3}   ④ $A∩B^c$ = {1, 6, 8}

21 동전을 두 번 던지는 실험에서 발생 가능한 경우를 모두 나열하면, S = {(앞, 앞), (앞, 뒤), (뒤, 앞), (뒤, 뒤)}와 같은 집합이 도출된다. 이 집합을 확률이론에서는 무엇이라고 부르는가?

① 사상   ② 표본공간

③ 여집합   ④ 합집합

✓ **ANSWER** | 18.④   19.③   20.①   21.②

18 곱셈원리에 의해 $2 \times 3 \times 5 \times 4 = 120$ 가지이다.

19 각 시행에서 나타날 수 있는 색상은 3가지이고 3번의 시행이 이루어지므로, 가능한 기록 방법은 $3^3 = 27$가지이다.

20 A^c = {4, 5, 7, 9, 10}이다.

21 표본공간이란 실험의 실시로 관찰할 수 있는 모든 가능한 단일사상의 집합을 말한다.

22 30년 후까지 생존할 확률이 남편은 1/4, 부인은 2/3인 부부가 있다. 이들 중 적어도 한 사람이 30년 후까지 생존할 확률은 얼마인가?

① $\dfrac{1}{3}$

② $\dfrac{1}{2}$

③ $\dfrac{2}{3}$

④ $\dfrac{3}{4}$

23 동전을 두 번 던지는 실험에서 첫 번째 던지기에서는 '앞면'이 나오고, 두 번째 던지기에서는 '뒷면'이 나오는 경우를 예상할 수 있다. 이처럼 발생 가능한 여러 상황 중 일부를 무엇이라고 부르는가?

① 사상

② 표본공간

③ 여집합

④ 합집합

24 5명의 소녀와 4명의 소년이 일렬로 의자에 앉으려 한다. 소녀와 소년이 교대로 의자에 앉을 수 있는 방법은 몇 가지인가?

① 36가지

② 144가지

③ 512가지

④ 2,880가지

⊘ ANSWER | 22.④ 23.① 24.④

22 남편과 부인이 30년 후까지 생존하는 사건을 A, B라 하면 A, B는 서로 독립이므로 두 사람 모두 30년 후까지 생존하지 못할 확률은 $P(A^c \cap B^c) = P(A^c)P(B^c) = \left(1 - \dfrac{1}{4}\right)\left(1 - \dfrac{2}{3}\right) = \dfrac{1}{4}$ 이다.

따라서 적어도 한 사람이 30년 후까지 생존할 확률은 $1 - P(A^c \cap B^c) = 1 - \dfrac{1}{4} = \dfrac{3}{4}$

23 표본공간의 임의의 부분집합을 사상(event)이라고 한다.

24 소년이 4명이고 소녀가 5명이므로 소녀 사이에 소년이 앉으면 된다.
따라서 $4! \times 5! = 2,880$가지이다.

25 4개의 불량품과 3개의 양호품이 들어있는 상자에서 2개의 제품을 비복원으로 꺼낼 때, 불량품이 적어도 1개일 확률은?

① $\dfrac{9}{42}$

② $\dfrac{21}{42}$

③ $\dfrac{1}{7}$

④ $\dfrac{6}{7}$

26 1개의 주사위와 1개의 동전을 던질 때 A는 동전의 앞면이, B는 주사위의 5가 나오는 사건으로 정의할 때, P(A|B)의 값은?

① 1/6

② 1/2

③ 1/12

④ 5/6

27 강원대학교 총동창회에서는 연말 송년회에서 회원들에게 복권 2,000장을 팔려고 한다. 이 중에서 100장은 1등상을 주고 200장은 2등상을 주려고 한다. 각 복권은 1등상을 탈 가능성이 똑같고 또 2등상을 탈 가능성도 똑같다. 누구도 상을 2개 탈 수는 없다면 전혀 상을 타지 못할 확률은 얼마인가?

① 0.85

② 0.10

③ 0.15

④ 0.05

28 골동품 시장에서 거래되는 그림의 20%가 위조품이라고 가정한다. 오래된 그림의 진위를 감정하는 감정사들이 진품그림을 진품으로 평가할 확률은 85%이고, 위조그림을 진품으로 감정할 확률은 15%이다. 한 고객이 감정사가 진품이라고 감정한 그림을 샀을 때 구입한 그림이 진품일 확률은?

① 0.85

② 0.90

③ 0.92

④ 0.96

✓ **A N S W E R** | 25.④ 26.② 27.① 28.④

25 $\dfrac{4}{7} \times \dfrac{3}{6} + \dfrac{3}{7} \times \dfrac{4}{6} + \dfrac{4}{7} \times \dfrac{3}{6} = \dfrac{6}{7}$

26 두 사상이 독립이면 P(A|B) = P(A) = 1/2이다.

27 여사건의 확률 = 1 – 일어날 확률. 즉, P(상타지 못함) = 1–P(상을 탐) = 1 – 0.15 = 0.85이다.

28 구입한 그림이 진품일 확률 = (0.8)(0.85)/[(0.2)(0.15)+(0.8)(0.85)] = 0.96

29 우리나라 사람들 중 왼손잡이 비율은 남자가 2%, 여자가 1%라 한다. 남학생 비율이 60%인 어느 학교에서 왼손잡이 학생을 선택했을 때 이 학생이 남자일 확률은?

① 0.75   ② 0.012

③ 0.25   ④ 0.05

30 상자 속에 진공관이 10개 들어 있다. 이 중 4개는 불량품이다. 지금 이 상자 속에서 3개의 진공관을 임의로 추출할 때 불량품이 2개 포함될 확률을 구하면 얼마인가?

① $\dfrac{1}{10}$ ② $\dfrac{2}{10}$

③ $\dfrac{3}{10}$ ④ $\dfrac{4}{10}$

31 월요일에 주가가 상승할 확률은 0.6으로 알려져 있다. 그리고 월요일에 상승했다는 조건 아래서 그 다음 날에도 다시 상승할 확률은 0.30이 될 때 특정한 월요일과 그 다음 이틀 동안 계속 주가가 오를 확률을 구하면 얼마인가?

① 0.12   ② 0.18

③ 0.28   ④ 0.42

✅ **ANSWER** | 29.①   30.③   31.②

29 조건부 확률 $= (0.6 \times 0.02)/[(0.6 \times 0.02)+(0.4 \times 0.01)] = 0.012/0.016 = 0.75$

※ 조건부 확률

사상 A가 일어났을 때, 사상 B의 조건부 확률 $P(B/A)$는 다음과 같이 정의한다.

$$P(B/A) = \frac{P(A \cap B)}{P(A)} \ (\text{단}, \ P(A) > 0)$$

30 10개 중 3개의 진공관을 추출하는 가짓수는 $_{10}C_3 = 120$가지이고, 4개의 불량품에서 2개의 불량품을 추출하는 가짓수는 $_4C_2 \times _6C_1 = 36$가지이다. 따라서 구하는 확률은 36/120이다.

31 월요일에 주가가 오른다는 사상을 A라 하고, 화요일에 주가가 오른다는 사상을 B라고 하면,

$$P(A \cap B) = P(A) \times P(B|A) = (0.6)(0.3) = 0.18$$

※ 확률의 곱셈법칙

$$P(A \cap B) = P(A) \cdot P(B/A) = P(B) \cdot P(A/B)$$

32 주사위를 3회 던질 때, 한번 나온 눈금이 다시 나오면 이를 무효화하고 다시 던지는 경우, 3회의 유효횟수동안 모두 짝수의 눈금이 나올 확률은?

① $\dfrac{1}{3}$ ② $\dfrac{1}{8}$

③ $\dfrac{1}{20}$ ④ $\dfrac{1}{24}$

※ 다음을 보고 물음에 답하시오. 【33~35】

> 어느 학급의 학생수는 40명이다. 남학생이 23명이며, 안경 낀 여학생이 8명이다.

33 어느 한 학생을 임의로 추출했을 때 이 학생이 여학생일 확률은?

① $\dfrac{1}{5}$ ② $\dfrac{8}{23}$

③ $\dfrac{17}{40}$ ④ 알 수 없다.

34 어느 한 학생을 임의로 추출했을 때 이 학생이 안경을 끼지 않은 여학생일 확률은?

① $\dfrac{17}{40}$ ② $\dfrac{4}{5}$

③ $\dfrac{9}{40}$ ④ 알 수 없다.

ANSWER | 32.③ 33.③ 34.③

32 $\dfrac{3}{6} \times \dfrac{2}{5} \times \dfrac{1}{4} = \dfrac{1}{20}$

33 전체 40명 중에서 남학생 23명을 제외한 17명이 여학생이다.

34 여학생 17명 중에서 안경 낀 여학생 8명을 제외하면 안경을 끼지 않은 여학생은 9명이다.

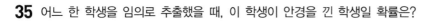

35 어느 한 학생을 임의로 추출했을 때, 이 학생이 안경을 낀 학생일 확률은?

① $\dfrac{8}{17}$ ② $\dfrac{1}{5}$

③ $\dfrac{1}{2}$ ④ 알 수 없다.

36 강원대학교 대학원생의 80%가 어떤 종류든지 장학금을 받고 있고, 장학금을 받은 학생의 20%가 아르바이트를 하고 있다면, 무작위로 선택된 대학원생이 장학금을 받으며 아르바이트를 하고 있을 확률은 얼마인가?

① 0.16   ② 0.25

③ 0.64   ④ 0.8

37 대학생의 40%가 남자이고 60%가 여자이다. 여학생의 30%와 남학생의 60%가 담배를 피운다. 한 학생이 담배를 핀다고 할 때 그 학생이 남학생일 확률은 얼마인가?

① $\dfrac{2}{7}$ ② $\dfrac{3}{7}$

③ $\dfrac{4}{7}$ ④ $\dfrac{5}{7}$

ANSWER | 35.④ 36.① 37.③

35 위의 주어진 자료만으로는 구할 수 없다.

36 A와 B를 각각 장학금을 받을 사건과 아르바이트를 할 사건이라 하면, 구하는 확률은
$P(A \cap B) = P(A)P(B|A) = 0.8(0.2) = 0.16$

37 S를 학생이 담배를 필 사건, M을 남학생일 사건이라 하면, 구하는 확률은
$$P(M|S) = P(M \cap S)/P(S) = \dfrac{0.6 \times 0.4}{0.6 \times 0.4 + 0.3 \times 0.6} = \dfrac{4}{7}$$

※ 다음을 이용하여 물음에 답하라. 【38~43】

P(A)=0.15, P(B)=0.85, P(A∩B)=0.05이다.

38 P(A∪B)의 값을 구하면 얼마인가?

① 0.65 ② 0.75
③ 0.8 ④ 0.95

39 P(A^c∩B)의 값을 구하면 얼마인가?

① 0.65 ② 0.8
③ 0.85 ④ 0.95

40 P(A∩B^c)의 값을 구하면 얼마인가?

① 0.1 ② 0.2
③ 0.8 ④ 0.9

41 P(A^c∪B)의 값을 구하면 얼마인가?

① 0.1 ② 0.8
③ 0.9 ④ 0.95

✓ ANSWER | 38.④ 39.② 40.① 41.③

38 P(A∪B) =P(A)+P(B)−P(A∩B) = 0.15+0.85−0.05 = 0.95

39 P(A^c∩B) = P(B) − P(A∩B) = 0.85 − 0.05 = 0.8

40 P(A∩B^c) = P(A)−P(A∩B) = 0.1

41 P(A^c∪B) = 1 − P(A∩B^c) = 0.9

42 $P(A^c \cup B^c)$의 값을 구하면 얼마인가?

① 0.2   ② 0.8

③ 0.9   ④ 0.95

43 $P(A \cup B^c)$의 값을 구하면 얼마인가?

① 0.1   ② 0.2

③ 0.8   ④ 0.9

※ **다음을 이용하여 물음에 답하라. 【44~46】**

> A와 B가 독립이고 $P(A) = \dfrac{1}{4}$, $P(B) = \dfrac{3}{4}$ 이다.

44 $P(A \cup B)$의 값을 구하면 얼마인가?

① $\dfrac{4}{13}$ ② $\dfrac{12}{13}$

③ $\dfrac{1}{3}$ ④ $\dfrac{13}{16}$

✅ ANSWER | 42.④ 43.② 44.④

42 $P(A^c \cup B^c) = 1 - P(A \cap B) = 1 - 0.05 = 0.95$

43 $P(A \cup B^c) = 1 - P(A^c \cap B) = 1 - 0.8 = 0.2$

44 $P(A \cup B) = P(A) + P(B) - P(A \cap B) = P(A) + P(B) - P(A)P(B) = \dfrac{1}{4} + \dfrac{3}{4} - \dfrac{1}{4} \times \dfrac{3}{4} = \dfrac{13}{16}$

45 P(A|A∪B)의 값을 구하면 얼마인가?

① $\dfrac{4}{13}$　　　　　　　　　② $\dfrac{12}{13}$

③ $\dfrac{1}{3}$　　　　　　　　　④ $\dfrac{13}{16}$

46 P(B|A∪B)의 값을 구하면 얼마인가?

① $\dfrac{4}{13}$　　　　　　　　　② $\dfrac{12}{13}$

③ $\dfrac{1}{3}$　　　　　　　　　④ $\dfrac{13}{16}$

47 다음 중 확률에 대한 설명이 틀린 것은?

① 확률은 반드시 0(0%)과 1(100%)사이의 값을 취하며, 일어날 수 있는 모든 가능한 사건들의 확률의 합은 언제나 1 또는 100%이다.

② 특정한 상황하에서는 확률의 합이 1을 초과하는 경우도 생길 수 있다.

③ 수학적 확률은 특정사건이 발생하게 되는 프로세스 또는 과정을 살펴볼 때 미리 알 수 있는 확률이다.

④ 주관적 확률은 개인의 과거경험, 개인적 의견, 특정상황에 대한 개인적인 분석 등을 토대로 도출되는 확률이다.

✅ **ANSWER** | 45.① 46.② 47.②

45 $P(A|A∪B) = P(A∩(A∪B))/P(A∪B) = P(A)/P(A∪B) = \dfrac{1}{4} ÷ \dfrac{13}{16} = \dfrac{4}{13}$

46 $P(B|A∪B) = P(B)/P(A∪B) = \dfrac{3}{4} ÷ \dfrac{13}{16} = \dfrac{12}{13}$

47 확률의 합은 항상 1(100%)이다.

48 과거 이미 발생한 사건에 대한 데이터를 이용하여 구한 확률을 총칭하여 무엇이라 하는가?

① 주관적 확률　　　　　　　　② 조건부 확률

③ 통계적 확률　　　　　　　　④ 수학적 확률

※ 다음을 이용하여 물음에 답하라. 【49~50】

$P(A)=0.3$, $P(B)=0.4$, $P(C)=0.1$이고, A, B, C가 상호배반이다.

49 $P(A \cup B \cup C)$의 값을 구하면 얼마인가?

① 0.2　　　　　　　　② 0.8

③ 1.0　　　　　　　　④ 구할 수 없다.

50 $P(A^c \cap B^c \cap C^c)$의 값을 구하면 얼마인가?

① 0　　　　　　　　② 0.2

③ 0.8　　　　　　　④ 구할 수 없다.

48　과거 이미 발생한 사건에 대한 데이터를 이용하여 구한 확률을 총칭하여 통계적 확률이라고 한다.

49　$P(A \cup B \cup C) = P(A)+P(B)+P(C) = 0.3+0.4+0.1 = 0.8$

50　$P(A^c \cap B^c \cap C^c) = P[(A \cup B \cup C)^c] = 1-P(A \cup B \cup C) = 1-0.8 = 0.2$

※ 다음을 보고 물음에 답하라. 【51~55】

강원대학교 일반대학원에서 지원자의 토익점수와 대학원 입시 합격률간의 관계를 알아보기 위해 10년간 총 1,000명의 학생을 대상으로 하여 연구조사를 수행한 결과 다음과 같은 자료를 수집할 수 있었다.
- 토익점수 900 이상이면서 합격한 학생수 : 200명
- 토익점수 900 이상이면서 불합격한 학생수 : 100명
- 토익점수 900 미만이면서 합격한 학생수 : 50명
- 토익점수 900 미만이면서 불합격한 학생수 : 650명

51 지원자의 토익성적을 고려하지 않고 또한 별다른 추가적인 정보가 주어지지 않았다. 임의의 한 학생을 선정했을 때 그 학생이 대학원에 합격할 확률은 얼마인가?

① $\dfrac{1}{5}$

② $\dfrac{1}{4}$

③ $\dfrac{3}{4}$

④ $\dfrac{5}{14}$

52 임의의 한 학생을 선정했을 때 그 학생이 대학원에 합격했을 뿐만 아니라 토익성적도 900점을 넘을 확률은 얼마인가?

① $\dfrac{1}{5}$

② $\dfrac{1}{4}$

③ $\dfrac{3}{10}$

④ $\dfrac{5}{6}$

ANSWER | 51.② 52.①

51
　　임의의 한 학생을 선정했을 때 그 학생이 대학원에 합격할 확률은 $\dfrac{250}{1,000}$ 이다.

52
　　임의의 한 학생을 선정했을 때 그 학생이 대학원에 합격했을 뿐만 아니라 토익성적도 900점을 넘을 확률은 $\dfrac{200}{1,000}$ 이다.

53 임의의 한 학생을 선정했을 때 그 학생이 대학원에 합격했지만 토익성적은 900점을 넘지 않을 확률은 얼마인가?

① $\dfrac{1}{20}$

② $\dfrac{1}{5}$

③ $\dfrac{7}{10}$

④ $\dfrac{5}{14}$

54 무작위로 한 학생을 뽑았더니, 그 학생의 토익성적은 900점 미만이었다. 이 학생이 대학원에 합격할 확률은 얼마인가?

① $\dfrac{1}{6}$

② $\dfrac{1}{13}$

③ $\dfrac{1}{14}$

④ $\dfrac{1}{20}$

55 임의로 택한 한 학생이 본인 토익성적이 900점 이상이라고 소개했다. 이 학생이 대학원에 합격할 확률은 얼마인가?

① $\dfrac{2}{5}$

② $\dfrac{4}{5}$

③ $\dfrac{2}{3}$

④ $\dfrac{1}{5}$

ANSWER | 53.① 54.③ 55.③

53 임의의 한 학생을 선정했을 때 그 학생이 대학원에 합격했지만 토익성적은 900점을 넘지 않을 확률은 50/1,000이다.

54 무작위로 한 학생을 뽑았더니, 그 학생의 토익성적은 900점 미만이었는데 이 학생이 대학원에 합격할 확률은 50/700이다.

55 임의로 택한 한 학생이 본인 토익성적이 900점 이상이라고 소개했는데 이 학생이 대학원에 합격할 확률은 200/300이다.

56 한 학생이 경영학 과목에서 합격점수를 받을 확률은 2/3이고, 경영학과 통계학 두 과목에 모두 합격점수를 받을 확률은 1/2이다. 만일 이 학생이 경영학 과목에 합격했음을 알고 있다면, 통계학 과목에서 합격점수를 받았을 확률은 얼마인가?

① 20%

② 25%

③ 50%

④ 75%

57 불량률이 0.05인 제품을 20개씩 한 box에 넣어서 포장하였다. 10개의 box를 구입했을 때, 기대되는 불량품의 총 개수는?

① 1개

② 5개

③ 10개

④ 15개

58 명중률이 75%인 사수가 있다. 1개의 주사위를 던져서 1 또는 2의 눈이 나오면 2번 쏘고, 그 이외의 눈이 나오면 3번 쏘기로 한다. 1개의 주사위를 한번 던져서 이에 따라 목표물을 쏠 때, 오직 한 번만 명중할 확률은?

① 0.125

② 0.094

③ 0.219

④ 0.027

ⓒ **A N S W E R** | 56.④ 57.③ 58.③

56 통계학 과목에 합격할 확률 = $(1/2) \times (3/2) = 3/4$

57 기대되는 불량품의 총 개수 = $20 \times 0.05 \times 10 = 10$

58 $2(0.75)(0.25) \times 1/3 + 3(0.75)(0.25)(0.25) \times 2/3 = 0.125 + 0.094 = 0.219$

59 어느 회사의 마케팅부장은 제품 X에 대한 구매의사를 조사하였다. 남자 40명, 여자 60명 모두 100명을 상대로 조사한 결과, 구매의사를 밝힌 남자는 20%이고, 여자는 50%였다. 100명 중에서 임의로 한 사람을 뽑았을 때 여자인 조건 하에서 구매에 찬성할 확률은?

① 0.4

② 0.5

③ 0.6

④ 0.8

60 두 사건 A와 B가 서로 독립인 경우 두 사건 A와 B가 동시에 발생할 확률 P(A and B)를 바르게 표현한 것은?

① P(A and B) = P(A)P(B)

② P(A and B) = P(A) + P(B)

③ P(A and B) = P(A)

④ P(A and B) = P(B)

61 양면이 고른 동전 3개를 던질 때 적어도 앞면이 하나 이상 나올 확률은?

① $\dfrac{7}{8}$

② $\dfrac{3}{4}$

③ $\dfrac{5}{8}$

④ $\dfrac{1}{2}$

ANSWER | 59.② 60.① 61.①

---

59 P(구매의사|여자) = P(구매의사∩여자)/P(여자) = 0.30/0.60 = 0.5

60 두 사건 A와 B가 통계적으로 독립사건인 경우 P(A∩B) = P(A)P(B)가 성립한다.

※ 독립사상

사상 A와 사상 B가 독립일 때 다음이 성립한다.

$P(A \cap B) = P(A) \cdot P(B)$, $P(A/B) = P(A)$,

$P(B/A) = P(B)$

61 이항분포를 이용해서 풀면 $\dfrac{3}{8} + \dfrac{3}{8} + \dfrac{1}{8} = \dfrac{7}{8}$ 이다.

62 두 사건 A, B는 서로 배반사건이고 $P(A \cap B^c) = \dfrac{1}{5}$, $P(A^c \cap G) = \dfrac{1}{4}$일 때, $P(A \cup B)$의 값은? (단, A^c은 A의 여사건이다.)

① $\dfrac{9}{20}$ ② $\dfrac{11}{20}$

③ $\dfrac{13}{20}$ ④ $\dfrac{17}{20}$

63 서로 독립된 두 사건 A, B에 대하여 $P(A) = \dfrac{1}{3}$, $P(A^c \cap B) = \dfrac{1}{9}$일 때, $P(B^c)$의 값은?

① $\dfrac{2}{3}$ ② $\dfrac{3}{4}$

③ $\dfrac{5}{6}$ ④ $\dfrac{8}{9}$

64 세 사건 A, B, C가 다음 조건을 만족시킨다. 이때 확률 $P(A \cup B \cup C)$의 값은?

(가) $P(A) = \dfrac{1}{2}$, $P(B) = \dfrac{1}{3}$, $P(C) = \dfrac{1}{12}$

(나) 두 사건 A, B는 서로 독립이다.

(다) 사건 $A \cup B$와 사건 C는 서로 배반이다.

---

① $\dfrac{7}{12}$ ② $\dfrac{2}{3}$

③ $\dfrac{3}{4}$ ④ $\dfrac{5}{6}$

✅ **ANSWER** | 62.① 63.③ 64.③

62 두 사건 A, B는 서로 배반사건이므로 $P(A \cap B) = 0$이다.

$\therefore P(A \cap B) = P(A - B) + P(B - A) = P(A \cap B^c) + P(A^c \cap B) = \dfrac{1}{5} + \dfrac{1}{4} = \dfrac{9}{20}$

63 $P(A^c \cap B) = P(A^c) \cdot P(B) = \dfrac{2}{3} P(B) = \dfrac{1}{9}$ $\therefore P(B) = \dfrac{1}{6} \Rightarrow P(B^c) = \dfrac{5}{6}$

64 $P(A \cup B) = \dfrac{1}{2} + \dfrac{1}{3} - \dfrac{1}{6} = \dfrac{2}{3}$, $P(A \cup B \cup C) = P(A \cup B) + P(C) = \dfrac{2}{3} + \dfrac{1}{12} = \dfrac{3}{4}$

65 서로 독립인 두 사건 A, B에 대하여 $P(A \cap B)$일 때, $P(B) = \dfrac{1}{3}$, $P(A \cap B^c) = \dfrac{1}{2} P(A \cap B)$의 값은?

① $\dfrac{1}{15}$

② $\dfrac{1}{12}$

③ $\dfrac{1}{6}$

④ $\dfrac{1}{4}$

66 서로 다른 두 개의 주사위를 동시에 던져서 나온 두 눈의 수의 곱이 짝수일 때, 나온 두 눈의 수의 합이 6 또는 8일 확률은?

① $\dfrac{2}{27}$

② $\dfrac{5}{27}$

③ $\dfrac{8}{27}$

④ $\dfrac{11}{27}$

ANSWER | 65.④ 66.②

65 $P(A \cap B^c) = P(A)P(B^c) = P(A)(1 - P(B)) = \dfrac{2}{3} P(A)$

$\therefore P(A) = \dfrac{3}{4}$

$P(A \cap B) = P(A) \times P(B) = \dfrac{1}{4}$

66 두 눈의 수의 곱이 짝수인 경우의 수는 36 − 9 = 27(가지)이고, 짝수를 포함한 두 수의 합이 6 또는 8인 경우는 (2, 4), (2, 6), (4, 2), (4, 4), (6, 2)이므로 구하는 확률은 $\dfrac{5}{27}$이다.

05 확률변수와 기댓값

① 확률변수와 확률분포

두 개의 동전을 던지는 실험에서 앞면이 나오는 횟수를 X라고 한다면 각 표본점은 다음과 같이 0, 1, 2 의 값으로 표시할 수 있다.

표본공간	$X = x$
$\{TT\}$	0
$\{HT\}$	1
$\{TH\}$	1
$\{HH\}$	2

X에 의해 나타내어지는 값은 실험의 결과에 의존하며 이때 X를 확률변수라고 한다.

(1) 확률변수

확률변수(random variable)는 표본공간의 각 원소에 하나의 실수값을 대응시키는 함수이다.

① **이산형 확률변수**(discrete random variable) ··· 확률변수의 가능한 값들이 셀 수 있는(countable) 경우 이산형 확률변수라고 한다.
  * X : 특정한 요일에 팔리는 자동차의 수, $X = 0, 1, 2, \cdots$
    X : 하루 동안 특정 병원에 방문하는 환자의 수, $X = 0, 1, 2, \cdots$
    X : 주사위를 한 개 던질 때 앞면에 관측된 수, $X = 1, 2, \cdots, 6$

② **연속형 확률변수**(continuous random variable) ··· 확률변수의 값이 하나 혹은 그 이상의 구간(interval) 내의 임의의 값을 가질 때 연속형 확률변수라고 한다.
  * X : 사람의 몸무게, $0 < x < 200\text{kg}$
    X : 특정 병원에 도착하는 환자들 사이의 시간 간격, $0 \leq x < \infty$
    X : 버스가 5분 간격으로 운행될 때 버스 정류장에 도착해서 버스를 타기 위하여 기다리는 시간, $0 \leq x < 5$

(2) 확률분포

확률분포는 확률변수의 값과 그와 관련된 확률을 나타내는 것으로 확률밀도함수(probability density function) 또는 간단히 밀도함수(density function)하고 한다. 밀도함수에는 두 종류의 확률변수인 이산형과 연속형으로 구분된다.

① 이산형 밀도함수(discrete density function)

이산형 확률변수 X가 x의 값을 취할 확률을 나타내는 함수
$$f(x) = P[X = x]$$
를 X의 확률밀도함수(probability density function) 또는 밀도함수라고 한다.

② 연속형 밀도함수(continuous density function)

연속형 확률변수 X가 구간 A에 속할 확률을
$$P[X \in A] = \int_A f(x)dx$$
로 나타낼 수 있을 때, 이 $f(x)$를 X의 확률밀도함수(probability densityfunction) 또는 밀도함수라고 한다.

② 기댓값

평균(mean value)은 분포(또는 모집단)의 무게중심을 나타내는 개념이며, 기댓값(expectation)은 확률변수에 대하여 평균적으로 기대하는 값이라는 의미를 갖는 용어이지만, 확률분포에서는 평균과 기댓값이 같은 개념을 나타내는 용어들이다.

(1) 기댓값의 정의

확률변수 X의 밀도함수가 $f(x)$일 때 X의 기댓값(expectation) 또는 평균(mean)은 다음과 같이 정의한다.
① 이산형 : $E(X) = \sum_x x f(x)$

② 연속형 : $E(X) = \int_{-\infty}^{\infty} x f(x) \, dx$

기댓값의 기호는 $E(X)$, μ, μ_x 등을 사용한다.

(2) 확률변수의 함수의 기댓값

확률변수 X의 함수인 $u(X)$도 확률변수이므로 $u(X)$의 기댓값을 구할 수 있다.

> 확률변수 X의 밀도함수가 $f(x)$일 때 $u(X)$의 기댓값은 다음과 같이 정의한다.
> ① X가 이산형일 때 : $E[u(X)] = \sum_x u(x)f(x)$
> ② X가 연속형일 때 : $E[u(X)] = \int_{-\infty}^{\infty} u(x)f(x)\,dx$

(3) 기댓값과 관련된 성질

> c, c_1, c_2 는 상수이고 $u(x), u_1(x), u_2(x)$는 실수함수일 때 다음이 성립한다.
> ① $E(c) = c$
> ② $E(cX) = cE(X)$
> ③ $E[cu(X)] = cE[u(X)]$
> ④ $E[c_1 u_1(x) + c_2 u_2(x)] = c_1 E[u_1(x)] + c_2 E[u_2(x)]$

③ 분산

확률변수 X의 기댓값은 X의 밀도함수로부터 중심의 위치를 측정한다고 하면, 확률변수 X의 분산은 밀도함수로부터 퍼져있거나 흩어져 있는 산포도의 정도를 측정해 준다.

(1) 분산의 정의

> 확률변수 X의 분산과 표준편차를 다음과 같이 정의한다.
> ① X의 분산(variance) : $\sigma_x^2 = V(X) = E[(X - \mu_X)^2]$
> ② X의 표준편차(standard deviation) : $\sigma_x = D(X) = \sqrt{V(X)}$
> 분산의 기호로는 $V(X)$, $Var(X)$, σ^2, σ_x^2등을 사용하며, 표준편차의 기호로는 $D(X)$, $sd(X)$, σ, σ_x 등을 사용한다.

(2) 분산과 관련된 성질

> a, b가 상수이고 $\mu = E(X)$일 때 다음이 성립한다.
> ① $V(X) = E[(X-\mu)^2] = E(X^2) - \mu^2$ (간편계산법)
> ② $V(aX+b) = a^2 V(X)$

④ 체비셰프 부등식

확률변수 X의 분포가 명시되지 않은 경우 또는 이산형인지 연속형인지도 언급되지 않은 경우 체비셰프 부등식을 통하여 확률변수의 평균과 분산만 갖고서 그 분포의 대략적인 윤곽을 유추할 수 있다.

(1) 기댓값과 관련된 부등식

> $g(x)$가 비음의 함수(nonnegative function)이며 $g(X)$의 기댓값이 존재할 때(즉, $E[g(X)] < \infty$), 임의의 상수 c에 대하여 다음 부등식이 성립한다.
> $$P[g(X) \geq c] \leq \frac{E[g(X)]}{c}$$

(2) 체비셰프 부등식(Chebyshev inequality)

> 확률변수 X의 분산 σ^2이 존재한다면, 임의의 상수 $k > 0$에 대하여 다음 부등식이 성립한다.
> $$P[\,|X-\mu| \geq k\sigma] \leq \frac{1}{k^2}$$

⑤ 두 확률변수의 결합분포

두 확률변수의 결합분포와 확률변수의 독립성에 대해 알아보고, 상관관계를 나타내는 공분산과 상관계수를 정의하고 계산방법을 알아보자.

(1) 두 확률변수의 결합분포

두 확률변수 X, Y의 결합밀도함수는 한 변수의 밀도함수가 확장된 개념으로 이해할 수 있다.

> 다음과 같이 정의된 $f(x, y)$를 두 확률변수 X, Y의 결합확률밀도함수(joint probability density function) 또는 간단히 결합밀도함수라고 한다.
> ① 이산형 : $f(x, y) = P[X = x, \ Y = y]$
> ② 연속형 : $P[(X, Y) \in A] = \int_A \int f(x, y) dx dy$

(2) 두 확률변수의 주변분포

두 확률변수 X, Y의 결합밀도함수로부터 주변밀도함수를 다음과 같이 정의한다.

> 두 확률변수 X, Y의 결합밀도함수가 $f(x, y)$일 때 주변밀도함수(marginal density function)는 다음과 같이 정의된다.
> ① X의 주변밀도함수 : (이산형) $f_X(x) = \sum_y f(x, y)$ (연속형) $f_X(x) = \int_{-\infty}^{\infty} f(x, y) \, dy$
> ② Y의 주변밀도함수 : (이산형) $f_Y(y) = \sum_x f(x, y)$ (연속형) $f_Y(y) = \int_{-\infty}^{\infty} f(x, y) \, dx$

⑥ 두 확률변수의 독립성

4장에서 두 사상 A, B의 독립성에 대한 필요충분조건으로 $P(B \mid A) = P(B)$ 또는 $P(A \mid B) = P(A)$를 제시하였다. 이제 두 확률변수의 독립성도 같은 개념으로 정의할 수 있다.

> 두 확률변수 X, Y에 대하여
> $$f(x, y) = f_X(x) f_Y(y), \ 모든 \ x, y에 \ 대하여$$
> 일 때 X와 Y는 독립(independent)이라 한다.

⑦ 공분산과 상관계수

두 확률변수의 연관성을 나타내는 측도인 공분산과 상관계수에 대하여 알아보자.

(1) 공분산

두 확률변수 X, Y의 공분산(covariance)은 다음과 같이 정의한다.
$$Cov(X, Y) = E[(X - \mu_X)(Y - \mu_Y)]$$
공분산의 기호로는 $Cov(X, Y)$, $\sigma_{X, Y}$ 등을 사용한다.

(2) 상관계수

두 확률변수 X, Y의 상관계수(correlation coefficient)는 다음과 같이 정의한다.
$$Corr(X, Y) = \frac{Cov(X, Y)}{\sqrt{V(X)}\ \sqrt{V(Y)}}$$
상관계수의 기호로는 $Corr(X, Y)$, ρ, ρ_{XY} 등을 사용한다.

(3) 공분산과 상관계수와 관련된 성질

두 확률변수 X, Y에 대하여
① $Cov(X, Y) = E(XY) - \mu_X \mu_Y$ (간편계산법)
② 두 확률변수 X, Y가 독립이면 $Cov(X, Y) = 0$이다. 그러나 그 역은 성립하지 않는다.
③ 두 확률변수 X, Y의 상관계수 ρ 에 대하여 $-1 \leq \rho \leq 1$이 성립한다.
④ 두 확률변수 X, Y가 독립이면 $\rho = 0$이다.
⑤ 상관계수가 0일 때 확률변수 X와 Y가 서로 독립인 경우뿐만 아니라 선형관계가 아닌 경우도 포함하고 있다.

8 확률변수의 선형결합

확률변수의 선형결합으로 표현된 새로운 확률변수의 기댓값, 분산 등에 대하여 알아보자.

(1) 선형결합의 기댓값

확률변수 $X,\ Y,\ X_1,\ X_2,\ ...,\ X_n$ 와 임의의 상수 $a_0,\ a_1,\ ...,\ a_n$ 에 대하여

① $E(X+Y) = E(X) + E(Y)$

② $E(a_0 + a_1 X_1 + ... + a_n X_n) = a_0 + a_1 E(X_1) + ... + a_n E(X_n)$

(2) 선형결합의 분산

확률변수 $X,\ ,Y,\ X_1,\ X_2,\ ...,\ X_n$ 와 임의의 상수 $a_0,\ a_1,\ ...,\ a_n$ 에 대하여

① $V(X+Y) = V(X) + V(Y) + 2\,Cov(X,\ Y)$

② $V(a_0 + a_1 X_1 + ... + a_n X_n) = \sum_{i=1}^{n} a_i^2\, V(X_i) + 2 \sum_{i<j} a_i a_j\, Cov(X_i,\ X_j)$

(3) 독립인 확률변수의 선형결합의 경우

① 확률변수 $X,\ Y$ 가 독립이면, $V(X+Y) = V(X) + V(Y)$

② 확률변수 $X_1,\ X_2,\ ...,\ X_n$ 가 상호독립이면,

$$V(a_0 + a_1 X_1 + ... + a_n X_n) = \sum_{i=1}^{n} a_i^2\, V(X_i)$$

기출유형문제

1 두 확률변수 X, Y의 상관계수에 대한 설명으로 옳은 것만을 모두 고르면?

> ㉠ X와 Y의 상관계수가 0이면 X와 Y가 서로 독립이다.
> ㉡ X와 Y가 서로 독립이면 상관계수가 0이다.
> ㉢ $P\left(Y=\dfrac{X}{2}+1\right)=1$이면 X와 Y의 상관계수는 $\dfrac{1}{2}$이다.

① ㉡

② ㉠, ㉡

③ ㉠, ㉢

④ ㉡, ㉢

✅ **ANSWER** | 1.①

1 두 확률변수 X와 Y의 상관계수에 대하여,

㉠ 상관계수가 0인 경우는 확률변수 X와 Y가 서로 독립인 경우뿐만 아니라 선형관계가 아닌 경우도 포함하고 있다.

㉡ X와 Y가 독립이면 공분산이 0이 되므로 상관계수도 0이 된다.

㉢ $P\left(Y=\dfrac{X}{2}+1\right)=1$이면 X와 Y이 상관계수는

$$Corr\left(X, \frac{X}{2}+1\right)=\frac{Cov\left(X, \dfrac{X}{2}+1\right)}{\sqrt{Var(X)}\sqrt{Var\left(\dfrac{X}{2}+1\right)}}=\frac{\dfrac{1}{2}Cov(X, X)}{\sqrt{Var(X)}\cdot\dfrac{1}{2}\sqrt{Var(X)}}=1$$이다.

2 확률변수 X와 Y의 분산과 공분산은 다음과 같다. 확률변수 W와 T를 각각 $W=2X+2$, $T=-Y+1$이라고 할 때, W와 T의 상관계수는?

$$V(X) = 25, \ V(Y) = 16, \ Cov(X, Y) = -10$$

① $-\dfrac{1}{2}$ ② $\dfrac{1}{2}$

③ -1 ④ 1

3 두 변수의 상관계수(correlation coefficient)에 대한 설명으로 옳은 것은?

① 항상 0과 1 사이의 값이다.

② 0에 가까울수록 두 변수는 서로 독립이다.

③ 공분산과 부호가 같다.

④ 두 변수의 인과관계를 설명하는 값이다.

✓ ANSWER | 2.② 3.③

2 확률변수 X와 Y의 분산과 공분산이 다음과 같다고 한다.
$V(X) = 25, \ V(Y) = 16, \ Cov(X, \ Y) = -10$
확률변수 $W=2X+2$와 $T=-Y+1$의 분산과 공분산을 각각 구하면,
$V(W) = V(2X+2) = 4V(X) = 100, \ \ V(T) = V(-Y+1) = V(Y) = 16,$
$Cov(W, \ T) = Cov(2X+2, \ -Y+1) = -2Cov(X, \ Y) = 20$이므로
$Corr(W, T) = \dfrac{Cov(W, T)}{\sqrt{V(W)}\sqrt{V(T)}} = \dfrac{20}{\sqrt{100}\sqrt{16}} = \dfrac{1}{2}.$

3 ③ 상관계수는 두 변수의 공분산을 두 변수 각각의 표준편차로 나눈 값이므로 공분산의 부호와 같다.
① 상관계수는 −1과 1사이의 값을 갖는다.
② 상관계수가 0이라고 해서 두 변수가 반드시 독립인 것은 아니다.
④ 상관계수는 두 변수 사이의 관계의 강도를 나타내는 값으로 선형관계에 대한 강도를 측정하는 것이다.

4 서로 독립인 두 확률변수 X와 Y의 결합확률분포표가 다음과 같을 때, $P(X=2, Y=1)$의 값은?

X \ Y	1	3
2	a	b
4	0.2	0.4

① $\dfrac{1}{15}$

② $\dfrac{2}{15}$

③ $\dfrac{1}{5}$

④ $\dfrac{4}{15}$

5 다음 측도 중에서 자료의 단위에 의존하지 않는 것만을 모두 고른 것은?

> ㉠ 변동계수(coefficient of variation)
> ㉡ 상관계수(correlation coefficient)
> ㉢ 결정계수(coefficient of determination)

① ㉠, ㉡

② ㉠, ㉢

③ ㉡, ㉢

④ ㉠, ㉡, ㉢

✅ **ANSWER** | 4.② 5.④

---

4 서로 독립인 두 확률변수 X와 Y의 결합확률분포에서 주변확률은 다음과 같다.

X \ Y	1	3	계
2	a	b	$a+b$
4	0.2	0.4	0.6
계	$a+0.2$	$b+0.4$	1

확률변수 X와 Y의 주변확률의 합은 각각 1이므로 $a+b=0.4$이다.

또한 두 확률변수가 서로 독립이므로 $P(X=2, \ Y=1) = P(X=2) \cdot P(Y=1)$이 성립한다.

따라서 $a = (a+0.2) \times (a+b) = (a+0.2) \times 0.4$이므로 $a = \dfrac{2}{15}$이다.

5 ㉠ 변동계수(coefficient of variation)는 표준편차를 평균(산술평균)으로 나눈 값으로 측정 단위가 다른 자료를 비교할 때 사용한다.

㉡ 상관계수(correlation coefficient)는 측정단위에 따라 값이 변하는 공분산의 문제를 해결하기 위해 두 변량의 표준 편차로 나눈 값으로 측정단위에 상관없이 −1과 0 사이의 실수값을 갖는다.

㉢ 결정계수(coefficient of determination)는 반응변수의 총변동 중에서 회귀함수가 설명하는 부분을 나타내는 것으로 0과 1 사이의 실수값을 갖는다. 또한 상관계수의 제곱과도 같다.

6 확률변수 X와 Y가 다음 조건을 만족할 때, 옳은 것은?

$$E(X) = 0, \ Var(X) = 4,$$
$$E(Y) = -2, \ Var(Y) = 8,$$
$$Cov(X, \ Y) = -5$$

① $E(2X - 3Y) = -6$

② $Var(X - Y) = 17$

③ $Cov(X, X - Y) = -1$

④ $Corr(3X + 3, \ 2Y - 4) = -\dfrac{5}{4\sqrt{2}}$

7 두 확률변수 X와 Y의 상관계수 $Corr(X, \ Y)$에 대한 설명으로 옳은 것은?

① $X = -0.5Y + 1$일 때, $Corr(X, \ Y)$는 -0.5이다.

② X와 Y가 서로 독립일 때, $Corr(X, \ Y)$가 0이 아닐 수 있다.

③ $Corr(X, \ Y)$와 $Corr(X, -Y)$의 합은 0이다.

④ $Corr(X, \ Y) = 0$일 때, X와 Y는 서로 독립이다.

 ✓ ANSWER | 6.④ 7.③

6 확률변수 X와 Y에 대하여
$E(X) = 0, \ Var(X) = 4, \ E(Y) = -2, \ Var(Y) = 8, \ Cov(X, Y) = -5$일 때,
① $E(2X - 3Y) = 2E(X) - 3E(Y) = 2 \cdot 0 - 3(-2) = 6$
② $Var(X - Y) = Var(X) + Var(Y) - 2Cov(X, \ Y) = 4 + 8 - 2(-5) = 22$
③ $Cov(X, X - Y) = Var(X) - Cov(X, Y) = 4 - (-5) = 9$
④ $Corr(3X + 3, \ 2Y - 4) = \dfrac{Cov(3X + 3, \ 2Y - 4)}{\sqrt{Var(3X + 3)} \ \sqrt{Var(2Y - 4)}}$

$$= \dfrac{6 \, Cov(X, \ Y)}{3\sqrt{Var(X)} \cdot 2\sqrt{Var(Y)}} = \dfrac{6(-5)}{3\sqrt{4} \cdot 2\sqrt{8}} = -\dfrac{5}{4\sqrt{2}}$$

7 ③ $Cov(X, -Y) = -Cov(X, \ Y)$이므로 상관계수의 합은 0이다.
① $X = -0.5Y + 1$일 때, $Corr(X, \ Y) = Corr(-0.5Y + 1, \ Y) = -1$이다.
② X와 Y가 서로 독립이면 공분산이 0이므로 상관계수도 0이 된다.
④ 상관계수가 0일 때에는 X와 Y가 서로 독립인 경우뿐만 아니라 선형관계가 아닌 경우도 포함된다.

8 두 이산확률변수 X와 Y의 결합확률분포표가 다음과 같을 때, $2X - Y$의 기댓값은?

X \ Y	-1	0	1
1	0.1	0.1	0.2
2	0.1	0.2	0.3

① 2.6

② 2.7

③ 2.8

④ 2.9

8 두 이산확률변수 X, Y에 대하여, 기댓값 $E(2X - Y)$을 구하기 위하여 확률변수 X, Y의 기댓값을 각각 먼저 구한다. 결합확률분포로부터 각각의 확률변수에 대한 주변확률분포를 구하면 다음과 같다.

X	1	2	계
p	0.4	0.6	1

Y	-1	0	1	계
p	0.2	0.3	0.5	1

여기에서 확률변수 X, Y의 기댓값을 구하면

$E(X) = 1 \times (0.1 + 0.1 + 0.2) + 2 \times (0.1 + 0.2 + 0.3) = 1.6$,

$E(Y) = (-1) \times (0.1 + 0.1) + 0 \times (0.1 + 0.2) + 1 \times (0.2 + 0.3) = 0.3$이다.

따라서 $E(2X - Y) = 2E(X) - E(Y) = 2 \times 1.6 - 0.3 = 2.9$이다.

9 X와 Y가 확률변수이고 a와 b가 상수일 때, 이에 대한 설명으로 옳지 않은 것은?

① $E(aX+b) = aE(X)+b$

② $Var(aX+b) = a^2 Var(X)$

③ $Cov(aX, bY) = ab \times Cov(X, Y)$

④ X와 Y가 서로 독립이면 $Var(X-Y) = Var(X) - Var(Y)$이다.

ANSWER | 9.④

9 ① $E(aX+b) = E(aX) + E(b) = aE(X)+b$

② $Var(aX+b) = E[(aX+b)^2] - [E(aX+b)]^2$

$= E(a^2 X^2 + 2abX + b^2) - (aE(X)+b)^2$

$= a^2 E(X^2) + 2abE(X) + b^2 - (a^2 E(X)^2 + 2abE(X) + b^2)$

$= a^2 (E(X^2) - E(X)^2) = a^2 Var(X)$

③ $Cov(aX, bY) = E(abXY) - E(aX)E(bY) = abE(XY) - abE(X)E(Y)$

$= ab[E(XY) - E(X)E(Y)] = abCov(X, Y)$

④ 확률변수 X, Y가 서로 독립이면 $Cov(X, Y) = 0$이므로,

$Var(X-Y) = Var(X) + Var(Y) - 2Cov(X, Y) = Var(X) + Var(Y)$이다.

10 두 확률변수 X와 Y의 상관계수 ρ에 대한 설명으로 항상 옳은 것만을 모두 고른 것은?

> ㉠ X와 Y가 서로 독립이면 $\rho = 0$이다.
> ㉡ $\rho = 1$이면 $Y = X$이다.
> ㉢ $X + 1$과 $\dfrac{Y+2}{2}$의 상관계수는 ρ이다.

① ㉠

② ㉠, ㉢

③ ㉡, ㉢

④ ㉠, ㉡, ㉢

✅ ANSWER | 10.②

---

10 두 확률변수에 대한 상관계수는 두 변수의 선형관계에 대한 정도를 나타내는 통계량이다. 이를 위하여 공분산을 두 변수의 표준편차의 곱으로 나눈 값을 상관계수라고 한다.

㉠ (참) 두 변수가 서로 독립이면 공분산이 0이 되므로 상관계수도 0이 된다. (참고 : 상관계수가 0이라고 해서 반드시 두 변수가 독립인 것은 아니다.)

㉡ (거짓) 상관계수가 1인 경우는 두 변수 사이의 관계를 선형식으로 표현할 수 있는 경우를 말한다.

㉢ (참) 확률변수 X, Y의 상관계수를 ρ라 하고 공분산을 $Cov(X, Y)$라 하자. 그리고 두 확률변수의 각각의 표준편차를 $\sqrt{Var(X)}$, $\sqrt{Var(Y)}$라 하면, 두 확률변수의 상관계수는 $\rho = \dfrac{Cov(X, Y)}{\sqrt{Var(X)}\ \sqrt{Var(Y)}}$가 된다.

이때 두 확률함수들의 공분산은 $Cov\left(X+1, \dfrac{Y+2}{2}\right) = \dfrac{1}{2} Cov(X, Y)$이고, 각각의 표준편차는

$$\sqrt{Var(X+1)} = \sqrt{Var(X)},\ \sqrt{Var\left(\dfrac{Y+2}{2}\right)} = \dfrac{1}{2}\sqrt{Var(Y)}$$

이므로 두 확률변수 $X+1$과 $\dfrac{Y+2}{2}$의 상관계수는

$$\dfrac{Cov\left(X+1, \dfrac{Y+2}{2}\right)}{\sqrt{Var(X+1)}\ \sqrt{Var\left(\dfrac{Y+2}{2}\right)}} = \dfrac{\dfrac{1}{2} Cov(X, Y)}{\dfrac{1}{2}\sqrt{Var(X)}\ \sqrt{Var(Y)}} = \rho$$이다.

11 두 이산확률변수 X와 Y의 결합확률분포표가 다음과 같을 때, X와 Y의 공분산은?

Y \ X	-2	0	2
0	0	$\dfrac{1}{3}$	0
1	$\dfrac{1}{3}$	0	$\dfrac{1}{3}$

① 0

② $\dfrac{1}{3}$

③ $\dfrac{2}{3}$

④ 1

11 공분산을 구하기 위하여 결합확률분포로부터 각각의 확률변수에 대한 주변확률분포를 구하면 다음과 같다.

X	-2	0	2	계
p	$\dfrac{1}{3}$	$\dfrac{1}{3}$	$\dfrac{1}{3}$	1

Y	0	1	계
p	$\dfrac{1}{3}$	$\dfrac{2}{3}$	1

X, Y의 공분산은 $Cov(X, Y) = E(XY) - E(X)E(Y)$이다.

$E(X) = (-2) \times \dfrac{1}{3} + 0 \times \dfrac{1}{3} + 2 \times \dfrac{1}{3} = 0$, $E(Y) = 0 \times \dfrac{1}{3} + 1 \times \dfrac{2}{3} = \dfrac{2}{3}$,

$E(XY) = (-2) \times 1 \times \dfrac{1}{3} + 2 \times 1 \times \dfrac{1}{3} = 0$이므로

공분산 $Cov(X, Y) = 0 - 0 \times \dfrac{2}{3} = 0$이다.

12 확률변수 X는 평균이 3이고 분산이 4이다. $E\left(\dfrac{X-3}{2}\right)=p$라 하고 $E\left[\left(\dfrac{X-3}{2}\right)^2\right]=q$라 할 때, $p+q$는?

① 0

② 1

③ 2

④ 3

13 확률변수 X와 Y의 분산 각각 25와 36이고 X와 Y의 공분산은 -20일 때, $2X+1$과 $Y-5$ 사이의 상관계수는?

① $-\dfrac{2}{3}$

② $-\dfrac{1}{3}$

③ $\dfrac{1}{3}$

④ $\dfrac{2}{3}$

ANSWER | 12.② 13.①

12 확률변수 X는 평균이 3이고 분산이 4이다.

$p = E\left(\dfrac{X-3}{2}\right) = \dfrac{E(X)-3}{2} = \dfrac{3-3}{2} = 0$이고,

$q = E\left[\left(\dfrac{X-3}{2}\right)^2\right] = V\left(\dfrac{X-3}{2}\right) + E\left[\left(\dfrac{X-3}{2}\right)\right]^2 = \dfrac{V(X)}{4} + 0 = \dfrac{4}{4} = 1$이므로

$p+q = 0+1 = 1$이다.

13 $Var(X) = 25$, $Var(Y) = 36$, $Cov(X, Y) = -20$일 때,

$Corr(2X+1, Y-5) = \dfrac{Cov(2X+1, Y-5)}{\sqrt{Var(2X+1)}\,\sqrt{Var(Y-5)}}$

$= \dfrac{2\,Cov(X,\,Y)}{2\sqrt{Var(X)}\,\sqrt{Var(Y)}} = \dfrac{-20}{\sqrt{25}\,\sqrt{36}} = -\dfrac{20}{30} = -\dfrac{2}{3}$이다.

1 확률변수 X와 Y가 독립일 때 다음 중 틀린 것은?

① $E(XY) = E(X)E(Y)$

② $Cov(X, Y) = 0$

③ $V(X + Y) = V(X) + V(Y)$

④ $V(X-Y) = V(Y) - V(X)$

2 다음 중 ( )에 들어갈 알맞은 용어는 무엇인가?

> 표본공간이 유한개 혹은 셀 수 있는 무한개의 원소로 이루어졌을 때 (A)이라 하고, 표본공간이 실선의 어떤 구간 내의 모든 수를 포함할 때 (B)이라 한다.

① A : 이산표본공간, B : 정규표본공간

② A : 이산표본공간, B : 연속표본공간

③ A : 연속표본공간, B : 이산표본공간

④ A : 정규표본공간, B : 연속표본공간

✅ **ANSWER** | 1.④ 2.②

1 확률변수 X와 Y가 독립일 때 $V(X-Y) = V(X) + V(Y)$이다.

※ X와 Y가 서로 독립일 때 다음이 성립한다.

ㄱ $E(XY) = E(X)E(Y)$

ㄴ $Cov(X, Y) = 0$, $Corr(X, Y) = 0$

ㄷ $Var(X + Y) = Var(X) + Var(Y)$
$Var(X - Y) = Var(X) + Var(Y)$

2 표본공간이 유한개 혹은 셀 수 있는 무한개의 원소로 이루어졌을 때 이산표본공간이라 하고, 표본공간이 실선의 어떤 구간 내의 모든 수를 포함할 때 연속표본공간이라 한다.

3 확률변수와 확률분포에 대한 설명 중 틀린 것은?

① 이산확률변수란 확률변수가 취할 수 있는 값이 한정되어 있는 경우이다.

② 연속확률변수란 상한과 하한 사이에 연속해 있는 무한히 많은 값 중 아무 값이나 취할 수 있는 경우이다.

③ 확률변수는 변수가 취할 수 있는 다양한 값이 각각 나타날 가능성이 미리 확률로 주어진 경우의 변수를 말한다.

④ 확률변수는 한 개 이상의 값을 취할 수 있는 임의의 사상으로, 그 사상이 어떤 특정값을 취할 가능성이 확률로 표시될 수 있는 사상이다.

4 다음 중 연속확률변수에 해당하는 것은?

① 주말 저녁 7시 이후 롯데백화점에 쇼핑하러 온 고객 수

② 삼성병원에서 아무 문제없이 운영되는 X레이의 기계 대수

③ 새로 개발한 3D 모니터의 수명

④ 내일 중국으로 정시 출발할 비행기의 대수

5 다음 중 확률변수에 대한 설명이 틀린 것은?

① 확률변수란 변수가 취할 수 있는 다양한 값이 각각 나타날 가능성이 미리 확률로 주어진 경우의 변수를 말한다.

② 확률변수의 평균은 기대치(expected value)라 부른다.

③ 기대치란 확률을 감안한 가중평균으로, 발생할 가능성이 있는 결과에 확률을 곱하여 표본수로 나누어 구한 값이다.

④ 확률변수란 두 개 이상의 값을 취할 수 있는 임의의 사상으로, 그 사상이 어떤 특정값을 취할 가능성이 확률로 표시될 수 있는 사상이다.

ANSWER | 3.④ 4.③ 5.③

3 확률변수는 두 개 이상의 값을 취할 수 있는 임의의 사상으로, 그 사상이 어떤 특정값을 취할 가능성이 확률로 표시될 수 있는 사상이다.

4 연속확률변수는 변수값이 정수처럼 명확하지 않은 특징이 있다.

5 기대치란 확률을 감안한 가중평균으로, 발생할 가능성이 있는 결과에 확률을 곱하여 모두 합한 값이다.

6 각 자료치와 기대치의 차이를 제곱한 값에 확률을 곱한 뒤 총합을 구하는 것은 확률변수의 무엇을 도출하기 위한 것인가?

① 평균

② 분산

③ 표준편차

④ 상관계수

7 다음 중 그 성질이 다른 것과 구별되는 것은?

① 분산

② 범위

③ 변이(변동)계수

④ 상관계수

8 6개의 공정한 동전을 던져서 앞면이 나오는 개수를 X라 할 때, X의 평균과 분산은?

① 평균 : 3.0, 분산 : 1.25

② 평균 : 3.0, 분산 : 1.50

③ 평균 : 2.5, 분산 : 1.25

④ 평균 : 2.5, 분산 : 1.50

ⓒ **ANSWER** | 6.② 7.④ 8.②

6 확률변수의 분산은 각 자료치와 기대치의 차이를 제곱한 값에 확률을 곱한 뒤 총합을 구하면 얻어진다.

7 분산, 범위, 변이(변동)계수는 자료가 흩어져 있는 산포도를 나타내는 지수이고, 상관계수는 두 변수간의 상관관계를 나타내는 지표이다.

8 평균 $= 6 \times 0.5 = 3.0$
분산 $= 6 \times 0.5 \times 0.5 = 1.50$

9 X의 평균이 30일 때, Y=2X+10의 관계가 있는 Y의 평균을 구하면 얼마인가?

① 30   ② 60

③ 70   ④ 360

10 E(X)=5, E(X^2)=25인 경우 V(X)는 얼마인가?

① 0   ② 5

③ 20   ④ 25

11 E(X)=10, E(X^2)=160인 경우 V(X)는 얼마인가?

① 10   ② 60

③ 150   ④ 160

⊘ ANSWER | 9.③ 10.① 11.②

9 E(Y) = E(2X+10) = 2E(X) + 10 = 70

※ 기댓값의 성질

㉠ $E(a) = 0$

㉡ $E(bX) = bE(X)$

㉢ $E(X+a) = E(X) + a$

㉣ $E(X+Y) = E(X) + E(Y)$

㉤ $E[X - E(X)] = 0$

여기서 a와 b는 상수이고 X와 Y는 확률변수이다.

10 V(X) = E(X^2) − [E(X)]^2 = 25−5^2 = 0

11 V(X) = E(X^2) − [E(X)]^2 = 160−10^2 = 60

12 측정치 X_i의 분산이 100이고, $Y_i = 2X_i + 7$일 때 Y_i의 분산을 구하면 얼마인가?

① 20 ② 27

③ 40 ④ 47

13 만약 두 변수 간 공분산이 0이면, 상관계수는 얼마가 되는가?

① -1 ② 0

③ 0.5 ④ 1

ANSWER | 12.③ 13.②

12 $V(Y_i) = V(2X_i + 7) = 4V(X_i) = 4(10) = 40$

※ 분산의 성질 … 상수 a, $b(b \neq 0)$에 대해 다음이 성립한다.

㉠ $Var(a) = 0$

㉡ $Var(X+a) = Var(X)$

㉢ $Var(bX) = b^2 Var(X)$

㉣ $Var(a+bX) = b^2 Var(X)$

※ 표준편차의 성질 … 상수 a, $b(b \neq 0)$에 대해 다음이 성립한다.

㉠ $sd(X+a) = sd(X)$

㉡ $sd(bX) = |b|sd(X)$

㉢ $sd(a+bX) = |b|sd(X)$

13 만약 두 변수 간 공분산이 0이면, 상관계수도 0이 된다.

※ 상관계수의 성질

㉠ $Corr(X, Y) = Corr(Y, X)$

㉡ $-1 \leq Corr(X, Y) \leq 1$

㉢ $Corr(aX+b, cY+d) = \begin{cases} Corr(X, Y), & ac > 0 \\ -Corr(X, Y), & ac < 0 \end{cases}$

여기서 a, b, c, d는 상수이다.

05. 확률변수와 기댓값 **111**

14 다음 확률변수 중 연속확률변수가 아닌 것은?

① 하루 8시간 작업 중 기계고장시간
② 매일매일의 최고온도
③ 경희고등학교 학생들의 체중
④ 통계학 강의에 결석한 학생의 수

15 다음 중 (   )에 들어갈 알맞은 용어는 무엇인가?

> 상관계수는 두 변수의 선형관계를 나타내어 주는 직선의 방정식을 자료로부터 구하는 방법으로 특정한 선형 관계를 표현하는 방정식이 수립되면 한 변수에 관한 정보를 다른 변수에 관하여 예측할 수 있게 된다. 이 때 예측하는 변수를 (A), 반응변수 또는 출력변수라고 부르며, 예측에 사용되는 변수를 (B) 또는 입력 변수라고 부른다.

① A : 이산확률변수, B : 연속확률변수
② A : 추정변수, B : 검정변수
③ A : 독립변수, B : 종속변수
④ A : 종속변수, B : 독립변수

16 여론조사에 의하면 평균 60% 정도의 주민이 새로운 스포츠 시설단지의 도입에 찬성한다고 한다. 100명의 주민을 택해 찬성여부를 질문하였다. 이 문제에서 확률변수는 무엇인가?

① 찬성하는 주민수의 평균
② 찬성하는 주민수의 분산
③ 찬성하는 주민수
④ 표본으로 뽑힌 100명의 주민 중 찬성하는 주민수

ANSWER | 14.④ 15.④ 16.④

14 통계학 강의에 결석한 학생의 수는 이산확률변수이다.

15 상관계수는 두 변수의 선형관계를 나타내어 주는 직선의 방정식을 자료로부터 구하는 방법으로 특정한 선형관계를 표현하는 방정식이 수립되면 한 변수에 관한 정보를 다른 변수에 관하여 예측할 수 있게 된다. 이 때 예측하는 변수를 종속변수, 반응변수 또는 출력변수라고 부르며, 예측에 사용되는 변수를 독립변수 또는 입력변수라고 부른다.

16 확률변수는 변수가 취할 수 있는 다양한 값이 각각 나타날 가능성이 미리 확률로 주어진 경우의 변수를 말한다.

※ 다음을 보고 아래 질문에 답하시오. 【17~20】

> 국제통화 길이를 X로 할 때 국제통화 요금은 통화길이의 함수라고 한다. 분당통화료는 50원이고, 기본요금은 100원이라고 한다. 단, E(X)=10원이고 V(X)=20원이다.

17 국제통화료를 Y라고 할 때 Y를 X의 함수식으로 나타내면?

① Y=100+50X   ② Y=150X

③ Y=50+100X   ④ Y=150

18 E(Y)는 얼마인가?

① 100원   ② 500원

③ 600원   ④ 1,500원

19 V(Y)는 얼마인가?

① 10,000원   ② 20,000원

③ 22,500원   ④ 50,000원

ⓥ ANSWER | 17.① 18.③ 19.④

17 국제통화료를 Y라고 할 때 Y를 X의 함수식으로 나타내면 $Y = 100 + 50X$ 이다.

18 $E(Y) = E(100 + 50X) = 100 + 50E(X) = 100 + 50(10) = 600$

19 $V(Y) = V(100+50X) = 50^2 V(X) = 50^2(20) = 50,000$

20 기본통화료를 150원으로 올리는 대신 분당통화료를 80원으로 올리면 통화요금의 기대치가 얼마나 더 상승하는가?

① 250원
② 650원
③ 700원
④ 900원

21 확률밀도함수 아래의 전체 면적은 얼마인가?

① 언제나 0이다.
② 언제나 0.5이다.
③ 언제나 1이다.
④ 언제나 −1이다.

22 두 확률변수 X와 Y가 서로 독립이라면 X와 Y의 공분산은 얼마인가?

① −1
② 0
③ 0.5
④ 1

✅ **ANSWER** | 20.① 21.③ 22.②

20 기본통화료를 150원으로 올리는 경우의 통화요금은
$E(150+50X) = 150+50(10) = 650$
분당통화료를 80원으로 올리는 경우의 통화요금은
$E(100+80X) = 100 + 80(10) = 900$
따라서 $900 - 650 = 250$ 상승한다.

21 확률밀도함수 아래의 전체 면적은 언제나 1이다.

22 확률변수 X와 Y가 서로 독립이면 $\sigma_{XY} = 0$이다.

※ 다음 자료를 보고 물음에 답하라. 【23~26】

X의 확률분포가 다음과 같다.

x	0	1	2	3
P(X=x)	0.125	0.25	0.5	0.125

23 E(X)를 구하면 얼마인가?

① 0.73438 ② 0.85696

③ 1.27475 ④ 1.625

24 Var(X)를 구하면 얼마인가?

① 0.73438 ② 0.85696

③ 1.27475 ④ 1.625

25 E(10X+6)를 구하면 얼마인가?

① 10 ② 16.25

③ 22.25 ④ 26

26 Var(10X+6)를 구하면 얼마인가?

① 11.750 ② 73.438

③ 79.438 ④ 109.438

✅ ANSWER | 23.④ 24.① 25.③ 26.②

23 $E(X) = 0 \times 0.125 + 1 \times 0.25 + 2 \times 0.5 + 3 \times 0.125 = 1.625$

24 $Var(X) = 47/64 = 0.73438$

25 $E(10X+6) = 10 \times 1.625 + 6 = 22.25$

26 $Var(10X+6) = 100 \times 0.73438 = 73.438$

※ 다음을 보고 물음에 답하시오. 【27~29】

한국어 듣기평가 문항에서 오지선다형 문제가 15개 주어졌다.

27 문제에 대한 답을 임의로 찍었을 때 8개가 정답일 확률은 얼마인가?

① 0.002   ② 0.003

③ 0.021   ④ 0.034

28 확률변수 X를 정답 문항수로 가정할 경우 확률변수 X의 평균은 얼마인가?

① 0.6   ② 2.4

③ 3   ④ 5

29 확률변수 X를 정답 문항수로 가정할 경우 확률변수 X의 분산은 얼마인가?

① 1.55   ② 2.4

③ 3   ④ 5.76

✅ **ANSWER** | 27.②   28.③   29.②

27 확률변수 x를 정답수로 둔다.

X는 $n = 15$, $p = \dfrac{1}{5}$ 인 이항분포를 따른다.

정답이 8개일 확률은 $P(X = 8) = {}_{15}C_8 \left(\dfrac{1}{5}\right)^8 \left(\dfrac{4}{5}\right)^7 = 0.003454\cdots$

28 $E(X) = np = 15 \times \dfrac{1}{5} = 3$

29 $Var(X) = np(1-p) = 15 \times \dfrac{1}{5} \times \dfrac{4}{5} = \dfrac{12}{5}$

30 다음 중 ( )에 들어갈 알맞은 용어는 무엇인가?

> ( )이란 종형 분포를 가지는 자료에서 평균으로부터 1표준편차, 2표준편차, 3표준편차만큼 떨어진 범위 안에 있어야 하는 자료값의 비율을 계산할 때 사용하는 방법이다.

① 변동계수   ② 체비세프 정리
③ 경험법칙   ④ 그룹화된 자료

✔ ANSWER | 30.③

30 경험법칙이란 종형 분포를 가지는 자료에서 평균으로부터 1표준편차, 2표준편차, 3표준편차만큼 떨어진 범위 안에 있어야 하는 자료값의 비율을 계산할 때 사용하는 방법이다.

06 확률분포

① 이산형 분포

(1) 베르누이분포

① **개념** … 실험의 결과를 성공 또는 실패 두 가지로 분류하고, 이 두 가지 중 한 가지만 발생하는 것을 베르누이 시행(Bernoulli trial)이라 한다.

* ㉠ 운전면허의 시험에서 합격 혹은 불합격
  ㉡ 공장에서 생산된 제품이 양품 혹은 불량품
  ㉢ 어떤 상품에 대한 선호도 조사에서 좋아함 또는 싫어함
  ㉣ 현행 교육정책에 대한 찬반조사에서 찬성 혹은 반대

② **베르누이분포의 확률밀도함수**

> 베르누이분포
> 확률변수 X의 확률밀도함수가 다음과 같은 이산형 밀도함수를 가질 때 X는 성공률이 p인 베르누이 분포 (Bernoulli distribution)를 따른다.
> $$f(x:p) = p^x (1-p)^{1-x}, \ x = 0, \ 1, \ 0 \leq p \leq$$

③ **베르누이분포의 평균과 분산**

> 확률변수 X가 베르누이분포를 따른다면, 평균과 분산은 다음과 같다.
> 평균 $E(X) = p$
> 분산 $Var(X) = p(1-p)$

④ **특징**

　㉠ 베르누이 시행은 오직 두 종류의 상호 배타적인 결과를 가진다.

　㉡ 베르누이 시행을 n번 반복할 경우 매회 성공률은 동일하고, 각 시행이 독립적이다.

　㉢ 시행은 두 번 이상이고 반복적이어야 한다.

(2) 이항분포

① **개념** … 동일한 성공확률을 가진 베르누이 시행을 독립적으로 n번 반복 시행할 때 성공횟수 X를 이항확률변수(Binomial random variable)라 하고, 이 때 성공횟수 X는 이항분포(Binomial distribution)를 따른다고 한다. 이항분포는 시행 횟수 n과 성공 확률 p를 모수로 갖는 분포이다. 이를 $B(n, p)$로 표기한다.

② **이항분포의 확률밀도함수**

> 이항분포
> 성공할 확률이 p인 베르누이 시행의 n번 독립시행에서 확률변수 X가 성공횟수를 나타낼 때 x번 성공할 확률은 다음과 같다.
> $$f(x : n, p) = {}_nC_x \, p^x (1-p)^{n-x}, x = 0, 1, \dots, n, \ 0 \leq p \leq 1$$
> 여기에서 ${}_nC_x = \dfrac{n!}{x!\,(n-x)!}$ 이다.

③ **이항분포의 평균과 분산**

> 확률변수 X가 이항분포 $B(n, p)$를 따른다면, 평균과 분산은 다음과 같다.
> 평균 $E(X) = np$
> 분산 $Var(X) = np(1-p)$

④ **특징**

　㉠ $p = 0.5$이면 이항분포는 좌우대칭이다.

　㉡ $p < 0.5$이면 왼쪽으로 치우친 비대칭(skewed to the right)이다.

　㉢ $p > 0.5$이면 오른쪽으로 치우친 비대칭(skewed to the left)이다.

　㉣ $p = 0.1$과 $p = 0.9$의 분포는 정반대의 형태를 취한다.

　㉤ p의 값에 관계없이 n이 커질수록 이항분포의 모양은 정규곡선에 접근한다.

(3) 포아송분포

① **개념** … 단위시간이나 단위공간에서 어떤 사건의 발생 횟수가 갖는 분포가 포아송분포(Poisson distribution)이다. 어떤 사건이 시간(또는 공간)에 따라 계속적으로 발생할 때, 시간의 흐름에 따른 사건의 발생횟수를 확률변수의 모임으로 간주하는 것을 확률과정이라 하며, 특히 포아송과정(Poisson process)은 다음 조건을 만족한다.

　㉠ 겹치지 않고 기간 내에 발생하는 사건 수는 상호독립이다.

　㉡ 짧은 시간 내에 한 사건이 발생할 확률은 시간의 길이에 비례한다.

　㉢ 짧은 시간 내에 두 개 이상의 사건이 발생할 확률은 무시할 수 있다.

② 위의 조건들은 전체 시간의 어떤 부분에서나 동일하게 성립한다.

* ㉠ 일주일 동안 고속도로에서 발생하는 사고의 수

  ㉡ 1시간 동안 식품점에 들어오는 고객의 수

  ㉢ 제조공장에서의 한 달에 발생하는 산업재해 건수

  ㉣ 새 자동차의 품질검사에 의해 발견된 표면 결함의 수

② 포아송분포의 확률밀도함수

포아송분포

확률변수 X가 모수 λ인 포아송분포를 따를 때 단위시간이나 단위공간에서 x번 사건이 발생할 확률은 다음과 같다.

$$f(x:\lambda)=\frac{\lambda^x e^{-x}}{x!}, \ x=0,\ 1,\ 2,\ ...,\ \lambda>0$$

여기에서 λ는 단위시간이나 단위공간에서 발생하는 사건 수의 평균이다.

③ 포아송분포의 평균과 분산

확률변수 X가 모수 λ인 포아송분포 $P(\lambda)$를 따른다면, 평균과 분산은 다음과 같다.

평균 $E(X)=\lambda$

분산 $Var(X)=\lambda$

④ 특징

㉠ 포아송분포는 기댓값과 분산이 모수 λ로 같다.

㉡ λ가 작을 때는 오른쪽으로 꼬리가 긴 분포가 되며 λ가 커질 때에는 대칭 형태에 가까워진다.

㉢ 두 확률변수 X_1과 X_2가 각각 포아송분포 $X_1 \sim P(\lambda_1)$, $X_2 \sim P(\lambda_2)$를 따르고 서로 독립적이라면 X_1+X_2는 포아송분포 $P(\lambda_1+\lambda_2)$를 따른다.

㉣ λ의 변화에 따른 포아송분포의 형태

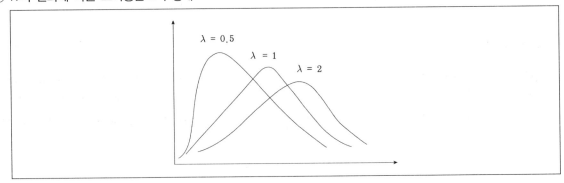

(4) 기하분포

① **개념** … 원하는 개수만큼의 불량품이 나올 때까지 표본을 하나씩 추출하는 문제를 생각해 보자. 각 시행은 성공 확률이 p로 일정한 베르누이 시행을 독립적으로 반복시행한다고 가정할 때 처음으로 성공할 때까지의 시행횟수를 확률변수로 갖는 분포를 기하분포(Geometric distribution)이다.

② **기하분포의 확률밀도함수**

> 기하분포
> 확률변수 X가 다음과 같은 밀도함수를 따를 때 기하분포를 갖는다고 한다.
> $$f(x:p) = p(1-p)^x, x = 0, 1, 2, \dots$$
> 여기에서 모수 p는 $0 < p \le 1$이다.

③ **기하분포의 평균과 분산**

> 확률변수 X가 모수 p인 기하분포를 따른다면, 평균과 분산은 다음과 같다.
> 평균 $E(X) = \dfrac{1-p}{p}$
> 분산 $Var(X) = \dfrac{1-p}{p^2}$

④ **특징 : 비기억성의 성질** … 확률변수가 i보다 크거나 같은 경우를 조건으로 할 때 $i+j$보다 크거나 같을 확률은 j보다 크거나 같을 확률과 동일하다. 즉 연속적으로 i번째 실패했다는 관찰기록과 같이 이미 시행한 결과는 앞으로 일어날 결과의 분포에 전혀 영향을 주지 않는다.

> 확률변수 X가 모수 p인 기하분포를 따른다면 다음이 성립한다.
> $$P(X \ge i+j \mid X \ge i) = P(X \ge j)$$

② 연속형 분포

(1) 연속형 균일분포

① **개념** … 구간 $[a, b]$에서 밀도가 균일하다(uniform)는 사실에서부터 비롯되어 균일분포(uniform distribution, 일양분포, 균등분포)하고 이름지어졌다. 밀도의 모양이 사각형을 이루므로 사각형 분포(rectangle distribution)라고도 한다.

② **균일분포의 확률밀도함수**

> 균일분포
> 모수 a, $b(-\infty < a < b < \infty)$에 대하여 확률변수 X가 구간 $[a, b]$에서 균일분포를 따를 때 확률밀도함수가 다음과 같다.
>
> $$f(x : a, b) = \frac{1}{a-b}, \ a \le x \le b$$

③ **균일분포의 평균과 분산**

> 확률변수 X가 균일분포 $U(a, b)$를 따른다면, 평균과 분산은 다음과 같다.
>
> 평균 $E(X) = \dfrac{a+b}{2}$
>
> 분산 $Var(X) = \dfrac{(b-a)^2}{12}$

④ **특징**

　㉠ 구간 $[0, 1]$의 확률난수(random number)는 구간 $[a, b]$의 균일분포를 따르는 확률변수의 값으로 여긴다.

　㉡ 균일분포의 구간을 (a, b)인 폐구간으로 정의하였으나, 개구간인　또는 $[(a, b), (a, b)]$로 정의할 수 있으며, 이 4가지의 경우 확률밀도함수는 모두 동일한 누적분포함수는 갖고 있다.

　㉢ 균일분포는 연속형으로만 정의되는 것이 아니라 이산형으로도 정의된다. 예를 들어 주사위를 1개 던질 때 나오는 눈의 수를 X로 정의하면 X의 확률밀도함수는 $f(x) = \dfrac{1}{6}$ $(x = 1, 2, ..., 6)$이며 모든 점에서 확률이 동일하다.

(2) 정규분포

① 개념
연속형 분포의 대표적인 분포가 정규분포이다. 흔히 정규분포는 다른 분포의 극한값으로 얻어지는 이론적인 분포이지만 실용적으로 가장 많이 사용되며 매우 유용한 분포이다. De Moivre는 이항확률의 근사식으로 정규분포를 발견하였고, C.Gauss는 물리학 실험에서 발생하는 계측오차의 분포로서 정규분포를 제시하였다. 정규분포(normal distribution)라는 이름은 1893년에 피어슨에 의해 붙여졌으며, 가우스분포라고도 한다.

② 정규분포의 확률밀도함수

정규분포
모수 평균 μ와 표준편차 σ를 가지는 확률변수 X가 정규분포를 따를 때 확률밀도함수가 다음과 같다.
$$f(x:\mu,\sigma) = \frac{1}{\sqrt{2\pi}\,\sigma} \exp\left[-\frac{(x-\mu)^2}{2\sigma^2}\right], \; -\infty < \mu < \infty, \; \sigma > 0$$

③ 정규분포의 평균과 분산

확률변수 X가 정규분포 $N(\mu, \sigma^2)$를 따른다면, 평균과 분산은 다음과 같다.
평균 $E(X) = \mu$
분산 $Var(X) = \sigma^2$

④ 정규곡선의 여러 가지 모양

㉠ 평균이 다른 경우, $\mu_1 < \mu_2$

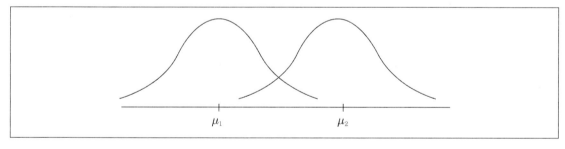

㉡ 분산이 다른 경우, $\sigma_1^2 < \sigma_2^2$

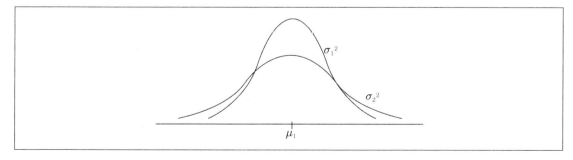

⑤ **특징**

　㉠ 정규분포는 $x = \mu$에서 좌우대칭이며 종모양(bell-shape)을 이룬다.

　㉡ 정규곡선은 평균값에서 최고점을 갖는다. 또한 평균, 중앙값, 최빈값이 모두 같은 점이다.

　㉢ 분산 σ^2의 값이 클수록 분포는 평균 μ를 중심으로 퍼진다.

　㉣ x가 극한값으로 접근할 때 밀도함수는 0값으로 근사한다.

　㉤ 정규곡선의 아래 부분의 면적은 1이다. 즉, $\displaystyle\int_{-\infty}^{\infty} f(x)\,dx = 1$

　㉥ 정규분포에서 확률변수 X가 두 점사이의 어떤 값을 취할 확률은 이들 두 점 사이의 정규곡선 밑의 면적과 같다. 즉, $P(a < x < b) = \displaystyle\int_{a}^{b} f(x)\,dx$이다.

(3) 표준정규분포

① **개념** … 정규분포 중에서 평균이 0이고 분산이 1인 정규분포 $N(0, 1)$를 표준정규분포(standard normal distribution)라 한다. 표준정규분포의 밀도함수는 흔히 $\phi(x)$로 나타내며, 표준정규분포를 갖는 확률변수를 Z로 나타낸다.

② **표준정규분포의 확률밀도함수**

> 표준정규분포
> 평균 0이고 표준편차가 1인 표준정규분포의 확률밀도함수가 다음과 같다.
> $$f(z) = \frac{1}{\sqrt{2\pi}} \exp\left[-\frac{x^2}{2}\right], \quad -\infty < z < \infty$$

③ **정규분포의 표준화**

> 확률변수 X가 정규분포 $N(\mu, \sigma^2)$를 따를 때,
> $$Z = \frac{X - \mu}{\sigma}$$
> 는 표준정규분포 $N(0, 1)$을 따른다.

④ **정규분포의 확률계산**

> 확률변수 X가 정규분포 $N(\mu, \sigma^2)$를 따를 때 구간 $[a, b]$의 확률은 다음과 같이 구할 수 있다.
> $$P(a < X < b) = P\left(\frac{a-\mu}{\sigma} < Z < \frac{b-\mu}{\sigma}\right)$$

특히, 확률변수 X가 정규분포 $N(\mu,\ \sigma^2)$를 따를 때 평균으로부터 일정 표준편차 범위에 속할 확률은 다음과 같다.
$$P(\mu-\sigma < X < \mu+\sigma) = P(-1 < Z < 1) \approx 0.683$$
$$P(\mu-2\sigma < X < \mu+2\sigma) = P(-2 < Z < 2) \approx 0.954$$
$$P(\mu-3\sigma < X < \mu+3\sigma) = P(-3 < Z < 3) \approx 0.997$$

⑤ **표준정규분포에서 Z값과 넓이**(확률)

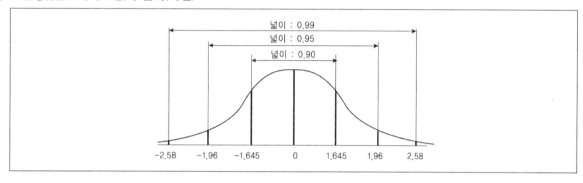

⑥ **특징**

㉠ 표준정규분포는 $x=0$ 에서 좌우대칭이므로 $\phi(x) = \phi(-x)$ 이다.

㉡ 표준정규분포에서 $P(Z \geq 0) = P(Z < 0) = 0.5$ 이다.

㉢ 표준정규분포에서 $P(Z \geq a) = 1 - P(Z < a)$ 이다.

(4) 지수분포

① **개념** … 지수분포는 다양한 수명시간에 대한 모형에 주로 사용된다. 예를 들어 이산형 분포 중 포아송분포는 주어진 단위시간에 발생한 사건의 수에 관한 분포였다면, 연속적인 사건 사이의 간격을 나타내는 시간의 길이는 지수분포(exponential distribution)를 따른다.

② **지수분포의 확률밀도함수**

> 지수분포
> 모수 λ를 갖는 확률변수 X의 확률밀도함수가 다음과 같을 때 지수분포를 따른다고 한다.
> $$f(x:\lambda) = \lambda\, e^{-\lambda x},\ x > 0,\ \lambda > 0$$

③ **지수분포의 평균과 분산**

> 확률변수 X가 모수 λ인 지수분포를 따른다면, 평균과 분산은 다음과 같다.
>
> 평균 $E(X) = \dfrac{1}{\lambda}$
>
> 분산 $Var(X) = \dfrac{1}{\lambda^2}$

Q 예제문제

어느 가게에 들어오는 고객 수 X는 시간당 평균 20명인 포아송분포로 설명할 수 있다고 한다. 이 가게에 5분 동안 고객이 한 사람도 들어오지 않을 확률은?

✓ 단위시간을 1분으로 바꾸면 고객 수는 평균 $\dfrac{1}{3}$인 포아송분포에 따른다. 따라서 X를 다음 고객이 들어올 때까지 소요되는 대기시간이라면 X는 평균이 3인 지수분포를 따르게 된다.

따라서 구하는 확률은 $P(X > 5) = \displaystyle\int_5^\infty \dfrac{1}{3} e^{-\frac{x}{3}} dx = \left[-e^{-\frac{x}{3}} \right]_5^\infty = e^{-\frac{5}{3}}$ 이다.

---

④ **특징**

㉠ 지수분포를 따르는 확률변수의 평균은 모수 λ의 역수이다.

㉡ 지수분포는 비기억성의 성질을 갖는다.

> 확률변수 X가 모수 λ인 지수분포를 따른다면 다음이 성립한다.
> $$P(X > a+b \mid X > a) = P(X > b), \ a > 0, \ b > 0$$

확률변수 X가 어떤 제품의 수명시간을 의미할 때 지수분포를 따른다면, 앞으로 남은 수명은 지금까지 사용한 시간과 무관하다는 뜻이다. 이와 같은 성질을 비기억성(memoryless property)이라 한다. 따라서 오래되지 않은 어떤 제품은 구형과 신형의 성능차이가 없다고 판단하는 경우에 해당한다.

기출유형문제

1 확률변수 X_1, X_2, X_3은 서로 독립이고, 각각의 확률분포는 다음과 같다. 변환된 확률변수 $W = X_1 - 2X_2 + X_3$에 대해 $P(W > a) = 0.05$를 만족하는 실수 a의 값은? (단, z_α는 표준정규분포의 제$100 \times (1-\alpha)$ 백분위수이다)

$$X_1 \sim N(2, 1^2), \ X_2 \sim N(1, 1^2), \ X_3 \sim N(2, 2^2)$$

① $2 + 3 \times z_{0.05}$　　　　　　　　　② $2 + 3 \times z_{0.95}$

③ $2 + 4 \times z_{0.05}$　　　　　　　　　④ $2 + 4 \times z_{0.95}$

ANSWER | 1.①

---

1 세 확률변수 X_1, X_2, X_3는 서로 독립이고, 각각의 확률분포가 다음과 같다.

$X_1 \sim N(2, 1^2)$, $X_2 \sim N(1, 1^2)$, $X_3 \sim N(2, 2^2)$

변환된 확률변수 $W = X_1 - 2X_2 + X_3$는

$E(W) = E(X_1 - 2X_2 + X_3) = E(X_1) - 2E(X_2) + E(X_3) = 2$,

$Var(W) = Var(X_1 - 2X_2 + X_3) = Var(X_1) + 4Var(X_2) + Var(X_3) = 9$이므로

확률변수 W는 정규분포 $N(2, 3^2)$를 따른다.

따라서 $P(W > a) = P\left(Z > \dfrac{a-2}{3}\right) = 0.05$이므로 $a = 2 + 3 \times z_{0.05}$ 이다.

2 확률변수 X가 정규분포 $N(100, 10^2)$을 따른다고 할 때, 옳지 않은 것은?

① $X/10$의 분산은 1이다.

② $X/100$의 표준편차는 1이다.

③ $(X-100)$의 분산은 100이다.

④ $(X-100)/10$은 표준정규분포를 따른다.

3 다음 기댓값 또는 분산 중에서 값이 가장 큰 것은?

① 구간 $[1, 3]$에서 정의된 균일(uniform)분포를 따르는 확률변수 X에 대하여 $E(X)$의 값

② 평균 $\frac{1}{2}$인 확률변수 X에 대하여 $E(6X)$의 값

③ 서로 독립이고 분산이 각각 3과 1인 확률변수 X와 Y에 대하여 $Var(X-Y)$의 값

④ 이항분포 $B(20, 0.2)$를 따르는 확률변수 X에 대하여 $Var(X)$의 값

⊘ **ANSWER** | 2.② 3.③

---

2 확률변수 X가 정규분포 $N(100, 10^2)$을 따른다고 한다.

② $\dfrac{X}{100}$의 분산은 $Var\left(\dfrac{X}{100}\right) = \dfrac{Var(X)}{100^2} = \dfrac{10^2}{100^2} = \left(\dfrac{1}{10}\right)^2$ 이므로 표준편차는 $\dfrac{1}{10} = 0.1$이다.

① $\dfrac{X}{10}$의 분산은 $Var\left(\dfrac{X}{10}\right) = \dfrac{1}{100} Var(X) = \dfrac{1}{100} \times 100 = 1$이다.

③ $(X-100)$의 분산은 $Var(X-100) = Var(X) = 100$이다.

④ $\dfrac{(X-100)}{10}$은 평균이 $E\left(\dfrac{X-100}{10}\right) = \dfrac{E(X)-100}{10} = \dfrac{100-100}{10} = 0$이고,

  분산이 $Var\left(\dfrac{X-100}{10}\right) = \dfrac{Var(X)}{100} = \dfrac{100}{100} = 1$인 표준정규분포를 따른다.

3 ① 구간 $[1, 3]$에서 정의된 균일분포를 따르는 확률변수 X의 확률밀도함수는 $f(x) = \dfrac{1}{2} I_{[1,3]}(x)$이므로

  $E(X) = \displaystyle\int_1^3 \dfrac{1}{2} x\,dx = \left[\dfrac{1}{4}x^2\right]_1^3 = \dfrac{9-1}{4} = 2$이다.

② $E(X) = \dfrac{1}{2}$이면 $E(6X) = 6E(X) = 6 \times \dfrac{1}{2} = 3$이다.

③ 확률변수 X, Y가 서로 독립이므로 $Cov(X, Y) = 0$이고, 분산이 각각 $Var(X) = 3$, $Var(Y) = 1$일 때,
  $Var(X-Y) = Var(X) + Var(Y) - 2Cov(X, Y) = 3 + 1 = 4$이다.

④ 이항분포 $B(20, 0.2)$를 따르는 확률변수 X의 분산은
  $Var(X) = np(1-p) = 20 \times 0.2 \times 0.8 = 3.2$이다.

4 어느 지역에 사는 주민의 월 소득은 정규분포 $N(200, 20^2)$을 따른다. 이 지역에서 두 명의 주민을 임의로 추출하여 월 소득을 조사할 때 옳지 않은 것은? (단, 표준정규분포를 따르는 확률변수 Z에 대하여 $P(Z > 1.645) = 0.05$이다)

① 두 명 모두 월 소득이 200보다 작을 확률은 0.25이다.

② 두 명 중 최소한 한 명의 월 소득이 구간 $(167.1, 232.9)$에 속할 확률은 0.99이다.

③ 한 명의 월 소득이 167.1보다 작고 다른 한 명의 월 소득이 232.9보다 클 확률은 0.05이다.

④ 두 명의 월 소득 평균이 구간 $(167.1, 232.9)$에 속할 확률은 0.9보다 크다.

✔ ANSWER | 4.③

---

4 월 소득을 X라 하면, 확률변수 X는 평균이 200, 표준편차가 20인 정규분포를 따른다고 한다.

$X \sim N(200, 20^2)$일 때, $P(Z > 1.645) = 0.05$이면 표준정규분포는 좌우대칭이므로 $P(Z < -1.645) = 0.05$이다. 여기에서

$P(Z > 1.645) = P\left(\dfrac{X-200}{20} > 1.645\right) = 0.05$이므로 $P(X > 232.9) = 0.05$이고,

$P(Z < -1.645) = P\left(\dfrac{X-200}{20} < -1.645\right) = 0.05$이므로 $P(X < 167.1) = 0.05$이다.

이제 두 명의 주민을 임의로 추출하려 월 소득을 조사할 때,

③ 한 명의 월 소득이 167.1보다 작고 다른 한 명의 월 소득이 232.9보다 클 확률은 $_2C_1 \times 0.05 \times 0.05 = 0.005$이다.

① 월 소득 평균이 200이므로 $P(X < 200) = 0.5$이고 두 명 모두 월 소득이 200보다 작을 확률은 $0.5 \times 0.5 = 0.25$이다.

② 두 명 중 최소한 한 명의 월 소득이 구간$(167.1, 232.9)$에 속할 확률은 전체확률 1에서 두 명 모두 구간 $(167.1, 232.9)$에 속하지 않을 확률을 뺀 것과 같다.

　따라서 $1 - (0.05 + 0.05) \times (0.05 + 0.05) = 1 - 0.01 = 0.99$이다.

④ 두 명의 월 소득 평균을 Y라 하면, $Y \sim N\left(200, \dfrac{20^2}{2}\right)$이므로 Y의 분산이 X의 분산보다 작다. 따라서 확률

　$0.05 = P\left(Y > 200 + 1.645 \times \dfrac{20}{\sqrt{2}}\right) > P(Y > 232.9)$이고

　$0.05 = P\left(Y < 200 - 1.645 \times \dfrac{20}{\sqrt{2}}\right) > P(Y < 167.1)$이다.

　그러므로 월 평균 소득 Y가 구간 $(167.1, 232.9)$에 속할 확률은 0.9보다 크다.

5 확률변수 X가 정규분포 $N(6, 2^2)$을 따르고 확률변수 Y가 정규분포 $N(4, 2^2)$을 따르며 서로 독립일 때, $P(X < 6 < Y)$의 값은? (단, Z가 표준정규분포를 따르는 확률변수일 때, $P(Z \leq -1) = 0.16$이다)

① 0.08　　　　　　　　　　　　　　　② 0.17
③ 0.34　　　　　　　　　　　　　　　④ 0.42

6 위치 A에서 0 또는 1의 메시지 x를 송신하면 위치 B에서는 x에 표준정규분포를 따르는 확률변수 ϵ을 더한 값 $R = x + \epsilon$으로 수신한다. 위치 B에서는 수신된 메시지 R이 0.3 이하이면 0으로 판독하고, 0.3보다 크면 1로 판독한다. 위치 A에서 1을 송신할 때, 위치 B에서 수신한 메시지를 0으로 판독할 확률은? (단, Z가 표준정규분포를 따르는 확률변수일 때, $P(Z \leq 0.7) = 0.76$이다)

① 0.24　　　　　　　　　　　　　　　② 0.26
③ 0.48　　　　　　　　　　　　　　　④ 0.76

7 어느 공장에서 생산되는 제품의 불량률이 5%라고 한다. 이 공장에서 생산되는 제품을 임의로 추출하여 추출된 순서대로 조사할 때 10번째 제품이 첫 번째 불량품일 확률은?

① 0.05×0.95^9　　　　　　　　　　② 0.05×0.95^{10}
③ $\dbinom{10}{1} \times 0.05^9 \times 0.95$　　　　　　④ $\dbinom{10}{1} \times 0.05 \times 0.95^9$

✅ **ANSWER** | 5.① 6.① 7.①

5 서로 독립인 확률변수 X와 Y는 각각 $X \sim N(6, 2^2)$, $Y \sim N(4, 2^2)$인 정규분포를 따른다.

$$P(X < 6 < Y) = P((X < 6) \cap (Y > 6)) = P(X < 6) \times P(Y > 6) = P\left(Z < \frac{6-6}{2}\right) \times P\left(Z > \frac{6-4}{2}\right)$$

$$= P(Z < 0) \times P(Z > 1) = 0.5 \times 0.16 = 0.8$$

6 위치 A에서 1을 송신할 때 B에서 수신된 메시지는 $R = 1 + \epsilon$이고 이는 $R \sim N(1, 1^2)$인 정규분포를 따른다.

위치 B에서 수신된 메시지를 0으로 판독할 확률은

$$P(R = 1 + \epsilon \leq 0.3) = P\left(Z \leq \frac{0.3 - 1}{1}\right) = P(Z \leq -0.7) = 1 - P(Z < 0.7) = 1 - 0.76 = 0.24$$이다.

7 불량률이 5%로 일정한 베르누이 시행에서 처음으로 불량품이 뽑힐 때까지의 총 시행횟수를 확률변수 X라 하면 이 확률변수는 기하분포를 따른다. 따라서 10번째 제품이 첫 번째 불량품일 확률은 0.05×0.95^9이다.

8 확률변수 X는 평균이 4이고 분산이 9인 정규분포를 따르고, 확률변수 Y는 평균이 2이고 분산이 3인 정규분포를 따른다. X와 Y가 서로 독립일 때, 다음 설명 중 옳은 것은?

① $2X+1$의 분산은 18이다.

② $X+2$와 $2Y+1$ 사이의 상관계수는 0보다 크다.

③ $X-Y$는 평균이 2이고 분산이 6인 정규분포를 따른다.

④ $\dfrac{X+Y}{2}$는 평균이 3이고 분산이 3인 정규분포를 따른다.

ANSWER | 8.④

8 두 확률변수 X, Y는 각각 $X \sim N(4, 9)$, $Y \sim N(2, 3)$인 정규분포를 따르고 서로 독립이므로 공분산 $Cov(X, Y) = 0$이다.

① $V(2X+1) = 4V(X) = 4 \times 9 = 36$

② $Corr(X+2, 2Y+1) = \dfrac{Cov(X+2, 2Y+1)}{\sqrt{V(X+2)}\sqrt{V(2Y+1)}} = \dfrac{Cov(X, Y)}{\sqrt{V(X)}\sqrt{V(Y)}} = 0$

③ $X-Y$의 평균은 $E(X-Y) = E(X) - E(Y) = 4 - 2 = 2$이고,
분산은 $V(X-Y) = V(X) + V(Y) = 9 + 3 = 12$인 정규분포를 따른다.

④ $\dfrac{X+Y}{2}$의 평균은 $E\left(\dfrac{X+Y}{2}\right) = \dfrac{E(X) + E(Y)}{2} = \dfrac{4+2}{2} = 3$이고,
분산은 $V\left(\dfrac{X+Y}{2}\right) = \dfrac{V(X) + V(Y)}{4} = \dfrac{9+3}{4} = 3$인 정규분포를 따른다.

출제예상문제

1 베르누이 시행에 대한 설명 중 틀린 것은?

① 각 시행의 결과가 두 가지만 나타난다.

② 각 시행은 상호 종속적이다.

③ 성공할 확률이 p이면 실패할 확률은 1-p로 표시된다.

④ 모든 시행에 대해 일정하다.

2 다음 중 ( )에 들어갈 알맞은 용어는 무엇인가?

> 어떤 시행이 오직 두 가지 가능한 결과, 즉 성공과 실패 중의 하나만을 가질 때, 이런 시행을 (A)이라 하고,
> 동일한 성공의 확률을 가진 (A)을 독립적으로 반복하여 시행할 때 성공의 횟수에 대한 확률분포를 (B)라고
> 한다.

① A : 가우스 시행   B : 이항분포

② A : 베르누이 시행   B : 정규분포

③ A : 가우스 시행   B : 정규분포

④ A : 베르누이 시행   B : 이항분포

✅ **ANSWER** | 1.② 2.④

1 베르누이 시행은 각 시행의 결과가 성공과 실패로만 나타나고, 각 시행은 상호 독립적이며, 성공할 확률이 P이면 실패할 확률은 1-P로 표시되며 모든 시행에 대해 일정하다.

2 어떤 시행이 오직 두 가지 가능한 결과, 즉 성공과 실패 중의 하나만을 가질 때, 이런 시행을 베르누이 시행이라 하고, 동일한 성공의 확률을 가진 베르누이 시행을 독립적으로 반복하여 시행할 때 성공의 횟수에 대한 확률분포를 이항분포라고 한다.

3 베르누이 과정의 성질이 아닌 것은?

① 실험은 n번의 반복시행으로 구성된다.
② 각 시행의 결과는 성공이나 실패의 두 가지 중 하나가 된다.
③ p로 표시되는 성공확률은 매 시행마다 일정하다.
④ 각 시행은 서로 종속이다.

4 다음 중 확률변수에 대한 설명이 틀린 것은?

① 확률변수란 변수가 취할 수 있는 다양한 값이 각각 나타날 가능성이 미리 확률로 주어진 경우의 변수를 말한다.
② 확률변수의 평균은 기대치(expected value)라 부른다.
③ 기대치란 확률을 감안한 가중평균으로, 발생할 가능성이 있는 결과에 확률을 곱하여 표본수로 나누어 구한 값이다.
④ 확률변수란 두 개 이상의 값을 취할 수 있는 임의의 사상으로, 그 사상이 어떤 특정값을 취할 가능성이 확률로 표시될 수 있는 사상이다.

5 다음 중 이산형 확률분포에 속하지 않는 것은?

① 정규분포   ② 이항분포
③ 포아송분포   ④ 다항분포

ANSWER | 3.④ 4.③ 5.①

3 각 시행은 서로 독립이다.

4 기대치란 확률을 감안한 가중평균으로, 발생할 가능성이 있는 결과에 확률을 곱하여 모두 합한 값이다.

5 정규분포는 연속형 확률분포에 속한다.

6 다음 중 이항분포를 따르지 않는 것은?

① 주사위를 10번 던졌을 때 짝수가 나오는 경우의 수
② 어떤 기계에서 만든 5개의 제품 중 불량품의 개수
③ 1시간 동안 전화교환대에 걸려오는 전화 수
④ 한 농구선수가 던진 3개의 자유투 중에서 성공한 자유투의 수

7 한 번의 시행에서 사건 A가 일어날 확률은 1/50이다. 50번의 독립 시행에서 사건 A가 나타나는 횟수의 기댓값(평균)과 분산은?

① 기댓값 : 10, 분산 : 8   ② 기댓값 : 8, 분산 : 10
③ 기댓값 : 7, 분산 : 11   ④ 기댓값 : 11, 분산 : 7

8 어느 공정에서 생산된 제품 10개 중 평균적으로 2개가 불량품이라고 알려져 있다. 그 공정에서 임의로 제품 7개를 선택하여 검사한다고 할 때 불량품의 수를 Y라고 하자. Y의 분산은?

① 1.4   ② 1.02
③ 1.12   ④ 0.16

ⓥ ANSWER | 6.③ 7.① 8.③

6   1시간 동안 전화교환대에 걸려오는 전화 수는 포아송 분포에 해당 한다.

7   기댓값 $=np=50\times0.2=10$
분산 $=np(1-p)=50\times0.2\times0.8=8$
※ 이항분포의 평균과 분산
  (시행횟수 n, 성공의 확률 p)
    평균$=np$, 분산$=np(1-p)$
    표준편차$=\sqrt{np(1-p)}$

8 Y의 분산 $=7\times0.2\times0.8=1.12$

9 다음 중 이항분포가 성립하기 위한 가정에 해당하지 않는 것은?

① 관심을 가지는 결과(사건 또는 사상)가 나타날 확률은 시행횟수에 관계없이 언제나 일정하다.

② 둘 또는 그 이상의 통계적 독립사상의 결합확률은 각 사상이 나타날 단순확률의 곱과 같다.

③ 연속된 시행에서의 결과들이 통계적 독립사상일 필요는 없다.

④ 이항분포의 이론적 근거를 제공하는 통계적 실험과정에서 나오는 결과는 오직 두 가지 뿐이며, 또한 상호 배타적이다.

10 다음 중 ( )에 들어갈 공통된 용어는 무엇인가?

> ( )이란 네 개의 속성을 갖는 실험을 말하는 것으로, ( )의 속성 네 가지는 다음과 같다. 첫째, 실험은 n개의 연속된 동일한 시행으로 구성된다. 둘째, 각 시행에서 두 개의 결과가 가능하다. 결과 중 하나는 성공, 다른 하나는 실패라고 부른다. 셋째, 성공 확률을 p로 표시하는데 이 확률은 시행에 따라 변하지 않는다. 따라서 실패 확률 1-p 역시 시행에 따라 변하지 않는다. 넷째, 각 시행은 독립적이다.

① 이항실험   ② 정규실험

③ 균등실험   ④ 교차실험

ANSWER | 9.③ 10.①

9 이항분포는 연속된 시행에서의 결과들이 통계적 독립사상이어야 한다.

10 이항실험이란 네 개의 속성을 갖는 실험을 말하는 것으로, 이항실험의 속성 네 가지는 다음과 같다. 첫째, 실험은 n개의 연속된 동일한 시행으로 구성된다. 둘째, 각 시행에서 두 개의 결과가 가능하다. 결과 중 하나는 성공, 다른 하나는 실패라고 부른다. 셋째, 성공 확률을 p로 표시하는데 이 확률은 시행에 따라 변하지 않는다. 따라서 실패 확률 1-p 역시 시행에 따라 변하지 않는다. 넷째, 각 시행은 독립적이다.

11 다음 중 (   )에 들어갈 알맞은 용어는 무엇인가?

> (A)란 확률변수가 어떤 한 구간에서 값을 취할 확률이 동일한 길이를 가지는 각 구간에서 동일한 연속확률분포를 말하고, (B)란 하나의 임무를 수행하는 데 걸리는 시간에 대한 확률을 계산하는 데 유용한 연속확률분포를 말한다.

① A : 균일확률분포, B : 지수확률분포
② A : 지수확률분포, B : 균일확률분포
③ A : 포아송확률분포, B : 정규확률분포
④ A : 정규확률분포, B : 포아송확률분포

12 다음 중 정규분포의 특성이 아닌 것은?

① 정규분포는 좌우대칭이며 확률곡선은 평균치에서 최고점을 가진다.
② 모든 연속확률분포와 마찬가지로 곡선 아래의 전체면적은 100%이다.
③ 곡선은 횡축에 닿는다.
④ 정규분포는 평균과 분산에 따라 다양한 모양을 가질 수 있다.

13 다음 중 정규분포의 효용성에 대한 설명으로 틀린 것은?

① 정규분포는 지능지수, 사람들의 키, 대학생들의 평균성적, 최고혈압 또는 생산부품의 직경 등과 같이 여러 요인에 의해 영향을 받는 변수들의 확률분포로 이용될 수 있다.
② 다양한 연속확률변수의 확률값도 정규분포를 이용하여 근사값을 구할 수 있다.
③ 정규분포는 '중심극한정리'라는 명제를 통해 추리통계의 기반을 제공한다.
④ 중심극한정리란 모든 표본분포는 표본의 크기가 커짐에 따라 이항분포와 유사한 형태로 변해간다는 이론을 말한다.

✅ **ANSWER | 11.① 12.③ 13.④**

11 균일확률분포란 확률변수가 어떤 한 구간에서 값을 취할 확률이 동일한 길이를 가지는 각 구간에서 동일한 연속확률분포를 말하고, 지수확률분포란 하나의 임무를 수행하는 데 걸리는 시간에 대한 확률을 계산하는 데 유용한 연속확률분포를 말한다.

12 곡선은 횡축에 닿는 것처럼 보이나 결코 닿지는 않는다.

13 중심극한정리란 모든 표본분포는 표본의 크기가 커짐에 따라 정규분포와 유사한 형태로 변해간다는 이론을 말한다.

14 다음 중 정규분포의 특성이 아닌 것은?

① 정규분포는 종모양의 그래프를 가지며, 평균 μ를 중심으로 좌우대칭이다.
② 정규분포는 평균, 중앙값, 최빈값이 일치하는 분포이다.
③ 정규분포는 평균과 표준편차가 같은 두 개의 다른 정규분포도 존재할 수 있다.
④ 정규분포는 평균과 표준편차에 의해 그 모양이 결정된다.

15 다음 중 정규분포의 특성이 아닌 것은?

① 표준편차가 작을수록 분포가 평평해진다.
② 분포의 모양이 평균을 중심으로 좌우 동형이다.
③ 평균값은 어떤 값이든 취할 수 있다.
④ 산술평균과 중앙값이 같다.

16 A와 B 두 팀이 연속해서 시합을 벌인다고 가정하자. 이 때 A팀이 승리할 확률이 0.4라면 5번만에 3번 이길 확률은 얼마인가?

① 0.1382
② 0.2304
③ 0.2765
④ 0.4608

Ⓒ **A N S W E R** | 14.③ 15.① 16.①

14 정규분포는 평균과 표준편차에 의해 그 모양이 결정되는데 평균과 표준편차가 같은 두 개의 다른 정규분포는 존재할 수 없다.
   ※ **정규분포의 특성**
   ㉠ 평균, 중위수, 최빈수가 모두 일치한다.
   $(\mu = Me = Mo)$.

   ㉡ $X = \mu$에 관해 종 모양의 좌우대칭이고, 이 점에서 최대값 $\dfrac{1}{\sigma\sqrt{2\pi}}$을 갖는다.

   ㉢ 정규곡선과 수평측 위의 전체 면적은 1이다. 즉 $\displaystyle\int_{-\infty}^{\infty} \dfrac{1}{\sigma\sqrt{2\pi}} e^{-\frac{1}{2}\left(\frac{x-\mu}{\sigma}\right)^2} dx = 1$ 또는 $\displaystyle\int_{-\infty}^{\infty} \dfrac{1}{\sqrt{2\pi}} e^{z} dz = 1$

   왜도 : $a_3 = 0$
   첨도 : $a_4 = 3$

15 표준편차가 클수록 분포가 평평해진다.

16 A팀이 3번 이길 때까지 벌이는 시합 횟수를 X라고 하면 X는 k = 3, p = 0.4인 음이항분포를 따르므로 구하는 확률은
   $P(X = 5) = {}_4C_2(0.4)^3(0.6)^2 = 0.13824$이다.

17 정규분포하에서 평균(μ), 중위수(M_e), 최빈수(M_o)의 관계는?

① $\mu = M_e = M_o$ ② $\mu \geqq M_e = M_o$

③ $\mu = M_e \geqq M_o$ ④ $\mu \geqq M_e \geqq M_o$

18 우리나라 농부들의 나이는 평균이 50세이고 표준편차가 8세인 정규분포를 따른다. 임의로 농부를 뽑았을 때 그들의 평균 나이가 46세 이상 54세 이하일 확률은 얼마인가?

① 0.50 ② 0.90

③ 0.95 ④ 0.99

19 확률변수 X가 정규분포 N(60, 10^2)을 따를 때, 표준정규분포표를 이용하여 P(52≤ X ≤70)을 구하면 얼마인가?

① 0.2563 ② 0.4521

③ 0.5277 ④ 0.6294

---

17 정규분포하에서는 $\mu = M_e = M_o$의 관계가 성립한다.

18 $P(49 < \overline{X} < 51) = P(-1.96 < Z < 1.96) = 0.95$

※ **정규분포의 표준화** … 확률변수 X가 평균 μ와 분산 σ^2을 가진 정규분포 $N(\mu, \sigma^2)$을 따를 때 확률 $P[a < X < b]$를 표준정규분포 $N(0, 1)$을 이용하여 다음과 같이 구한다.

$$P[a < X < b] = P\left[\frac{a-\mu}{\sigma} < \frac{X-\mu}{\sigma} < \frac{b-\mu}{\sigma}\right] = P\left[\frac{a-\mu}{\sigma} < Z < \frac{b-\mu}{\sigma}\right]$$

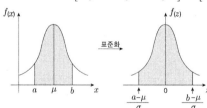

19 X=52, $Z = \dfrac{52-60}{10} = -0.8$

x=70, $Z = \dfrac{70-60}{10} = 1$

$P(52 \leq X \leq 70) = P(-0.8 \leq Z \leq 1) = P(-0.8 \leq Z \leq 0) + P(0 \leq Z \leq 1) = P(0 \leq Z \leq 0.8) + P(0 \leq Z \leq 1)$

$= 0.2881 + 0.3413$

$= 0.6294$

20 집에서 강원대학교까지의 통학시간을 X분이라 하면 X는 정규분포 $N(40, 5^2)$을 따른다고 한다. 수업시작 50분 전에 집에서 출발할 때, 지각할 확률을 구하면 얼마인가?
(단, $P(0 \leq Z \leq 2) = 0.4772$)

① 0.0115

② 0.0228

③ 0.0325

④ 0.0556

21 확률변수 X가 평균이 100이고, 분산이 49인 정규분포를 가질 때 다음 확률 중 옳은 것은?

① $P(X \leq 100) = 0.8$

② $P(93 \leq X \leq 107) = 0.2412$

③ $P(X \geq 107) = 0.4425$

④ $P(X \leq 93) = 0.1587$

※ 다음을 이용하여 아래 물음에 답하시오. 【22~24】

어떤 용기에 들어 있는 재료의 무게는 평균 $\mu = 500kg$, 표준편차 $\sigma = 5kg$의 정규분포에 따른다.

22 하나의 용기를 임의로 뽑았을 때, 510kg 이상일 확률을 구하면 얼마인가?

① 0.0228

② 0.0456

③ 0.4772

④ 0.5

ANSWER | 20.② 21.④ 22.①

20　$X = 50$ 일때, $Z = \dfrac{50-40}{5} = 2$

　　$P(X > 50) = P(Z > 2) = 0.5 - P(0 \leq Z \leq 2) = 0.5 - 0.4772 = 0.0228$

21　① $P(X \leq 100) = P(\dfrac{X-100}{7} \leq \dfrac{100-100}{7}) = P(Z \leq 0) = 0.5$

　　② $P(93 \leq X \leq 107) = P(\dfrac{93-100}{7} \leq \dfrac{X-100}{7} \leq \dfrac{107-100}{7}) = P(-1 \leq Z \leq 1)$

　　　　$= P(Z \leq 1) - P(Z \leq -1) = 0.8413 - 0.1587 = 0.6826$

　　③ $P(X \geq 107) = P(Z \geq 1) = 1 - P(Z \leq 1) = 1 - 0.8413 = 0.1587$

　　④ $P(X \leq 93) = P(\dfrac{X-100}{7} \leq \dfrac{93-100}{7}) = P(Z \leq -1) = 0.1587$

22　$P(X \geq 510) = P\{Z \geq (510-500)/5\} = P(Z \geq 2) = 0.5 - 0.4772 = 0.0228$

23 하나의 용기를 임의로 뽑았을 때, 498kg 이하일 확률을 구하면 얼마인가?

① 0.1554

② 0.3446

③ 0.6554

④ 0.6892

24 하나의 용기를 임의로 뽑았을 때, 491kg과 498kg 사이일 확률을 구하면 얼마인가?

① 0.1554

② 0.3087

③ 0.4641

④ 0.6174

25 동전을 10회 던져서 앞면이 나올 횟수의 분산은?

① 0.25

② 1

③ 2.5

④ 5

23 $P(X \leq 498) = P\{Z \leq (498-500)/5\} = P(Z \leq -0.4) = P(Z \geq 0.4) = 0.5-0.1554 = 0.3446$

24 $P(491 < X < 498) = P(-1.8 < Z < -0.4) = P(0.4 < Z < 1.8) = 0.4641-0.1554 = 0.3087$

25 이항분포에서의 분산 공식을 이용하면
$V(X) = np(1-p)$이므로
$V(X) = 10 \times (1/2) \times (1/2) = 2.5$

26 동전을 5회 던져서 앞면이 나올 횟수의 분산은?

① 0   ② 1.0

③ 1.25   ④ 2.5

✅ **ANSWER** | 26.③

26 다음과 같은 세가지 해법을 생각해 볼 수 있다.

㉠ 조합 수를 이용하는 방법

동전을 5회 던져 앞면이 x회 나올 확률을 P_x라 하면, 동전을 1회 던져 앞면이 나올 확률이 $\frac{1}{2}$이므로

$$P_x = {}_5C_x\left(\frac{1}{2}\right)^x\left(\frac{1}{2}\right)^{5-x} = {}_5C_x\left(\frac{1}{2}\right)^5 \text{ 가 된다.}$$

기대치 $= 0 \cdot \frac{1}{32} + 1 \cdot \frac{5}{32} + 2 \cdot \frac{10}{32} + 3 \cdot \frac{10}{32} + 4 \cdot \frac{5}{32} + 5 \cdot \frac{1}{32} = \frac{80}{32} = 2.5$

분산 $= (-2.5)^2\frac{1}{32} + (-1.5)^2\frac{5}{32} + (-0.5)^2\frac{10}{32} + (0.5)^2\frac{10}{32} + (1.5)^2\frac{5}{32} + (2.5)^2\frac{1}{32} = \frac{40}{32} = 1.25$

㉡ 독립성에 의거한 방법

동전을 1회 던져 나올 앞면 수의 기대치는 다른 회에서 나타나는 결과에 관계없이 독립적이며, 그 값은 $\frac{1}{2}$이므로 5회를 던져 나올 앞면 수의 기대치는 이를 5배한 값과 같다. 즉 기대치(5회) = 기대치(1회) × 5의 관계가 성립한다. 마찬가지로 매회의 결과는 서로 독립적이므로 분산(5회) = 분산(1회) × 5의 관계가 성립한다.

기대치(1회)는 $0 \cdot \frac{1}{2} + 1 \cdot \frac{1}{2} = \frac{1}{2}$,

분산(1회)은 $\left(\frac{1}{2}\right)^2\frac{1}{2} + \left(\frac{1}{2}\right)^2\frac{1}{2} = 0.25$이므로 분산(5회)는 $5 \times 0.25 = 1.25$

㉢ 공식을 이용하는 방법

$\mu = E(X) = np$에서 $n = 5$, $P = (1/2)$이므로

$E(X) = 5 \times \frac{1}{2} = \frac{5}{2}$

$V(X) = np(1-p)$이므로

$V(X) = 1.255 \times \frac{1}{2} \times \frac{1}{2} = 1.25$

※ 공장 생산라인에서 불량품이 발생하는지 상시 감시하는 공장 품질검사 자동화 시스템이 실제 불량품을 감지하여 경고를 발송하는 정상작동의 확률을 0.9라고 하자. 다음 질문에 대해 이항분포를 이용하여 답하여라. 【27~30】

27 만약 두 대의 품질검사 기계를 설치하여 운영한다면, 이 둘 중 최소한 하나가 정상 작동할 확률은 얼마인가?

① 0.09
② 0.18
③ 0.81
④ 0.99

28 만약 세 대의 품질검사 기계를 설치하여 운영한다면, 이 셋 중 최소한 하나가 정상 작동할 확률은 얼마인가?

① 0.001
② 0.003
③ 0.009
④ 0.999

29 만약 열 대의 품질검사 기계를 설치하여 운영한다면, 정상 작동할 시스템의 평균 대수를 구하면 몇 대인가?

① 1대
② 5대
③ 9대
④ 10대

27 $0.9 \times 0.1 + 0.1 \times 0.9 + 0.9 \times 0.9 = 0.99$

28 1-모두 다 작동하지 않을 확률 $= 1 - (0.1)^3 = 0.999$

29 평균 $= np = 10 \times 0.9 = 9$

30 만약 열 대의 품질검사 기계를 설치하여 운영한다면, 정상 작동할 시스템의 표준편차를 구하면 얼마인가?

① 0.9

② 0.9487

③ 3

④ 9

31 당첨률이 25%인 복권을 300장 샀을 때, 30% 이상이 당첨될 확률을 구하면 얼마인가?
(단, $P(0 \leq Z \leq 2) = 0.4772$)

① 0.0128

② 0.0228

③ 0.0258

④ 0.0298

ANSWER | 30.② 31.②

30 표준편차 $= \sqrt{np(1-p)} = \sqrt{(10)(0.9)(0.1)} = 0.9487$

31 X는 이항분포 $B(300, \frac{1}{4})$ 따른다.

$E(X) = 300 \times \frac{1}{4} = 75,$

$\sigma(X) = \sqrt{300 \times \frac{1}{4} \times \frac{3}{4}} = \frac{15}{2}$ 이고,

n이 충분히 크므로 X는 정규분포 $N(75, (\frac{15}{2})^2)$을 따른다고 볼 수 있다.

$P(X \geq 90) = P(Z \geq \frac{90-75}{7.5}) = P(Z \geq 2) = 0.5 - 0.4772 = 0.0228$

※ 다음을 보고 물음에 답하시오. 【32~35】

$\mu = 100$, $\sigma = 5$인 정규분포를 지니는 마라톤 동호회가 있다.

<표준정규분포표>

Z	0.00	......	0.04	......
1.0	0.3413	......	0.3508	......
1.6	0.4452	......	0.4495	......

32 개별치 X가 100과 105 사이에 있을 확률은?

① 0.3413　　　　　　　　② 0.4452

③ 0.4495　　　　　　　　④ 0.6826

33 개별치 X가 100과 108 사이에 있을 확률은?

① 0.3413　　　　　　　　② 0.4452

③ 0.4495　　　　　　　　④ 0.6826

34 개별치 X가 105와 108 사이에 있을 확률은?

① 0.1039　　　　　　　　② 0.4452

③ 0.4495　　　　　　　　④ 0.7865

✅ **ANSWER** | 32.① 33.② 34.①

32 $Z = \dfrac{X - \mu}{\sigma}$ 이므로, $P(100 \leq X \leq 105) = P(\dfrac{100 - 100}{5} \leq Z \leq \dfrac{105 - 100}{5}) = P(0 \leq Z \leq 1) = 0.3413$

33 $Z = \dfrac{X - \mu}{\sigma}$ 이므로, $P(100 \leq X \leq 108) = P(\dfrac{100 - 100}{5} \leq Z \leq \dfrac{108 - 100}{5}) = P(0 \leq Z \leq 1.6) = 0.4452$

34 $Z = \dfrac{X - \mu}{\sigma}$ 이므로, $P(105 \leq X \leq 108) = P(\dfrac{105 - 100}{5} \leq Z \leq \dfrac{108 - 100}{5}) = P(1 \leq Z \leq 1.6)$

$P(1 \leq Z \leq 1.6) = P(0 \leq Z \leq 1.6) - P(0 \leq Z \leq 1) = 0.4452 - 0.3413 = 0.1039$

35 개별치 X가 95와 108 사이에 있을 확률은?

① 0.1039

② 0.3413

③ 0.4452

④ 0.7865

36 다음 중 포아송분포의 특징이 아닌 것은?

① 단위시간이나 단위공간에서 희귀하게 일어나는 사건의 횟수 등에 유용하게 사용된다.

② 포아송분포는 이항분포의 근사분포로서 정의할 수도 있다.

③ 예로서, 어느 지역에서의 1일 교통사고 사망자수 등에 적용할 수 있다

④ 포아송분포를 그래프로 나타내면 가운데가 가장 높은 종모양의 분포를 보인다.

37 다음 중 포아송분포를 적용하여 분석할 수 있는 대상이 아니라고 생각되는 것은?

① 119 교환대에 5분 동안 걸려오는 화재신고 전화의 수

② 1주일에 자동차 공정라인에서 발견되는 불량품의 수

③ 추석귀성 기간 중에 발생하는 교통사고의 수

④ 축구 게임에서 터지는 골의 시간 간격

ANSWER | 35.④ 36.④ 37.④

35 $Z = \dfrac{X - \mu}{\sigma}$ 이므로,

$P(95 \leq X \leq 108) = P\left(\dfrac{95 - 100}{5} \leq Z \leq \dfrac{108 - 100}{5}\right) = P(-1 \leq Z \leq 1.6)$

$P(-1 \leq Z \leq 1.6) = P(0 \leq Z \leq 1) + P(0 \leq Z \leq 1.6) = 0.3413 + 0.4452 = 0.7865$

36 가운데가 가장 높은 종모양의 분포를 보이는 것은 정규분포이다.

※ **포아송분포** … 포아송분포는 일정한 시간 또는 일정한 크기의 공간에서 어떤 사상이 희귀하게 발생할 때 그 사상이 일어날 횟수와 이에 대응하는 확률을 나타내는 확률분포이다. 포아송분포의 사상 S는 다음과 같은 조건을 만족시켜야 한다.

ㄱ **독립성** : 어느 시간대에 S가 일어나는 수는 그 시간대와 겹치지 않은 다른 시간대에 S가 일어나는 수와 서로 독립이다.

ㄴ **비집락성** : S가 거의 동시에 두 번 일어나는 가능성은 없다.

ㄷ **항상성** : 단위시간에 S가 일어나는 평균수는 m으로 표시하며 이는 시간에 따라 변하지 않는다.

37 포아송분포는 자주 일어나지 않는 사건이 정해진 장소나 시간 동안 발생하는 횟수를 그 분석 대상으로 삼는다.

38 어느 중학교 1학년의 신장을 조사한 결과 평균이 136.5㎝, 중앙값은 130.0㎝였다. 신장의 표준편차가 2.0㎝라면 이들 분포에 대한 설명으로 옳은 것은?

① 오른쪽으로 기울어진 비대칭분포이다.
② 왼쪽으로 기울어진 비대칭분포이다.
③ 정규분포이다.
④ 이들 자료로는 알 수 없다.

39 다음 중 이항분포의 특징이 아닌 것은?

① 실험은 n개의 동일한 시행으로 이루어진다.
② 각 시행의 결과는 상호 배타적인 두 사건으로 구분된다.
③ 성공할 확률 P는 매 시행마다 일정하다.
④ 각 시행은 서로 독립적이 아니라도 가능하다.

✅ ANSWER | 38.① 39.④

38 평균을 μ, 표준편차를 σ라 할 경우 정규분포를 따른다면 $\mu \pm 3\sigma$ 범위의 확률이 99% 이상이 된다. 이 경우 학생 신장의 평균과 중앙값의 차이가 6.5로 표준편차의 3배가 넘는 값으로 평균과 중앙값은 차이가 많이 발생하며, 평균이 자료중 매우 큰 값에 의해 상향된 분포이다. 따라서 아래 그림과 같이 오른쪽으로 기울어진 비대칭분포라 할 수 있다.

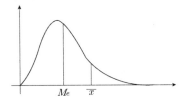

39 베르누이 시행을 따르는 이항분포는 각 시행이 서로 독립적이어야 한다.
※ 이항실험의 특징
　ⓐ 같은 시행을 n번 반복 시행한다.
　ⓑ 시행의 결과는 반드시 성공과 실패 둘 중의 하나로 나타난다.
　ⓒ 각 시행마다 성공의 확률은 같으며, 성공의 확률을 p, 실패의 확률을 q로 나타내면 $p+q=1$이다.
　ⓓ 시행은 독립적이다.

강원대학교 통계학 수강학생 100명을 대상으로 기말고사를 실시하였다. 그런데 시험시간은 평균 50분, 분산 25분인 정규분포를 따르는 것으로 밝혀졌다. 한편 시험성적은 평균 75점, 분산 16점인 정규분포를 따르는 것으로 밝혀졌다.

<표준정규분포표>

Z	0.00	....	0.08	0.09
1.0	0.3413	....	....	....
1.2	....	....	0.3997	0.4015
2.0	0.4772	....	....	....

40 한 학생이 시험을 55분 이내에 완료했을 확률은 얼마인가?

① 0.8410　　　　　　　　　　　② 0.8411

③ 0.8412　　　　　　　　　　　④ 0.8413

41 학생들의 90%가 충분한 시간을 갖도록 하기 위해서는 시험시간을 약 몇 분 정도로 정해야 하는가?

① 45.3분　　　　　　　　　　　② 50.4분

③ 56.4분　　　　　　　　　　　④ 60분

ANSWER | 40.④　41.③

40　$P(x \leq 55) = P(Z \leq \dfrac{55-50}{5}) = P(Z \leq 1) = 0.5+0.3413 = 0.8413$

41　0.9 - 0.5 = 0.4인데 주어진 표에서 0.4에 가장 가까운 Z의 값은 1.28이다.
따라서 1.28 = (X-50)/5
$X = 56.4$

42 시험시간을 60분으로 제한할 때 아직 시험지를 제출하지 못한 학생은 몇 명인가? (계산상 소수점 이하도 허용한다고 가정한다)

① 2.08명
② 2.28명
③ 2.58명
④ 3.18명

43 상위 10%의 학생에 A학점을 주려고 한다. 대략 몇 점 이상이어야 하는가?

① 75점
② 80점
③ 85점
④ 90점

44 특정 질문에 대해 응답자가 답해 줄 확률은 0.50이며, 매 질문시 답변 여부는 상호독립적으로 결정된다. 5명에게 질문하였을 경우, 3명이 답해줄 확률과 가장 가까운 값은 얼마인가?

① 0.50
② 0.31
③ 0.60
④ 결정할 수 없다.

45 다음 중 이항분포에 관한 설명으로 틀린 것은?

① p=1/2이면 좌우대칭의 형태가 된다.
② p가 1/2보다 크거나 작으면 왜도값이 0이 아니다.
③ p가 1/2보다 작은 경우 양(+)의 왜도를 갖는 분포이다.
④ n이 충분히 커지면 음(-)의 왜도를 갖는다.

✅ **ANSWER** | 42.② 43.② 44.② 45.④

42 $P(x \geq 60) = P(Z \geq \frac{60-50}{5}) = P(Z \geq 2) = 0.0228$

$100(0.0228) = 2.28$명

43 $0.5 - 0.1 = 0.4$인데 표에서 0.4에 가장 가까운 Z값은 1.28이다.
따라서 $1.28 = (X-75)/4$
$X = 80.12$, 약 80점이다.

44 이항분포 모형을 이용해서 풀면, $P(X=3) = {}_5C_3(0.5)^3(0.5)^2 = 0.3125$이다.

45 이항분포는 n이 커지면 포아송분포에 근사해지며 양의 왜도를 갖게 된다.

46 표는 $K=0, 1, 2, 3, 4$일 때, $P_k = {}_{30}C_k\left(\dfrac{1}{6}\right)^k\left(\dfrac{5}{6}\right)^{30-k}$ 의 값을 소수점 아래 셋째자리까지 나타낸 것이다. 주사위를 30번 던져 1의 눈이 나오는 횟수를 확률변수 X라 할 때, 위의 표를 이용하여 $\displaystyle\sum_{r=3}^{30} rP(X=r)$의 값을 구한 것은?

k	0	1	2	3	4
P_k	0.004	0.025	0.073	0.137	0.185

① 4.765

② 4.829

③ 4.902

④ 4.946

47 평균이 100, 표준편차가 10인 정규분포에서 110 이상일 확률은 어느 것과 같은가? (단, 다음에서 Z는 표준정규분포를 따르는 확률변수이다.)

① $P(Z \leq -1)$

② $P(Z \leq 1)$

③ $P(Z \leq -10)$

④ $P(Z \leq 10)$

48 5개의 동전을 던져서 앞면이 나오는 개수를 X라 할 때, X의 평균과 분산을 구하면 얼마인가?

① 1.25, 1.118

② 1.25, 1.25

③ 2.5, 1.118

④ 2.5, 1.25

✅ **ANSWER | 46.② 47.① 48.④**

46 X는 이항분포 $B\left(30, \dfrac{1}{6}\right)$을 따르므로

$$E(X) = \sum_{r=0}^{30} rP(X=r) = 30 \times \frac{1}{6} = 5$$

$$\therefore \sum_{r=3}^{30} rP(X=r) = 5 - 0.025 - 0.146 = 4.829$$

47 $P(X \geq 110) = P\left(Z \geq \dfrac{110-100}{10}\right) = P(Z \geq 1) = P(Z \leq -1)$

48 평균 $= 5 \times 0.5 = 2.5$

분산 $= 5 \times 0.5 \times 0.5 = 1.25$

49 확률변수 X가 균등분포(a≤x≤b)를 따를 때, 균등분포의 평균과 분산은 어떻게 구하는가?

① 평균 $= \dfrac{(a+b)}{2}$, 분산 $= \dfrac{(b-a)^2}{6}$

② 평균 $= \dfrac{(a+b)}{2}$, 분산 $= \dfrac{(b-a)^2}{12}$

③ 평균 $= \dfrac{(b-a)}{2}$, 분산 $= \dfrac{(a+b)^2}{6}$

④ 평균 $= \dfrac{(b-a)}{2}$, 분산 $= \dfrac{(a+b)^2}{12}$

50 확률변수 X가 정규분포 N(μ, σ^2)일 때의 설명으로 틀린 것은?

① X의 분포는 종모양이다.

② $Z = \dfrac{(X-\mu)}{\sigma}$ 라 두면, Z의 분포는 $N(0, 1)$이다.

③ X의 평균, 중위수는 일치하므로 X의 분포의 비대칭도는 0이다.

④ X의 관측값이 $\mu - \sigma$와 $\mu + \sigma$사이에 나타날 확률은 약 95%이다.

ⓥ **ANSWER** | 49.② 50.④

49 평균 $= \dfrac{(a+b)}{2}$, 분산 $= \dfrac{(b-a)^2}{12}$

※ 균등분포

$$f(x) = \begin{cases} \dfrac{1}{b-a}, a \leq x \leq b \\ 0 \quad, \ x < a \ \text{또는} \ x > b \end{cases}$$

※ 균등분포의 평균과 분산

평균 $= \dfrac{a+b}{2}$, 분산 $= \dfrac{(b-a)^2}{12}$

50 X의 관측값이 $\mu - \sigma$ 와 $\mu + \sigma$ 사이에 나타날 확률은 약 68%이다.

※ 정규분포에서의 대표적인 확률

X가 $N(\mu, \sigma^2)$를 따를 때 다음이 성립한다.

$P[\mu - \sigma < X < \mu + \sigma] = 0.6826$

$P[\mu - 2\sigma < X < \mu + 2\sigma] = 0.9544$

$P[\mu - 3\sigma < X < \mu + 3\sigma] = 0.9974$

51 올해 국가자격시험 A종목의 성적 분포는 평균이 240점, 표준편차가 40점인 정규분포를 따른다고 한다. 이 자격시험에서 360점을 맞은 학생의 표준화 점수는?

① -1.96

② -3

③ 1.96

④ 3

52 양의 실수 전체의 집합을 정의역으로 하는 함수 $H(t)$는 평균 20, 표준편차 t인 정규분포를 따르는 확률변수 X에 대하여 $H(t) = P(X \le 15)$이다. 옳은 것만을 <보기>에서 있는 대로 고른 것은? (단, 표준정규분포를 따르는 확률변수 Z에 대하여 $P(0 \le Z \le 1) = 0.3413$, $P(0 \le Z \le 2) = 0.4772$이다.)

〈보기〉
㉠ $H(t) = P(Z \ge 2)$ ㉡ $H(2) < H(2.5)$ ㉢ $H(5) < 5H(2)$

① ㉠

② ㉢

③ ㉠, ㉡

④ ㉡, ㉢

51 $Z = (360-240)/40 = 3$

52 ㉠ $H(2.5)$에서 X는 정규분포 $N(20,\ 2.5^2)$을 따르므로

$$H(2.5) = P(X \le 15) = P\left(\frac{X-20}{2.5} \le \frac{15-20}{2.5}\right) = P(Z \le -2) = P(Z \ge 2) \cdots 참$$

㉡ $H(2)$에서 X는 정규분포 $N(20,\ 2^2)$을 따르므로

$$H(2.5) = P(X \le 15) = P\left(\frac{X-20}{2} \le \frac{15-20}{2}\right) = P(Z \le -2.5) = P(Z \ge 2.5)$$

㉠에서 $H(2.5) = P(Z \ge 2)$이므로

$H(2) < H(2.5)$ …참

㉢ $H(5)$에서 X는 정규분포 $N(20,\ 5^2)$을 따르므로

$$H(5) = P(X \le 15) = P\left(\frac{X-20}{5} \le \frac{15-20}{5}\right) = P(Z \le -1)$$
$$= P(Z \ge 1) = 0.5 - 0.3413 = 0.1587$$

한편,

$$5H(2) = 5P(Z \ge 2.5) = 5(1 - P(0 \le Z \le 2.5)) < 5(1 - P(0 \le Z \le 2))$$
$$= 5(1 - 0.4772) = 5 \times 0.0228 = 0.1140$$

그러므로 $H(5) > 5H(2) \cdots$ 거짓

07 표본분포

① 표본분포의 개념

(1) 모수(parameter)

모집단 또는 분포의 특성을 결정하는 상수를 모수(parameter)라고 하고 평균(μ), 분산(σ^2), 표준편차(σ), 모비율(p) 등이 모수의 예이다.

(2) 통계량(statistics)

모수들에 대한 정보를 얻기 위해 모집단(또는 분포)에서 표본을 추출하고, 이들 표본을 이용한 공식으로 모수를 추정하게 된다. 이때 관측 가능한 확률표본의 함수를 통계량(statistics) 또는 표본통계량(sample statistics)이라 한다. 예를 들어 표본평균($\overline{X}$), 표본분산(S^2), 표본비율($\hat{p}$) 등이 통계량에 해당한다.

(3) 추정량(estimator)

모수의 추정에 사용되는 통계량을 특히 추정량(estimator)이라 하며, 추정량의 관측값을 추정값(estimate)이라 한다.

(4) 표본분포(sampling distribution)

표본분포란 모집단에서 추출한 같은 크기의 n개 표본들에서 얻은 표본통계량의 확률분포를 의미한다.

❷ 표본평균의 표본분포

(1) 개념

모집단의 평균 μ를 추정하기 위해 관측값을 얻고, 이들 관측값의 평균 $\bar{x}$을 계산하여 모평균 μ를 추정한다. 이 때 추정값인 $\bar{x}$이 모평균 μ를 얼마나 잘 추정하고 있는지 등의 정보를 알기 위하여 $\bar{x}$에 대한 성질을 알아야 한다. 즉 표본으로부터 얻은 통계량의 분포를 알아야 한다.

(2) 표본평균의 분포 정의

> **표본평균의 분포**
>
> 확률표본 X_1, X_2, ..., X_n이 평균이 μ이고 분산이 σ^2인 분포에서 크기 n인 확률표본일 때, 표본평균 $\bar{X} = \dfrac{1}{n}\sum_{i=1}^{n} X_i$의 평균과 분산은 각각 다음과 같다.
>
> 평균 $E(\bar{X}) = E\left(\dfrac{1}{n}\sum_{i=1}^{n} X_i\right) = \mu$
>
> 분산 $Var(\bar{X}) = Var\left(\dfrac{1}{n}\sum_{i=1}^{n} X_i\right) = \dfrac{\sigma^2}{n}$

(3) 특징

① 표본평균의 표준편차를 표준오차(standard error)라고 하며, 모집단이 무한하거나 복원추출을 하는 경우 표준오차는 $\sqrt{Var(\bar{X})} = \dfrac{\sigma}{\sqrt{n}}$ 이다.

② 모집단이 유한하거나 비복원추출을 하는 경우 표준오차는 모집단의 크기가 N이고 표본의 크기가 n일 때 $Var(\bar{X}) = \dfrac{\sigma^2}{n}\sqrt{\dfrac{N-n}{N-1}}$ 이다.

③ 미지의 모평균 μ를 추정하기 위하여 표본평균 $\bar{X}$를 사용할 때, $\bar{X}$를 모평균 μ의 추정량이라 한다.

④ 표준오차 $\dfrac{\sigma}{\sqrt{n}}$는 표본의 개수 n이 1보다 클 경우 $\bar{X}$의 표본분포의 퍼져있는 정도는 모집단의 퍼져있는 정도보다 작다.

⑤ 표본의 개수 n이 커짐에 따라 $\bar{X}$의 표준오차는 작아진다.

⑥ 모집단이 정규분포를 따르면 표본평균 $\bar{X}$도 정규분포를 따른다.

③ 중심극한정리

(1) 개념

확률론과 통계학에서 가장 중요한 이론 중의 하나는 표본평균 $\overline{X}$의 근사 분포를 제공하는 중심극한정리이다. 모집단의 평균 μ과 분산 σ^2이 주어진 경우에는 어떤 분포에서나 표본평균 $\overline{X}$의 평균이 μ이고 분산이 $\dfrac{\sigma^2}{n}$이 된다. 또한 모집단이 정규분포를 따른다면 표본평균의 분포도 정규분포를 따른다. 중심극한정리는 모집단의 분포형태가 알려져 있지 않을 경우에도 표본의 크기 n이 커짐에 따라 점근적으로 정규분포를 따른다는 것이다.

(2) 중심극한정리(central limit theorem)

> 중심극한정리
>
> X_1, X_2, ..., X_n은 평균이 μ이고 분산이 σ^2인 확률표본이고, n개의 확률표본의 표본평균을 $\overline{X} = \dfrac{1}{n}\displaystyle\sum_{i=1}^{n} X_i$라 하자. 확률변수 Z를 다음과 같이 정의할 때
>
> $$Z = \frac{\overline{X} - \mu}{\sigma / \sqrt{n}}$$
>
> 의 분포는 n이 증가함에 따라 표준정규분포 $N(0, 1^2)$에 한없이 가까워진다.

(3) 특징

① 중심극한정리에 의해 표본의 크기가 충분히 크면 모집단의 분포와 상관없이 표본평균의 분포가 정규분포를 따르게 된다.

② 만일 모집단의 표준편차 σ를 모를 경우 표본의 표준편차 S를 대신 사용한다.

③ 확률표본이 성공확률이 p인 베르누이 분포로부터 n개 추출되었을 때, 표본평균 $\overline{X}$의 정확한 분포는 이항분포 $B(n, p)$를 따른다. (물론 중심극한정리에 의해 $\overline{X}$는 점근적으로 정규분포를 따른다)

④ 확률표본이 모수 λ인 포아송분포로부터 n개 추출되었을 때, 표본평균 $\overline{X}$의 정확한 분포는 모수가 $n\lambda$인 포아송분포를 따른다. (물론 중심극한정리에 의해 $\overline{X}$는 점근적으로 정규분포를 따른다)

④ 비율의 표본분포

(1) 개념

모비율이 p인 모집단에서 같은 개수를 가진 모든 표본을 뽑아 그들의 비율을 계산하였을 때 표본비율 $\hat{p}$들의 확률분포를 비율의 표본분포(sampling distribution of proportion)라고 한다.

(2) 비율의 표본분포

> 비율의 표본분포
>
> 모집단의 비율이 p인 분포에서 크기 n인 확률표본을 추출할 경우, 표본비율을 $\hat{p}$이라 할 때 표본비율의 평균과 분산은 각각 다음과 같다.
>
> 평균 $E(\hat{p}) = p$
>
> 분산 $Var(\hat{p}) = \dfrac{p(1-p)}{n}$

(3) 특징

① 크기가 N인 모집단에서 표본을 n개 비복원추출을 하는 경우 표본비율의 분산은

$$Var(\hat{p}) = \frac{p(1-p)}{n}\left(\frac{N-n}{N-1}\right) \text{이다.}$$

② 모집단의 비율이 $p = 0.5$이면 좌우대칭인 분포가 되어 표본의 크기와 상관없이 비율의 표본분포는 정규분포를 따르게 된다.

⑤ 정규분포에서 추출된 표본분포

표본으로부터 모집단을 추론할 때, 관측된 표본들의 분포는 여러 가지 함수형태를 갖는다. 이 때 모집단이 정규분포를 따른다면 추출된 표본의 분포를 얻는데 수학적으로 다른 어떤 분포를 가정한 것보다 간편하게 얻을 수 있다. 또한 정규분포로부터 추출된 표본들의 분포함수들은 통계적 추정과 검정에 많이 이용된다.

(1) 카이제곱분포

① **개념** ··· 모평균 μ를 추정하기 위해 표본평균 $\overline{X}$를 이용하듯 모분산 σ^2을 추정하기 위하여 표본분산 $S^2 = \dfrac{1}{n-1} \displaystyle\sum_{i=1}^{n} (X_i - \overline{X})^2$을 이용한다. 따라서 표본분산과 관련된 분포를 알아야 하며 이와 관련된 분포가 카이제곱분포(chi-square distribution)이다.

② **카이제곱분포의 확률밀도함수**

> 카이제곱분포
> 확률변수 X의 밀도함수가 다음과 같으면,
> $$f_X(x) = \frac{1}{\Gamma(k/2)} \left(\frac{1}{2}\right)^{\frac{k}{2}} x^{\frac{k}{2}-1} e^{-\frac{1}{2}x},\ x > 0$$
> 확률변수 X는 자유도가 k인 카이제곱분포(χ^2-분포)를 따른다고 하며, $X \sim \chi^2_{(k)}$로 표기한다.

③ **카이제곱분포의 평균과 분산**

> 확률변수 X가 카이제곱분포 $\chi^2_{(k)}$를 따른다면, 평균과 분산은 다음과 같다.
> 평균 $E(X) = k$
> 분산 $Var(X) = 2k$

④ **카이제곱분포의 가법성**

> $X_1, X_2, ..., X_n$가 상호 독립이며 X_i가 카이제곱분포 $\chi^2_{(k_i)}$, $i = 1, 2, ..., n$를 따른다면,
> $$Y = X_1 + X_2 + ... + X_n$$
> 은 자유도가 $(k_1 + k_2 + ... + k_n)$인 카이제곱분포 $\chi^2_{(k_1+k_2+...+k_n)}$를 따른다.

⑤ 특징

㉠ 평균이 μ이고 분산이 σ^2인 정규분포 $N(\mu, \sigma^2)$에서 추출된 확률표본에 대하여, $Z^2 = \left(\dfrac{X-\mu}{\sigma}\right)^2$은 자유도 1인 카이제곱분포 $\chi^2_{(1)}$를 따른다.

㉡ 표준정규분포 $N(0, 1)$에서 추출된 확률표본 $Z_1, Z_2, ..., Z_n$에 대하여,

$$U = Z_1^2 + Z_2^2 + ... + Z_n^2 = \sum_{i=1}^{n} Z_i^2$$ 은 자유도 n인 카이제곱분포 $\chi^2_{(n)}$를 따른다.

㉢ 표준정규분포 $N(0, 1)$에서 추출된 확률표본 $Z_1, Z_2, ..., Z_n$에 대하여,

$$\overline{Z} = \frac{Z_1 + Z_2 + ... + Z_n}{n} = \frac{1}{n}\sum_{i=1}^{n} Z_i$$ 는 정규분포 $N(0, \dfrac{1}{n})$을 따른다.

㉣ 표준정규분포 $N(0, 1)$에서 추출된 확률표본 $Z_1, Z_2, ..., Z_n$에 대하여, $\overline{Z}$와 $\sum_{i=1}^{n} (Z_i - \overline{Z})^2$은 서로 독립이다.

㉤ 정규분포 $N(\mu, \sigma^2)$에서 추출된 확률표본 $X_1, X_2, ..., X_n$에 대하여, 표본평균 $\overline{X} = \dfrac{1}{n}\sum_{i=1}^{n} X_i$와 표본분산 $S^2 = \dfrac{1}{n-1}\sum_{i=1}^{n} (X_i - \overline{X})^2$은 독립이다.

㉥ 정규분포 $N(\mu, \sigma^2)$에서 추출된 확률표본의 표본분산 $S^2 = \dfrac{1}{n-1}\sum_{i=1}^{n} (X_i - \overline{X})^2$에 대하여 $U = \dfrac{(n-1)S^2}{\sigma^2}$은 자유도 $n-1$인 카이제곱분포 $\chi^2_{(n-1)}$를 따른다.

㉦ 정규분포 $N(\mu, \sigma^2)$에서 추출된 확률표본의 표본분산 $S^2 = \dfrac{1}{n-1}\sum_{i=1}^{n} (X_i - \overline{X})^2$의 평균과 분산은 각각 σ^2와 $\dfrac{2}{n-1}\sigma^4$이다.

(2) $t-$분포

① **개념** … 모평균 μ를 추정하기 위해 표본평균 $\overline{X}$를 사용하며, 구간추정이나 검정 등의 추론문제를 다루기 위해서는 $\overline{X}$와 관련된 분포를 알아야 한다. 즉 $Z = \dfrac{\overline{X} - \mu}{\sigma/\sqrt{n}} \sim N(0, 1)$임을 이용하여 μ에 관한 추론문제를 다룬다. 그러나 표준편차 σ를 모를 때는 이 $Z-$통계량을 사용할 수 없으며, 따라서 σ를 표본의 표준편차 S로 추정하여 사용한다. 즉 $T = \dfrac{\overline{X} - \mu}{S/\sqrt{n}}$으로 정의된 $T-$통계량을 이용하게 되며 이 $T-$통계량의 분포를 $t-$분포($t-$distribution)라고 한다.

② $t-$분포의 정의

> **$t-$분포**
>
> $Z \sim N(0, 1)$이고 $U \sim \chi^2_{(n)}$이며, Z와 U는 독립일 때
>
> $$T = \frac{Z}{\sqrt{U/n}}$$
>
> 은 자유도 n인 $t-$분포를 따른다고 하며, $T \sim t_{(n)}$으로 표기한다.

③ **특징**

    ㉠ 정규분포 $N(\mu, \sigma^2)$에서 추출된 확률표본 $X_1, X_2, ..., X_n$에 대하여, $T = \dfrac{\overline{X} - \mu}{S/\sqrt{n}}$는 자유도 $n-1$

    인 $t-$분포 $t_{(n-1)}$를 따른다.

    ㉡ $t-$분포는 자유도가 증가할수록 표준정규분포에 접근한다.

(3) $F-$ 분포

① **개념** … $F-$분포(F distribution)는 카이제곱분포를 따르는 두 확률변수들을 각각의 자유도로 나눈 후 두 확률변수들을 비율로 나타내는 통계량의 분포로 분산분석이나 회귀분석에서 널리 사용된다.

② **$F-$분포의 정의**

> **$F-$분포**
>
> $U \sim \chi^2_{(m)}$이고 $V \sim \chi^2_{(n)}$이며, U와 U는 독립일 때
>
> $$F = \frac{U/m}{V/n}$$
>
> 은 자유도 (m, n)인 $F-$분포를 따른다고 하며, $F \sim F(m, n)$으로 표기한다.

③ **특징**

    ㉠ $F-$분포는 두 개의 자유도가 있으며, m은 분자의 자유도이고 n은 분모의 자유도이다.

    ㉡ $F-$분포는 자유도 (m, n)가 증가하면 $x = 1$에 밀집된 모형에 가까워진다.

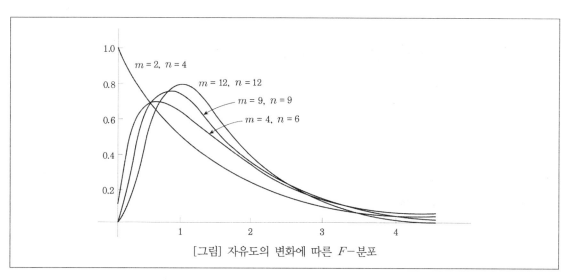

[그림] 자유도의 변화에 따른 $F-$분포

ⓒ X가 자유도 (n, m)인 $F(n, m)$를 따른다면 $\dfrac{1}{X}$의 분포는 자유도 (n, m)인 $F(n, m)$를 따른다.

따라서 $F_{1-\alpha}(m, n) = \dfrac{1}{F_{\alpha}(n, m)}$ 가 성립한다.

ⓔ $X_1, X_2, \ldots, X_m$은 $N(\mu_1, \sigma_1{}^2)$에서 크기 m인 확률표본이고, $Y_1, Y_2, \ldots, Y_n$은 $N(\mu_2, \sigma_2{}^2)$에서 크기 n인 확률표본이며 두 확률표본이 독립일 때, 두 표본분산비 $F = \dfrac{S_1^2/\sigma_1^2}{S_2^2/\sigma_2^2}$는 자유도 $(m-1, n-1)$인 $F(m-1, n-1)$를 따른다. 여기서 S_1^2, S_2^2은 각각 표본 X, Y의 표본분산이다.

ⓜ $t-$분포의 정의에서 $U \sim \chi_{(n)}^2$일 때 $T = \dfrac{Z}{\sqrt{U/n}}$는 $T \sim t_{(n)}$이다. Z와 U는 독립이므로

$T^2 = \dfrac{Z^2}{U/n}$은 $F(1, n)$을 따른다. 즉 $T \sim t_{(n)}$이면 $T^2 \sim F(1, n)$이다.

기출유형문제

1 F-분포에 대한 설명으로 옳은 것만을 모두 고르면? (단, $F_\alpha(k_1,\ k_2)$는 분자의 자유도가 k_1이고 분모의 자유도가 k_2인 F-분포의 제$100\times(1-\alpha)$ 백분위수이다)

> ㉠ 자유도 $k_1,\ k_2$에 대해 항상 $F_\alpha(k_1,\ k_2)\times F_{1-\alpha}(k_2,\ k_1)=1$이다.
>
> ㉡ T가 자유도 k인 t-분포를 따를 때, 확률변수 $\dfrac{1}{T^2}$은 분자의 자유도가 k이고 분모의 자유도가 1인 F-분포를 따른다.
>
> ㉢ 서로 독립인 두 확률변수 Z_1과 Z_2가 표준정규분포를 따를 때, 확률변수 $\left(\dfrac{Z_1}{Z_2}\right)^2$은 분자의 자유도가 1이고 분모의 자유도가 1인 F-분포를 따른다.

① ㉠, ㉡   ② ㉠, ㉢

③ ㉡, ㉢   ④ ㉠, ㉡, ㉢

✅ **ANSWER** | 1.④

1 $F_\alpha(k_1,\ k_2)$는 분자의 자유도가 k_1이고 분모의 자유도가 k_2인 F-분포의 제$100\times(1-\alpha)$ 백분위수이다.

㉠ 확률변수 X가 $F_\alpha(k_1,\ k_2)$를 따르면 $\dfrac{1}{X}$은 $F_{1-\alpha}(k_2,\ k_1)$을 따르며 $F_{1-\alpha}(k_2,\ k_1)=\dfrac{1}{F_\alpha(k_1,\ k_2)}$이다.

㉡ 확률변수 T가 자유도 k인 t-분포를 따르면 T^2은 자유도가 $(1,\ k)$인 F-분포를 따른다. 따라서 $\dfrac{1}{T^2}$은 자유도 $k,\ 1$인 F-분포를 따르게 된다.

㉢ 서로 독립인 두 확률변수 Z_1과 Z_2가 표준정규분포를 따르면 Z_1^2과 Z_2^2은 각각 자유도 1인 카이제곱분포 $\chi^2_{(1)}$을 따른다.

따라서 $\left(\dfrac{Z_1}{Z_2}\right)^2=\dfrac{Z_1^2}{Z_2^2}$은 자유도 $1,\ 1$인 F-분포를 따른다.

2 X_1, X_2, $\cdots$, X_n은 평균이 μ, 분산이 σ^2인 확률표본(random sample)이라고 하자. 표본평균 $\overline{X}$에 대한 설명 중 옳은 것만을 모두 고르면?

> ㉠ $\overline{X}$의 분산은 X_1의 분산보다 크다.
> ㉡ $\overline{X}$의 기댓값은 X_1의 기댓값과 같다.
> ㉢ $\overline{X}$의 분산은 n이 커질수록 작아진다.

① ㉠, ㉡   ② ㉠, ㉢

③ ㉡, ㉢   ④ ㉠, ㉡, ㉢

3 중심극한정리에 대한 설명으로 ㉠, ㉡에 들어갈 말을 옳게 짝 지은 것은? (단, 모집단의 평균이 μ이고, 분산 σ^2은 존재한다)

> 표본크기가 충분히 클 때, 임의의 분포에서 추출한 확률표본의 (㉠)은 근사적으로 (㉡)를 따른다.

	㉠	㉡
①	표본평균	카이제곱분포
②	표본평균	균등분포
③	표준화 표본평균	지수분포
④	표준화 표본평균	표준정규분포

✅ **A N S W E R** | 2.③   3.④

2 X_1, X_2, ..., X_n은 평균이 μ, 분산이 σ^2인 확률표본이라고 하자.

  ㄱ. 표본평균 $\overline{X}$의 분산은 $Var(\overline{X}) = \dfrac{\sigma^2}{n}$으로 X_1의 분산 σ^2보다 작다.

  ㄴ. 표본평균 $\overline{X}$의 기댓값은 $E(\overline{X}) = \mu$로 X_1의 기댓값과 같다.

  ㄷ. 표본평균 $\overline{X}$의 분산은 n이 커질수록 작아진다.

3 모집단의 평균이 μ이고, 분산이 σ^2이 존재한다. 표본크기가 충분히 클 때, 임의의 분포에서 추출한 확률표본의 (표준화 표본평균)은 근사적으로 (표준정규분포)를 따른다.

  * 중심극한정리는 X_1, X_2, ..., X_n이 평균이 μ이고, 분산이 σ^2인 확률표본이고, n개의 확률표본의 표본평균을 $\overline{X}$라 하면, $Z = \dfrac{\overline{X} - \mu}{\sigma / \sqrt{n}}$는 n이 커질수록 표준정규분포 $N(0, 1^2)$에 한없이 가까워진다.

4 확률분포에 대한 설명 중 옳지 않은 것은?

① Z가 표준정규분포를 따를 때, $-Z$도 표준정규분포를 따른다.

② X가 자유도가 10인 t분포를 따를 때, X^2은 분자의 자유도가 1, 분모의 자유도가 10인 F분포를 따른다.

③ X가 이항분포 $B(10, p)$를 따를 때, $10-X$도 이항분포 $B(10, p)$를 따른다.

④ X_1과 X_2가 성공의 확률이 p인 베르누이분포를 따르고 서로 독립일 때, X_1+X_2는 이항분포 $B(2, p)$를 따른다.

5 두 확률변수 X_1과 X_2가 평균이 μ, 분산이 σ^2인 모집단에서 추출한 임의표본(random sample)일 때, 확률변수 $X_1(X_1+X_2)$의 기댓값은?

① $\mu^2+\sigma^2$

② $\mu^2+2\sigma^2$

③ $2\mu^2+\sigma^2$

④ $2\mu^2+2\sigma^2$

⊘ ANSWER | 4.③ 5.③

4 ③ X가 이항분포 $B(10, p)$를 따를 때, $10-X$는 이항분포 $B(10, 1-p)$를 따른다.

① $Z \sim N(0, 1^2)$을 따를 때, $E(-Z) = -E(Z) = 0$이고 $V(-Z) = V(Z) = 1$이므로 $-Z \sim N(0, 1^2)$이다.

② $X \sim t_{(10)}$이면, X^2은 분자의 자유도가 1이고 분모의 자유도가 10인 F−분포를 따른다.

④ X_1과 X_2가 성공 확률이 p인 베르누이분포를 따르고 서로 독립일 때, 확률변수 X_1+X_2는 성공횟수가

$x = 0, 1, 2$이고 각각의 확률이 $_2C_x\,p^x\,(1-p)^{2-x}$인 이항분포 $B(2, p)$를 따른다.

5 두 확률변수 X_1과 X_2가 평균이 μ이고 분산이 σ^2인 모집단에서 추출한 임의표본이므로 두 확률변수는 서로 독립이다.

$$E(X_1(X_1+X_2)) = E(X_1^2 + X_1X_2) = E(X_1^2) + E(X_1X_2) = Var(X_1) + E(X_1)^2 + E(X_1)E(X_2)$$
$$= \sigma^2 + \mu^2 + \mu \cdot \mu = 2\mu^2 + \sigma^2$$

6 음료를 판매하는 회사에서 나온 어느 제품의 한 개당 용량은 평균이 100 ㎖, 표준편차가 10 ㎖인 정규분포를 따른다고 할 때, 이 제품에서 임의로 추출한 25개의 표본평균이 97 ㎖ 이상 102 ㎖ 이하일 확률은? (단, 아래의 표는 Z가 표준정규분포를 따르는 확률변수일 때 $P(Z \leq z)$의 값에 상응하는 z의 값을 나타낸 것이다)

$P(Z \leq z)$	z
0.8413	1.0
0.9332	1.5
0.9772	2.0

① 0.6826

② 0.7745

③ 0.8185

④ 0.9104

7 평균이 μ, 분산이 σ^2인 모집단에서 추출한 임의표본(random sample)의 표본평균에 대한 설명으로 옳은 것만을 모두 고른 것은? (단, $0 < \sigma^2 < \infty$이다)

ㄱ 모집단이 정규분포를 따를 때 표본평균의 분포는 정규분포이다.
ㄴ 표본의 크기가 커질수록 표본평균의 분산은 커진다.
ㄷ 표본평균은 모평균의 불편추정량이다.

---

① ㄱ

② ㄱ, ㄷ

③ ㄴ, ㄷ

④ ㄱ, ㄴ, ㄷ

ANSWER | 6.② 7.②

6 어느 제품의 한 개당 용량을 확률변수 X라 할 때, 이 확률변수는 평균이 100이고 표준편차가 10인 정규분포를 따른다.
즉 $X \sim N(100, 10^2)$이다.
이 때 임의로 추출한 25개의 표본평균 $\overline{X}$의 표본분포는
평균이 $E(\overline{X}) = \mu = 100$이고, 표준편차가 $\sqrt{Var(\overline{X})} = \dfrac{\sigma}{\sqrt{n}} = \dfrac{10}{\sqrt{25}} = 2$인 정규분포 $\overline{X} \sim N(100, 2^2)$를 따른다.
따라서 확률은 $P(97 \leq \overline{X} \leq 102) = P\left(\dfrac{97-100}{2} \leq Z \leq \dfrac{102-100}{2}\right)$
$= P(-1.5 \leq Z \leq 1) = 0.8413 - (1 - 0.9332) = 0.7745$이다.

7 ㄴ 표본평균의 분산은 $Var(\overline{X}) = \dfrac{\sigma^2}{n}$으로 표본의 크기가 커질수록 분산은 작아진다.
ㄷ 표본평균의 기댓값이 모평균과 같으므로 표본평균은 모평균의 불편추정량이다.

8 두 변수 X와 Y에 대한 10개의 관측쌍 $(x_1, y_1), (x_2, y_2), \cdots, (x_{10}, y_{10})$에 대하여 x_i와 y_i를 다음과 같이 표준화하였다. $z_{1i} = \dfrac{x_i - \overline{x}}{s_x}$, $z_{2i} = \dfrac{y_i - \overline{y}}{s_y}$, $i = 1, 2, \cdots, 10$, $\sum_{i=1}^{10} z_{1i} z_{2i} = 0.9$일 때, X와 Y의 표본상관계수는? (단, $\overline{x} = \sum_{i=1}^{10} x_i / 10$, $\overline{y} = \sum_{i=1}^{10} y_i / 10$, $s_x = \sqrt{\sum_{i=1}^{10} (x_i - \overline{x})^2 / 9}$, $s_y = \sqrt{\sum_{i=1}^{10} (y_i - \overline{y})^2 / 9}$ 이다)

① 0.1　　　　　　　　　　　② -0.1

③ 0.9　　　　　　　　　　　④ -0.9

9 $X_1, X_2, \cdots, X_n$은 평균이 4이고 분산이 25인 정규모집단에서의 임의표본(random sample)이다. $P(\overline{X} \le 4 + 5y) = 0.5$를 만족하는 y값은? (단, 표본의 크기 n은 16이고, 표본평균 $\overline{X} = \dfrac{1}{n} \sum_{i=1}^{n} X_i$이다)

① $-\dfrac{4}{5}$　　　　　　　　　　② 0

③ $\dfrac{4}{5}$　　　　　　　　　　　④ 1

ANSWER | 8.① 9.②

8 두 변수 X, Y의 표본상관계수를 $r_{xy} = \dfrac{s_{xy}}{s_x s_y}$라 할 때,

여기에서 $s_{xy} = \dfrac{\sum_{i=1}^{n} (x_i - \overline{x})(y_i - \overline{y})}{n-1}$, $s_x = \sqrt{\dfrac{1}{n-1} \sum_{i=1}^{n} (x_i - \overline{x})^2}$, $s_y = \sqrt{\dfrac{1}{n-1} \sum_{i=1}^{n} (y_i - \overline{y})^2}$ 이다.

주어진 조건에 의하면

$\sum_{i=1}^{10} z_{1i} z_{2i} = \sum_{i=1}^{10} \left(\dfrac{x_i - \overline{x}}{s_x} \right) \left(\dfrac{y_i - \overline{y}}{s_y} \right) = \dfrac{\sum_{i=1}^{10} (x_i - \overline{x})(y_i - \overline{y})}{s_x s_y}$ 이므로 $\sum_{i=1}^{10} (x_i - \overline{x})(y_i - \overline{y}) = s_x s_y \sum_{i=1}^{10} z_{1i} z_{2i}$ 이다.

또한, $s_{xy} = \dfrac{\sum_{i=1}^{10} (x_i - \overline{x})(y_i - \overline{y})}{9} = \dfrac{s_x s_y}{9} \sum_{i=1}^{10} z_{1i} z_{2i}$ 이다.

따라서 표본상관계수는 $r_{xy} = \dfrac{s_{xy}}{s_x s_y} = \dfrac{s_x s_y}{9} \sum_{i=1}^{10} z_{1i} z_{2i} \times \dfrac{1}{s_x s_y} = \dfrac{0.9}{9} = 0.1$이다.

9 $X_1, X_2, \cdots, X_n$은 평균이 4이고 분산이 25인 정규모집단에서의 임의표본이다. 표본의 크기 n이 16일 때, 표본평균 $\overline{X}$는 평균이 $E(\overline{X}) = 4$, 분산이 $V(\overline{X}) = \dfrac{25}{16} = \left(\dfrac{5}{4} \right)^2$ 이다.

$0.5 = P(\overline{X} \le 4 + 5y) = P(Z \le 0)$이므로 $\dfrac{(4 + 5y) - 4}{5/4} = 0$이다.

따라서 $y = 0$ 이다.

10 평균이 172이고 분산이 100인 정규모집단에서 10개의 표본을 임의로 추출할 때, 모평균보다 큰 표본의 수를 확률변수 X라고 하자. X의 분산은?

① 1

② $\dfrac{5}{2}$

③ $\sqrt{10}$

④ 10

11 $X_1, X_2, \cdots, X_n$이 어떤 모집단으로부터의 임의표본(random sample)일 때, 표본평균 $\overline{X} = \dfrac{1}{n}\sum\limits_{i=1}^{n} X_i$이고 표본분산 $S^2 = \dfrac{1}{n-1}\sum\limits_{i=1}^{n}(X_i - \overline{X})^2$이다. 다음 통계량을 이용하여 계산한 표본분산이 a이고 변동계수(또는 변이계수)가 b이면, $a+b$는? (단, 변동계수는 백분율(%)로 환산하지 않은 값으로 한다)

$$n = 3, \quad \overline{X} = 2, \quad \sum_{i=1}^{n} X_i^2 = 20$$

① 3

② 4

③ 5

④ 6

---

10 $N(172, 10^2)$으로부터 $n = 10$인 표본을 임의로 추출할 때, 모평균보다 큰 표본의 수를 확률변수 X라 하면

$X \sim B\left(10, \dfrac{1}{2}\right)$인 이항분포를 따른다.

따라서 X 분산은 $V(X) = 10 \times \dfrac{1}{2} \times \dfrac{1}{2} = \dfrac{5}{2}$이다.

11 임의추출된 표본 $X_1, X_2, \cdots, X_n$의 표본평균은 $\overline{X} = \dfrac{1}{n}\sum\limits_{i=1}^{n} X_i$이고 표본분산은 $S^2 = \dfrac{1}{n-1}\sum\limits_{i=1}^{n}(X_i - \overline{X})^2$이다.

$n = 3$, $\overline{X} = 2$, $\sum\limits_{i=1}^{n} X_i^2 = 20$일 때,

표본분산 a는 $a = \dfrac{1}{3-1}\left(\sum\limits_{i=1}^{3} X_i^2 - 3(\overline{X})^2\right) = \dfrac{1}{2}(20 - 3 \times 2^2) = 4$이고,

변동계수 b는 $b = \dfrac{(표준편차)}{(평균)} = \dfrac{\sqrt{4}}{2} = 1$이므로 $a+b = 4+1 = 5$이다.

12 평균이 μ이고 분산이 σ^2인 정규모집단에서의 임의표본(random sample) $X_1, X_2, \cdots, X_n$에 대하여 표본평균 $\overline{X} = \frac{1}{n}\sum_{i=1}^{n} X_i$이고 표본분산 $S^2 = \frac{1}{n-1}\sum_{i=1}^{n}(X_i - \overline{X})^2$일 때, 다음 중 확률변수의 분포에 대한 설명으로 옳지 않은 것은? (단, 표본의 크기 n은 1보다 크다)

① $\dfrac{\sqrt{n}\,(\overline{X} - \mu)}{S}$는 자유도가 n인 t-분포를 따른다.

② $\dfrac{\overline{X}}{\sigma}$는 평균이 $\dfrac{\mu}{\sigma}$이고 분산이 $\dfrac{1}{n}$인 정규분포를 따른다.

③ $\displaystyle\sum_{i=1}^{n} X_i$는 평균이 $n\mu$이고 분산이 $n\sigma^2$인 정규분포를 따른다.

④ $\dfrac{\sqrt{n}\,(\overline{X} - \mu)}{\sigma}$는 평균이 0이고 분산이 1인 표준정규분포를 따른다.

✅ **ANSWER** | 12.①

---

12 정규모집단 $N(\mu, \sigma^2)$에서의 임의표본 $X_1, X_2, \ldots, X_n$에 대하여 표본평균 $\overline{X} = \frac{1}{n}\sum_{i=1}^{n} X_i$,

표본분산 $S^2 = \frac{1}{n-1}\sum_{i=1}^{n}(X_i - \overline{X})^2$이다.

① $\dfrac{\sqrt{n}\,(\overline{X} - \mu)}{S} = \left(\dfrac{(\overline{X} - \mu)}{\sigma/\sqrt{n}}\right)\Big/ \sqrt{\dfrac{(n-1)S^2}{\sigma^2} \times \dfrac{1}{(n-1)}} = \dfrac{Z}{\sqrt{U/(n-1)}}$,

여기에서 $Z \sim N(0, 1)$ $U = \dfrac{(n-1)S^2}{\sigma^2} \sim \chi^2_{(n-1)}$이므로 $T = \dfrac{Z}{\sqrt{U/(n-1)}}$은 t-분포의 정의에 의해 자유도 $n-1$인 t-분포를 따른다.

② $\dfrac{\overline{X}}{\sigma}$는 평균이 $E\left(\dfrac{\overline{X}}{\sigma}\right) = \dfrac{E(\overline{X})}{\sigma} = \dfrac{\mu}{\sigma}$이고 분산이 $V\left(\dfrac{\overline{X}}{\sigma}\right) = \dfrac{V(\overline{X})}{\sigma^2} = \dfrac{\sigma^2/n}{\sigma^2} = \dfrac{1}{n}$인 정규분포를 따른다.

③ $\displaystyle\sum_{i=1}^{n} X_i$는 평균이 $E(\sum_{i=1}^{n} X_i) = E\left(n \times \dfrac{1}{n}\sum_{i=1}^{n} X_i\right) = n E(\overline{X}) = n\mu$이고,

분산이 $V(\sum_{i=1}^{n} X_i) = V\left(n \times \dfrac{1}{n}\sum_{i=1}^{n} X_i\right) = n^2 V(\overline{X}) = n^2 \times \dfrac{\sigma^2}{n} = n\sigma^2$인 정규분포를 따른다.

④ $\dfrac{\sqrt{n}\,(\overline{X} - \mu)}{\sigma}$는 평균이 $E\left(\dfrac{\sqrt{n}\,(\overline{X} - \mu)}{\sigma}\right) = \dfrac{\sqrt{n}}{\sigma} E(\overline{X} - \mu) = 0$이고,

분산이 $V\left(\dfrac{\sqrt{n}\,(\overline{X} - \mu)}{\sigma}\right) = \dfrac{n}{\sigma^2} V(\overline{X} - \mu) = \dfrac{n}{\sigma^2} \times \dfrac{\sigma^2}{n} = 1$인 표준정규분포를 따른다.

CHAPTER
07

출제예상문제

1 두 데이터 세트의 표본평균과 표본표준편차 값들이 서로 동일할 때의 설명으로 옳은 것은?

① 평균이 같으면 표준편차도 당연히 같다.
② 평균과 표준편차가 같으면 두 데이터의 분포도 당연히 일치한다.
③ 만일 분산까지도 일치한다면 두 데이터의 분포는 같다고 볼 수 있다.
④ 평균과 표준편차가 같다고 해서 두 데이터의 분포가 반드시 같지는 않다.

2 중심극한정리(central limit theorem)는 어느 분포에 관한 것인가?

① 모집단   ② 표본
③ 모집단의 평균   ④ 표본의 평균

Ⓒ **ANSWER** | 1.④ 2.④

1 평균과 표준편차가 같다고 해서 점수분포가 같아지는 것은 아니며, 두 통계치가 같은 여러 분포모양이 있을 수 있다.

2 중심극한정리(central limit theorem)란 표본크기 n이 커지면 표본평균 $\overline{X}$의 표본분포는 모집단의 확률분포에 관계없이 정규분포에 접근한다는 의미이다.

※ **중심극한정리** … 평균이 μ이고 분산이 σ^2인 임의의 모집단으로부터 충분히 큰 크기 n의 임의표본을 뽑으면 모집단의 분포에 관계없이 표본평균 $\overline{X}$는 근사적으로 정규분포 $N\left(\mu, \dfrac{\sigma^2}{n}\right)$을 따른다. 즉 n이 클 때 다음과 같이 된다.

$$Z = \frac{\overline{X} - \mu}{\sigma/\sqrt{n}} \sim N(0, 1)$$

3 표본은 모집단으로부터 추출된다. 그렇다면 표본의 평균값은 다음 중 어떤 특성을 가지는가?

① 모집단 평균보다 큰 값을 취한다.

② 모집단 평균보다 작은 값을 취한다.

③ 모집단 평균과 같다.

④ 모집단 평균보다 클지, 작을지 알 수 없다.

4 평균체중이 65kg이고 표준편차가 4kg인 경희고등학교 1학년 학생들에서 임의로 뽑은 크기 100명 학생들의 평균체중 $\overline{X}$의 표준오차는?

① 0.04kg   ② 0.4kg

③ 4kg   ④ 65kg

5 주사위를 10회 던져서 얻는 눈금의 합의 기대치는?

① 10   ② 30

③ 35   ④ 70

✅ **ANSWER** | 3.④   4.②   5.③

3   표본의 평균값은 모집단 평균보다 클지, 작을지 알 수 없다.

4 $\overline{X}$의 표준오차는 표본분포의 표준편차를 의미한다.
모집단의 표준편차가 4kg이므로 $4/\sqrt{100} = 0.4$이다.

5 X_j를 주사위의 눈금이라 하면, 주사위를 한번 던져서 얻는 눈금의 기대치

$$E(X) = \sum X_j P_j = (1)(\frac{1}{6}) + (2)(\frac{1}{6}) + (3)(\frac{1}{6}) + (4)(\frac{1}{6}) + (5)(\frac{1}{6}) + (6)(\frac{1}{6}) = 3.5$$

이다. 주사위 각각의 눈금은 다른 주사위의 눈금에 독립적이므로 10개를 합한 기대치는 1개의 기대치를 10배해 주면 된다. 따라서 기대치 $= 10 \cdot E(X) = 10 \times 3.5 = 35$

6 표본의 수가 30 이하이고 모집단의 표준편차를 모른다고 할 때, 모집단 평균값의 구간추정을 위하여 주로 사용하는 분포는?

① 표준정규분포　　　　　　　　　　　　② F-분포
③ Z-분포　　　　　　　　　　　　　　　④ t-분포

7 평균이 50, 표준편차가 10인 모집단에서 크기가 25인 표본을 임의 추출할 때, 표본평균 $\overline{X}$의 평균과 분산을 구하면 얼마인가?

① 평균 : 40, 분산 : 2　　　　　　　　　② 평균 : 50, 분산 : 0.4
③ 평균 : 50, 분산 : 4　　　　　　　　　④ 평균 : 50, 분산 : 4.2

8 다음 중 t분포의 특징이 아닌 것은?

① 표준정규분포와 같이 평균값이 0, 표준편차가 1인 종모양의 좌우대칭 분포이다.
② 자유도에 따라 분포의 모양이 변화한다.
③ 표본의 크기가 커질수록 자유도가 증가하며 표본의 크기가 10개 이상인 경우 표준정규분포와 거의 동일한 분포를 찾는다.
④ 자유도가 30 미만인 경우, 표준정규분포에 비해 양쪽 끝이 평평하고 두터운 꼬리 모양을 가진다.

Ⓒ **ANSWER** | 6.④ 7.③ 8.③

6　표본의 수가 30개 미만인 정규모집단의 모평균에 대한 신뢰구간 측정 및 가설검정에 유용한 연속확률분포는 t-분포이다.

7　모집단은 m=50, σ=10이고 표본의 크기 n=25이므로

$$E(\overline{X}) = m = 50, \quad V(\overline{X}) = \frac{\sigma^2}{n} = \frac{100}{25} = 4$$

8　표본의 크기가 커질수록 자유도가 증가하며 표본 크기가 30개 이상인 경우 표준정규분포와 거의 동일한 분포를 갖는다.

9 정규분포의 특성 중 틀린 것은?

① 정규분포는 종모양의 그래프를 가지며, 평균 μ를 중심으로 좌우대칭이다.

② 정규곡선과 수평축 위의 전체 면적은 1이다.

③ 정규분포는 평균, 중앙값, 최빈값이 불일치하는 분포이다.

④ 정규분포는 그것의 평균과 표준편차에 의해 결정된다.

10 표본에 관한 다음 사항 중 틀린 것은?

① 표본의 특성치(예 : 평균)와 모집단의 특성치는 다를 수 있다.

② 표본의 크기(n)는 1이 될 수 있다.

③ 표본으로부터 추정한 모집단의 특성치는 표본의 크기에 따라 그 신빙성을 달리한다.

④ 표본의 크기(n)는 모집단의 크기(N)보다 반드시 작다.

11 표본평균에 관한 다음 사항 중 옳은 것은?

① 표본평균의 기대치는 표본의 크기에 따라 달라진다.

② 표본평균은 표본의 크기가 커질수록 모평균과 멀어지는 경향이 있다.

③ 표본의 크기가 증가될수록 표본평균이 모평균에 가까워지는 경향이 있다.

④ 일반적으로 $P(\mu - \sigma\overline{X} \leq \overline{X} \leq \mu + \sigma\overline{X})$의 값은 표본크기가 커질수록 늘어난다.

✅ **ANSWER** | 9.③ 10.④ 11.③

9 정규분포는 평균, 중앙값, 최빈값이 일치하는 분포이다.

10 표본의 크기(n)가 커지면 결국 모집단의 크기(N)과 동일해질 수도 있다.

11 ① 표본평균의 기대치 $\mu_{\overline{X}}$는 표본크기에 관계없이 일정하다.
   ② 표본평균은 표본의 크기가 커질수록 모평균 쪽으로 집중화되는 경향이 있다.
   ④ 표본크기에 관계없이 일정하다.

12 다음 중 표본과 모집단에 대한 설명이 바르지 않은 것은?

① 모집단은 정보를 얻고자 하는 대상의 전체 집단을 의미하며, 표본은 모집단의 일부로 모집단에 대한 정보를 얻기 위해 사용된다.

② 모수는 해당 모집단의 고유한 일정한 상수이므로 표본통계량도 표본을 적절하게 추출하면 당연히 그 값이 일정하다.

③ 표본통계량은 표본으로부터 계산된 수치로, 미지의 모수값을 추정하기 위해 사용된다.

④ 모집단의 평균이나 표준편차와 같은 모수는 모집단분포에 관한 특성을 대표하는 중요한 정보로 보통 그 실제 값은 알려져 있지 않다.

13 표본분포의 표준편차는 일반 모집단이나 평균의 표준편차와는 달리 고유한 이름이 붙어 있다. 표본분포의 표준편차를 무엇이라 하는가?

① 표준오차
② 편차평균
③ 결정계수
④ 상관계수

 ANSWER | 12.② 13.①

12 모수는 해당 모집단의 고유한 일정한 상수인데 반해, 표본통계량은 표본을 달리 취하면 그 값이 달라진다.

13 표본분포의 표준편차를 표준오차라고 한다.

14 표본의 크기가 커지면 어떤 현상이 일어나는가?

① 모집단의 표준편차가 커진다.
② 모집단 평균값이 커진다.
③ 표본분포의 표준오차가 작아진다.
④ 표본분포의 표준오차가 커진다.

15 강원대학교 교직원을 모집단으로 설정하고 64명을 무작위로 추출하였다. 이들의 월평균 생활비는 320만 원이었다. 모집단의 표준편차가 120만 원이라면 표본분포의 표준오차는 얼마인가?

① 1.875   ② 5
③ 15   ④ 40

16 강원대학교 대학생 전체의 1인당 월평균 도서구매비용이 8만 원이고 표준편차는 1.6만 원이라고 한다. 256명을 무작위로 선정하여 월평균 도서구매비용을 조사하고자 한다. 표본분포의 평균과 표준오차는 얼마인가?

① 16, 0.1   ② 8, 0.1
③ 8, 0.2   ④ 8, 0.5

✅ ANSWER | 14.③ 15.③ 16.②

14 표본의 크기가 커지면 표본분포의 표준오차가 작아진다.

15 표본분포의 표준오차 $= \sigma/\sqrt{n} = 120/\sqrt{64} = 15$

16 표본분포의 평균 $= 8$, 표준오차 $= 1.6/\sqrt{256} = 0.1$

※ 다음 자료를 이용하여 아래 물음에 답하시오. 【17~20】

$\mu = 50$, $\sigma = 3$인 정규분포를 가정한다.

<표준정규분포표>

Z	0.00	...	0.04	...
1.0	0.3413	...	0.3508	...
1.6	0.4452	...	0.4495	...
2.5	0.4938	...	0.4945	...

17 개별치 X가 50과 53 사이에 있을 확률은 얼마인가?

① 약 16%   ② 약 34%

③ 50%   ④ 약 68%

18 개별치 X가 50과 57.5 사이에 있을 확률은 얼마인가?

① 약 45%   ② 약 49%

③ 50%   ④ 약 99%

19 개별치 X가 47과 53 사이에 있을 확률은 얼마인가?

① 50%   ② 약 60%

③ 약 68%   ④ 약 99%

✅ **ANSWER** | 17.②   18.②   19.③

---

17 $Z = (X-\mu)/\sigma$의 관계를 이용하여 X를 Z로 환산하면

$P(50 \leq X \leq 53) = P(\dfrac{50-50}{3} \leq Z \leq \dfrac{53-50}{3}) = P(0 \leq Z \leq 1) = 0.3413$

18 $Z = (X-\mu)/\sigma$의 관계를 이용하여 X를 Z로 환산하면

$P(50 \leq X \leq 57.5) = P(\dfrac{50-50}{3} \leq Z \leq \dfrac{57-50}{3}) = P(0 \leq Z \leq 2.5) = 0.4938$

19 $Z = (X-\mu)/\sigma$의 관계를 이용하여 X를 Z로 환산하면

$P(47 \leq X \leq 53) = P(\dfrac{47-50}{3} \leq Z \leq \dfrac{50-50}{3}) = P(-1 \leq Z \leq 1) = 0.6826$

20 표본크기가 36인 표본의 평균이 50과 50.8 사이에 있을 확률은 얼마인가?

① 약 30%   ② 약 35%

③ 약 45%   ④ 약 90%

21 $\mu = 450$, $\sigma^2 = 40$인 정규 모집단에서 임의로 10개의 표본을 추출할 때, 표본평균의 평균은?

① 45   ② 50

③ 450   ④ 500

22 다음 설명 중 틀린 것은?

① 표본평균의 분포는 항상 정규분포를 따른다.
② 모집단의 평균이 μ라고 할 때, 표본평균의 기댓값도 μ이다.
③ 모집단의 표준편차가 σ일 때, 크기가 n인 표본에서 표본평균의 표준편차는 복원추출일 경우 $\sigma/\sqrt{n}$이다.
④ 추정량의 표준편차를 표준오차라 부른다.

✅ **ANSWER** | 20.③   21.③   22.①

20 우선 Z값을 넣어 확률을 수식화해보면

$P(50 \leq \overline{X} \leq 50.8) = P[(50-\mu)/3 \div \sqrt{36} \leq Z \leq (50.8-\mu)/3 \div \sqrt{36}] = P(0 \leq Z \leq 1.6) = 0.4452$

21 표본평균의 평균 = 모집단의 평균 = 450

※ **표본평균의 기댓값**

모평균이 μ인 모집단에서 크기 n인 임의표본을 뽑을 때 표본평균 $\overline{X}$에 대하여 다음이 항상 성립한다.

$E(\overline{X}) = \mu$

22 표본평균은 이항분포, 포아송분포, 초기하분포와 같은 이산확률분포를 따를 수도 있다.

※ **표본평균의 분산** ⋯ 모분산이 σ^2이고 크기가 N인 모집단에서 크기 n인 임의표본을 뽑을 때 표본평균 $\overline{X}$에 대하여 다음이 항상 성립한다.

• 비복원추출 : $Var(\overline{X}) = \dfrac{N-n}{N-1} \cdot \dfrac{\sigma^2}{n}$

• 복원추출 : $Var(\overline{X}) = \dfrac{\sigma^2}{n}$

23 10%의 불량품이 들어 있는 제품상자에서 임의로 25개를 꺼낼 때, 불량품의 평균개수와 표준편차를 구하면 얼마인가?

① 2.25, 1.5

② 2.25, 2.25

③ 2.5, 1.5

④ 2.5, 2.25

24 $\mu = 8$, $\sigma^2 = 0.6$인 정규 모집단에서 임의로 10개의 표본을 추출할 때, 표본평균의 평균은?

① 0.8

② 0.9

③ 8

④ 9

25 어떤 특산품 과일을 재배하는 과수원에서는 해마다 수확량의 일부를 해외로 수출한다. 이 과수원에서 올해 수확한 과일 30,000개의 무게는 평균 400g, 표준편차 20g인 정규분포를 따른다고 한다. 이 30,000개의 과일 중 무게가 400g 이상이고 440g 이하인 과일을 선별하여 수출하였다. 이 과수원에서 올해 수출한 과일의 개수를 오른쪽 표준정규분포표를 이용하여 구한 것은?

z	$P(0 \leq Z \leq z)$
1.0	0.34
1.5	0.43
2.0	0.48
2.5	0.49

① 10,200

② 11,600

③ 12,900

④ 14,400

✓ **ANSWER** | 23.③ 24.③ 25.④

23 평균 $= 25 \times 0.1 = 2.5$
표준편차 $= \sqrt{(25 \times 0.1 \times 0.9)} = 1.5$

24 모집단에서 크기 n의 표본 추출 시 표본평균의 평균은 모집단의 평균 μ 과 같다.

25 $P(400 \leq X \leq 440) = P(0 \leq Z \leq 2) = 0.48$
이므로 수출한 과일은 $30,000 \times 0.48 = 14,400$(개)이다.

26 어느 회사에서는 생산되는 제품을 1000개씩 상자에 넣어 판매한다. 이때, 상자에서 임의로 추출한 16개 제품의 무게의 표본평균이 12.7 이상이면 그 상자를 정상 판매하고, 12.7 미만이면 할인 판매한다. A상자에 들어 있는 제품의 무게는 평균 16, 표준편차 6인 정규분포를 따르고, B상자에 들어 있는 제품의 무게는 평균 10, 표준편차 6인 정규분포를 따른다고 할 때, A상자가 할인 판매될 확률이 p, B상자가 정상 판매될 확률이 q이다. $p+q$의 값을 다음 표준정규분포표를 이용하여 구한 것은? (단, 무게의 단위는 g이다.)

z	$P(0 \le Z \le z)$
1.6	0.4452
1.8	0.4641
2.0	0.4772
2.2	0.4861

① 0.0367   ② 0.0498

③ 0.0587   ④ 0.0687

✅ **A N S W E R** | 26.②

26
    확률변수 $\overline{X_A}$는 정규분포 $N\left(16, \left(\dfrac{3}{2}\right)^2\right)$을 따르고, 확률변수 $\overline{X_B}$는 정규분포 $N\left(10, \left(\dfrac{3}{2}\right)^2\right)$을 따른다.

$$P = P(\overline{X_A} < 12.7) = P\left(Z < \frac{12.7 - 16}{\dfrac{3}{2}}\right)$$

$$= p(z < -2.2) = 0.5 - p(0 \le z \le 2.2)$$
$$= 0.5 - 0.4861 = 0.139$$

$$P = P(\overline{X_A} \ge 12.7) = P\left(Z \ge \frac{12.7 - 10}{\dfrac{3}{2}}\right) = P(Z \ge 1.8) = 0.5 - P(0 \le Z \le 1.8) = 0.5 - 0.4641 = 0.0359$$

$$\therefore p + q = 0.0498$$

27 어느 회사에서는 신입사원 300명에게 연수를 실시하고 연수 점수에 따라 상위 36명을 뽑아 해외 연수의 기회를 제공하고자 한다. 신입사원 전체의 연수 점수가 평균 83점, 표준편차 5점인 정규분포를 따른다고 할 때, 해외 연수의 기회를 얻기 위한 최소 점수를 다음 표준정규분포표를 이용하여 구하시오. (단, 연수 점수는 최소 0점에서 최대 100점 사이의 정수이다.)

z	$P(0 \leq Z \leq z)$
1.0	0.34
1.1	0.36
1.2	0.38
1.3	0.40

① 40점   ② 76점

③ 83점   ④ 89점

ⓒ ANSWER | 27.④

---

27 신입사원 전체의 연수 점수를 확률변수 X라 하면 X는 정규분포 $N(83, 5^2)$을 따른다.

해외 연수의 기회를 얻기 위한 최소 점수를 a점이라 하면

$$P(X \geq a) = \frac{36}{300}, \ P\left(Z \geq \frac{a-83}{5}\right) = 0.12$$

$$P\left(0 \leq Z \leq \frac{a-83}{5}\right) = 0.38$$

표준정규분포표에서

$P(0 \leq Z \leq 1.12) = 0.38$이므로 $\dfrac{a-83}{5} = 1.2$

$a - 83 = 6$

$\therefore a = 89$

28 어떤 모집단의 분포가 정규분포 $N(m, 10^2)$을 따르고, 이 정규분포의 확률밀도함수 $f(x)$의 그래프와 구간별 확률은 아래와 같다. 확률밀도함수 $f(x)$는 모든 실수 x에 대하여 $f(x) = f(100-x)$를 만족한다. 이 모집단에서 크기 25인 표본을 임의 추출할 때의 표본평균을 $\overline{X}$라 하자. $P(44 \leq \overline{X} \leq 48)$의 값은?

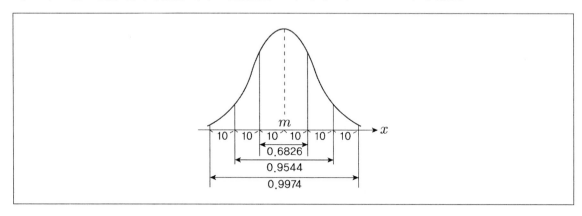

① 0.1359

② 0.1547

③ 0.1965

④ 0.2350

28 주어진 정규분포를 표준화시키면 표준정규분포곡선은 그림과 같다.

$f(x) = f(100-x)$에서 확률밀도함수 $f(x)$는 직선 $x=50$에 대하여 대칭이다.

$\therefore m = 50$

즉, $f(x)$는 정규분포 $N(50, 10^2)$의 확률밀도함수이다. 이 모집단에서 크기 25인 표본을 임의추출한 표본평균 $\overline{X}$는 정규분포 $N(50, 2^2)$을 따른다.

$\therefore P(44 \leq \overline{X} \leq 48)$
$= P(-3 \leq Z \leq -1)$
$= P(0 \leq Z \leq 3) - P(0 \leq Z \leq 1)$
$= 0.4987 - 0.3413 = 0.1574$

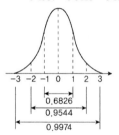

29 어느 고등학교 학생 중 A사이트의 이메일 계정을 가지고 있는 학생의 비율이 10%라고 한다. 이 학교 학생 중 100명을 뽑았을 때, A사이트의 이메일 계정을 가지고 있는 학생이 7명 이상 16명 이하일 확률을 위의 표준정규분포표를 이용하여 구하면 얼마인가?

z	$P(0 \leq Z \leq z)$
1.0	0.3413
1.5	0.4332
2.0	0.4772
2.5	0.4938

① 0.6826

② 0.8185

③ 0.9544

④ 0.9876

✅ **ANSWER | 29.②**

29 학생 100명 중에서 A사이트의 이메일 계정을 가지고 있는 학생 수의 비율을 $\hat{p}$이라고 하면 구하는 확률은

$$P\left(\frac{7}{100} \leq \hat{p} \leq \frac{16}{100}\right) = P(0.07 \leq \hat{p} \leq 0.16)$$

이때 표본의 크기는 $n=100$이고 모비율은 $n=0.1$이므로 $Z = \dfrac{\hat{p}\ 0.1}{\sqrt{\dfrac{0.1 \times 0.9}{100}}}$ 은 근사적으로 표준정규분포

$N(0, 1)$을 따른다. 따라서 구하는 확률은

$$P(0.07 \leq \hat{p} \leq 0.16) = P\left(\frac{0.07-0.1}{\sqrt{\dfrac{0.1 \times 0.9}{100}}} \leq \frac{\hat{p}-0.1}{\sqrt{\dfrac{0.1 \times 0.9}{100}}} \leq \frac{0.16-0.1}{\sqrt{\dfrac{0.1 \times 0.9}{100}}}\right) = P(-1 \leq Z \leq 2)$$

$$= P(0 \leq Z \leq 1) + P(0 \leq Z \leq 2) = 0.3413 + 0.4772 = 0.8185$$

30 어느 지역 고등학교 3학년 수리 가형과 나형의 선택 비율은 6:4라고 한다. 이 지역 고등학교 3학년 학생 중에서 150명을 임의추출하였을 때, 수리 가형을 선택한 학생이 84명 이상 102명 이하일 확률을 아래 표준정규분포표를 이용하여 구하면 얼마인가? (단, 모든 학생은 수리 가형과 나형 중 한 유형을 반드시 선택한다.)

z	$P(0 \leq Z \leq z)$
0.5	0.19
1.0	0.34
1.5	0.44
2.0	0.47

① 0.68

② 0.81

③ 0.90

④ 0.94

30 표본비율 $\hat{p}$의 분포는 $\left(0.6, \dfrac{0.6 \times 0.4}{150}\right) = N\left(0.6, \left(\dfrac{1}{25}\right)^2\right)$인 정규분포이다.

$\therefore P(0.56 \leq \hat{p} \leq 0.68) = P(-1 \leq Z \leq 2) = 0.81$

08 추정

모집단의 모수를 추정할 때 표본을 택하고 아무리 효율적인 방법으로 모수를 추정하였다 하더라도 여기에는 오류가 있게 마련이다. 중요한 것은 이 오류를 얼마나 줄이는가에 있다. 따라서 우리는 오류를 가장 줄일 수 있는 통계적 방법을 적용하여야 한다. 추정방법이 적절한가를 우선 알아야 할 것이고, 이 추정결과를 얼마나 신뢰할 수 있는가를 판단할 수 있어야 한다.

1 추정방법

모수를 추정할 때 하나의 수치를 사용할 수도 있고, 범위를 사용할 수도 있다. 하나의 값으로 추정하는 방법을 점추정(point estimate)라고 하며 범위 또는 구간으로 추정하는 방법을 구간추정(interval estimate)라고 한다.

(1) 모평균 μ 의 추정 – 표본평균 $\overline{X}$ 와 중앙값 Med

모평균 μ 를 추정하기 위해 표본평균 $\overline{X}$ 나 중앙값 Med 를 사용하며 이들을 구하는 방법은 표본 크기가 n 일 때 다음과 같다.

---

n개의 표본 X_1, X_2, ..., X_n에 대하여,

표본평균 $\overline{X} = \dfrac{X_1 + X_2 + \cdots + X_n}{n}$

중앙값 $Med = X_i$를 순서 배열했을 때 중앙에 오는 값

$\quad$ n이 홀수이면 $\dfrac{n+1}{2}$ 번째의 값이고,

$\quad$ n이 짝수이면 $\dfrac{n}{2}$ 와 $1 + \dfrac{n}{2}$ 번째 값의 평균

---

(2) 모비율 p의 추정 − 표본비율 $\hat{p}$

X_i가 n개의 자료 중 i번째 관측값이고, 성공이면 1, 실패면 0의 값을 갖는다고 정의하면, $n\hat{p} = X_1 + X_2 + \dots + X_n$ 는 모수가 n과 p인 이항분포를 따른다. 또한

$$\text{표본비율 } \hat{p} = \frac{X_1 + X_2 + \dots + X_n}{n} = \overline{X}$$

는 n이 커질 때 평균이 p이고 분산이 $\dfrac{p(1-p)}{n}$인 정규분포에 접근한다.

(3) 표본분산 S^2과 자유도

분산 또는 표준편차는 평균만큼 중요한 정보를 갖고 있다. 이는 그 자체로서도 중요하지만, 평균의 추정이 어느 정도 잘 되었는가를 평가하는데 결정적인 역할을 한다.

분산 σ^2을 추정하는 데 가장 많이 사용하는 통계량은 표본분산 S^2으로 다음과 같다. n개의 표본 X_1, X_2, ..., X_n에 대하여,

$$\text{표본분산 } S^2 = \frac{1}{n-1} \sum_{i=1}^{n} (X_i - \overline{X})^2 = \frac{1}{n-1} \left(\sum_{i=1}^{n} X_i^2 - n\overline{X} \right)$$

여기에서 S^2의 분포인 $n-1$은 자유도(degree of freedom)를 의미한다. 또한 표본평균의 표준편차 즉, 표준오차 $\dfrac{\sigma}{\sqrt{n}}$의 추정량으로 표본표준오차 $\dfrac{S}{\sqrt{n}}$를 사용한다.

② 좋은 추정량이란?

앞에서 모집단의 평균을 추정하기 위해 표본평균을 사용하거나, 모비율을 추정하기 위해 표본비율을 사용하는 것과 같은 추정방법은 매우 직관적인 것이다. 그렇다면 믿을만한 추정량과 효율적인 추정방법에 대한 판단기준이 필요하다.

(1) 일치성

추정량의 기본적인 조건은 표본크기가 커질수록 추정량은 추정하고자 하는 모수를 더 정확하게 추정해 주어야 할 것이다.

① **개념** ⋯ 표본크기가 커질수록 모수를 더 정확하게 추정해 주는 추정량을 일치추정량(consistent estimator)이라 한다.

② **특징** ⋯ 표본평균, 중앙값, 표본비율, 표본분산은 모두 추정하고자 하는 모수인 모평균, 모비율, 모분산에 대한 일치추정량이다.

(2) 불편성

일치성보다 좀 더 강한 판단기준으로 추정량의 기댓값을 사용한다.

① **개념** ⋯ 추정량의 기댓값이 추정하고자 하는 모수와 같을 때 이 추정량을 불편추정량(unbiased estimator) 또는 비편향추정량이라고 한다.

② **편향**(또는 편의)

> 추정량의 기댓값과 추정하고자 하는 모수와의 차이를 편향(bias)이라고 하며 $Bias(\theta)$으로 표기한다.

③ **불편추정량**

> 모수 θ의 추정량 $\hat{\theta}$에 대하여
> ⑦ $E(\hat{\theta}) = \theta$일 때 $\hat{\theta}$을 θ의 불편추정량(unbiased estimator)이라 한다.
> ⑥ $E(\hat{\theta}) \neq \theta$일 때 $\hat{\theta}$을 θ의 편향추정량(biased estimator)이라 한다.
> ⑥ $Bias(\hat{\theta}) = E(\hat{\theta}) - \theta$를 편향 또는 편의라고 한다.

④ **특징**

⑦ 표본평균, 표본비율, 표본분산은 모두 불편추정량이다.

⑥ 모집단의 분포형태가 대칭이면 중앙값은 불편추정량이다.

⑥ 어느 추정량에 편향이 있다는 것은 치우침이 있다는 뜻이다. 이것은 분산이 크다는 것과 편향은 무관한 개념이다.

⑥ 표본분산 S^2의 분모를 n대신 $n-1$을 사용하는 이유로 하나는 자유도 개념이 있으며 또 다른 하나는 모분산의 불편추정량 때문이다.

즉 $S^2 = \dfrac{1}{n-1} \displaystyle\sum_{i=1}^{n} (X_i - \overline{X})^2$일 때 $E(S^2) = \sigma^2$이다.

그러나 만약 $S^2 = \dfrac{1}{n} \displaystyle\sum_{i=1}^{n} (X_i - \overline{X})^2$이라면 $E(S^2) = \dfrac{1}{n}\sigma^2$으로 편향이 발생하여 불편추정량이 되지 못한다.

(3) 평균제곱오차와 효율성

추정량의 불편성은 추정량의 분포에 치우침이 없기 위한 성질이다. 추정량의 다른 중요한 성질은 분포의 흩어짐의 정도이다. 즉 추정량의 분산 또는 표준편차는 추정량이 얼마나 좋은 추정량인가를 나타내는 중요한 측도가 된다.

① **개념** … 추정량의 성질을 나타내는 측도로서 기댓값과 분산을 동시에 고려한 기준이 필요하다. 불편성과 분산이 작아야 된다는 두 가지 개념을 동시에 고려하여 추정량의 효율성을 측정하는 방법으로 평균제곱오차(mean square error, MSE)를 사용한다.

② **평균제곱오차**

> $\hat{\theta}$이 모수 θ의 추정량일 때
> $$MSE(\hat{\theta}) = E(\hat{\theta} - \theta)^2 = Var(\hat{\theta}) + (Bias(\hat{\theta}))^2$$
> 을 평균제곱오차(MSE)라고 한다.

③ **효율성**

> 추정량의 상대적 효율성(relative efficiency) : 추정량 A가 추정량 B에 비해 상대적으로 어느 정도 효율적인가를 측정하는 단위로 다음과 같다.
> $$e(A, B) = \frac{MSE(B)}{MSE(A)}$$
> 특히, A와 B 사이에 $e(A, B) \geq 1$ 즉 $(MSE(A) \leq MSE(B))$의 관계가 있을 때 A와 B보다 효율적(efficient)이라고 한다.

④ **특징**

ㄱ) 정규분포로부터 표본을 뽑을 경우, 모평균을 추정하는 추정량으로 표본평균이 중앙값보다 더 효율적이다.(∵ 우선 표본평균과 중앙값은 정규분포로부터 표본을 추출하였으므로 불편추정량이므로 모두 $Bias = 0$ 이다. 다음은 표본평균의 분산은 $\frac{\sigma^2}{n}$ 이고 중앙값의 분산은 $1.56\frac{\sigma^2}{n}$ 이다. 따라서 상대효율은 $e(\overline{X}, Med) = \frac{MSE(Med)}{MSE(\overline{X})} = 1.56$ 이며, 이는 표본평균이 중앙값보다 효율이 56% 나 높다는 의미이다.)

ㄴ) $X_1, X_2, \dots, X_n$ 이 평균이 μ 이고 분산이 σ^2 인 확률표본일 때, $A = \overline{X}$ 와 $B = X_1$ 로 정의하면 A 가 B 보다 더 좋은 추정량이다.(∵ 추정량 A 는 표본평균으로 기댓값이 모평균과 같아 불편추정량이며, 추정량 B 는 첫 번째 표본으로 이 또한 모평균을 추정한 것으로 불편추정량이다.

또한 $MSE(A) = Var(\overline{X}) = \frac{\sigma^2}{n}$, $MSE(B) = Var(X_1) = \sigma^2$ 이므로 상대효율은

$e(\overline{X}, X_1) = \frac{MSE(X_1)}{MSE(\overline{X})} = n$ 이다. 따라서 $A = \overline{X}$ 가 $B = X_1$ 보다 μ에 대한 좋은 추정량이 된다.)

③ 구간추정

가장 효율적인 추정량으로 점추정하여 추정값을 얻었다 하더라도 경우에 따라 추정값이 참값보다 클 수도 있고 작게 나타날 수도 있다. 즉 아무리 좋은 추정방법을 사용한다 하더라도 표본으로부터 계산된 추정값이 모수를 정확하게 추정한다고 볼 수 없다. 따라서 이러한 문제를 해결하기 위해 신뢰도를 적용한 구간추정을 사용한다.

(1) 구간추정의 기본원리

구간추정(interval estimation)은 추정하는 방법을 말하고 신뢰구간(confidence nterval)은 구간추정에 의해 만들어진 구간을 말한다.

① **구간추정의 기본원리**

$$\text{(목표값)} = \text{(추정값)} \pm \text{(표본오차)}$$

② **표본오차** … 구간추정에서 중요한 것은 표본오차이다. 이는 추정방법과 표본의 크기에 따라서 변한다. 예를 들어 정규분포를 따르는 모집단으로부터 n 개의 관측값을 택한 경우 모평균의 95% 신뢰구간은 다음과 같다.

> 정규분포의 모평균에 대한 **95%** 신뢰구간(σ를 아는 경우)
> $$\text{(모평균)} = \text{(표본평균)} \pm 1.96\,SE$$
> 여기에서 $SE = \dfrac{\sigma}{\sqrt{n}}$ (σ : 모집단의 표준편차, n : 표본크기)
>
> 또는 $P[\text{표본평균} - 1.96\,SE < \text{모평균} < \text{표본평균} + 1.96\,SE] = 0.95$

③ **특징**

  ㉠ 1.96은 표준정규분포의 97.5%의 $z-$값이고 SE는 표준오차이다. 만약 90% 신뢰도를 적용한다면 $z_{0.95} = 1.65$를 적용한다.

  ㉡ 신뢰도가 높아질수록 신뢰구간의 길이는 넓어진다.

  ㉢ 표준오차 $SE = \dfrac{\sigma}{\sqrt{n}}$ 는 표본크기 n이 커질수록 작아지므로 표본크기가 커지면 신뢰구간은 좁아진다.

  ㉣ 오차한계(limit of error)는 표본오차로서 표본평균과 모평균 사이의 차이를 의미한다.

(2) 정규분포에서 구간추정

정규분포에서 모평균 μ에 관한 신뢰구간을 구해보자.

① σ를 알고 있는 경우 신뢰구간

정규분포의 모평균에 대한 $100(1-\alpha)\%$ 신뢰구간 (σ를 아는 경우)

$$(\text{모평균}) = (\text{표본평균}) \pm z_{\alpha/2}\, SE$$

여기에서 $SE = \dfrac{\sigma}{\sqrt{n}}$ (σ: 모집단의 표준편차, n: 표본크기)

$z_{\alpha/2}$는 표준정규분포에서의 제$100(1-\alpha)$ 백분위수

또는 $\left(\overline{X} - z_{\alpha/2}\dfrac{\sigma}{\sqrt{n}}, \ \overline{X} + z_{\alpha/2}\dfrac{\sigma}{\sqrt{n}} \right)$

② σ를 모를 경우 신뢰구간

정규분포의 모평균에 대한 $100(1-\alpha)\%$ 신뢰구간 (σ를 모를 경우)

$$(\text{모평균}) = (\text{표본평균}) \pm t_{\alpha/2}\, SE$$

여기에서 $SE = \dfrac{S}{\sqrt{n}}$ (S: 표본의 표준편차, n: 표본크기)

$t_{\alpha/2}$는 자유도 $n-1$인 t-분포에서의 제$100 \times (1-\alpha)$ 백분위수

또는 $\left(\overline{X} - t_{\alpha/2}\dfrac{S}{\sqrt{n}}, \ \overline{X} + t_{\alpha/2}\dfrac{S}{\sqrt{n}} \right)$

③ 두 평균 차 $\mu_1 - \mu_2$의 신뢰구간

정규분포의 두 집단의 모평균 차이에 대한 $100(1-\alpha)\%$ 신뢰구간

두 모집단의 분포가 각각 $X \sim N(\mu_1, \sigma_1^2)$, $Y \sim N(\mu_2, \sigma_2^2)$이고, 표본 크기가 각각 n, m 이고 독립인 확률표본을 추출할 경우(단, 두 집단의 분산은 동일하다.),

$$(\overline{X} - \overline{Y}) - t_{\alpha/2}\, S_p \sqrt{\frac{1}{n} + \frac{1}{m}} \leq (\mu_1 - \mu_2) \leq (\overline{X} - \overline{Y}) + t_{\alpha/2}\, S_p \sqrt{\frac{1}{n} + \frac{1}{m}}$$

여기에서 합동분산(pooled variance)은 $S_p^2 = \dfrac{\displaystyle\sum_{i=1}^{n}(X_i - \overline{X})^2 + \sum_{i=1}^{m}(Y_i - \overline{Y})^2}{(n-1) + (m-1)}$ 이고,

$t_{\alpha/2}$는 자유도 $n+m-2$인 t-분포에서의 제$100 \times (1-\alpha)$ 백분위수

(참고) 만약 과거의 경험으로부터 공통분산($\sigma_1^2 = \sigma_2^2 = \sigma^2$)을 알고 있다면, $t_{\alpha/2}$대신 $z_{\alpha/2}$를 사용한다. 또한 합동분산 S_p^2대신 공통분산을 적용하면 신뢰구간은 다음과 같다.

$$(\overline{X} - \overline{Y}) - z_{\alpha/2}\, \sigma \sqrt{\frac{1}{n} + \frac{1}{m}} \leq (\mu_1 - \mu_2) \leq (\overline{X} - \overline{Y}) + z_{\alpha/2}\, \sigma \sqrt{\frac{1}{n} + \frac{1}{m}}$$

④ **단측구간추정** … 경우에 따라서는 모집단의 모수가 최소한 어떤 값보다 크거나 혹은 어떤 값보다 작아야 한다고 가정할 필요가 있다. 이 경우 단측구간을 적용하여 $\alpha\%$ 의 확률을 한쪽 꼬리부분에만 적용한다.

> ㉠ 모평균이 어떤 값보다 클 경우 : (모평균) > (표본평균) − (표본오차)
>
> ㉡ 모평균이 어떤 값보다 작을 경우 : (모평균) < (표본평균) + (표본오차)
>
> $$(표본오차) = t_\alpha \frac{S}{\sqrt{n}}$$
>
> ㉢ 모평균의 차이가 어떤 값보다 클 경우 :
>   (두 모집단의 모평균 차이) > (두 표본평균의 차이) − (표본오차)
>
> ㉣ 모평균의 차이가 어떤 값보다 작을 경우 :
>   (두 모집단의 모평균 차이) < (두 표본평균의 차이) + (표본오차)
>
> $$(표본오차) = t_\alpha S_p \sqrt{\frac{1}{n} + \frac{1}{m}} , \ S_p 는 합동분산, 자유도 \ n+m-2$$

(3) 비율의 구간추정

비율에 관한 구간추정도 모평균에 관한 구간추정과 비슷하다. 표본비율은 표본크기가 클 때 근사적으로 평균이 p 이고 분산 $\frac{p(1-p)}{n}$ 인 정규분포에 근접해 간다. 따라서 비율에 관한 신뢰구간은 다음과 같다.

① 비율 p의 신뢰구간

> 모비율에 대한 $100(1-\alpha)\%$ 신뢰구간
>
> $$(모비율) = (표본비율) \pm z_{\alpha/2} \, SE$$
>
> 여기에서 $SE = \sqrt{\dfrac{\hat{p}(1-\hat{p})}{n}}$ ($\hat{p}$: 표본비율, n : 표본크기)
>
> $z_{\alpha/2}$는 표준정규분포에서의 제$100(1-\alpha)$ 백분위수
>
> 또는 $\left(\hat{p} - z_{\alpha/2} \sqrt{\dfrac{\hat{p}(1-\hat{p})}{n}} \, , \, \hat{p} + z_{\alpha/2} \sqrt{\dfrac{\hat{p}(1-\hat{p})}{n}} \right)$

② **두 비율 차 $p_1 - p_2$의 신뢰구간**

> 두 비율의 차이에 대한 $100(1-\alpha)\%$ 신뢰구간
> 표본 크기가 각각 n_1, n_2이고 독립인 확률표본을 추출할 경우
> $$(p_1 - p_2) = (\hat{p_1} - \hat{p_2}) \pm z_{\alpha/2} \sqrt{\frac{\hat{p_1}(1-\hat{p_1})}{n_1} + \frac{\hat{p_2}(1-\hat{p_2})}{n_2}}$$
> 여기에서 $\hat{p_1}$, $\hat{p_2}$는 표본비율이고, $z_{\alpha/2}$는 표준정규분포에서의 제$100(1-\alpha)$ 백분위수

(4) 표본크기의 결정

① **오차한계**(limit of error)

> ㉠ 모집단의 σ를 알고 있는 경우 오차한계
>
> 모평균 μ의 추정에서 $z_{\alpha/2}\dfrac{\sigma}{\sqrt{n}}$을 $100(1-\alpha)\%$ 오차한계라고 한다.
>
> ㉡ 비율추정에서의 오차한계
>
> 모비율 p를 추정할 때 $z_{\alpha/2}\sqrt{\dfrac{\hat{p}(1-\hat{p})}{n}}$을 $100(1-\alpha)\%$ 오차한계라고 한다.

② **μ의 추정에서 표본크기의 결정**

> μ의 추정에서 $100(1-\alpha)\%$ 오차한계를 d이내로 하기 위한 표본의 크기는 $z_{\alpha/2}\dfrac{\sigma}{\sqrt{n}} \leq d$을 만족한다. 따라서 다음을 만족시키는 최소의 정수를 택한다.
> $$n \geq \left(z_{\alpha/2}\frac{\sigma}{d}\right)^2$$

③ **비율추정에서의 표본크기 결정** … p의 추정에서는 표본크기를 구하려는 것이므로 표본비율 $\hat{p}$이 관측되기 이전 단계이다. 따라서 $100(1-\alpha)\%$ 오차한계인 $z_{\alpha/2}\sqrt{\dfrac{\hat{p}(1-\hat{p})}{n}}$을 직접 사용할 수 없다. 따라서 다음 두 가지 경우로 나누어 생각한다.

> 비율 p의 추정에서 $100(1-\alpha)\%$오차한계를 d 이내로 하기 위한 표본크기는 다음과 같다.
>
> ㉠ $p \approx p_0$라는 사전정보가 있는 경우 $n \geq p_0(1-p_0)\left(\dfrac{z_{\alpha/2}}{d}\right)^2$
>
> ㉡ p에 대한 사전정보가 없는 경우 $n \geq \dfrac{1}{4}\left(\dfrac{z_{\alpha/2}}{d}\right)^2$

기출유형문제

1 어느 보험회사에서 도시 근로자의 평균 나이(μ)를 추정하기 위하여 64명을 임의로 추출하여 조사하였다. 64명 도시 근로자의 평균 나이가 36.38이고 표준편차가 11.07일 때, 모평균 μ에 대한 95% 신뢰구간은? (단, 표준정규분포를 따르는 확률변수 Z에 대하여 $P(Z \geq 1.96) = 0.025$, $P(Z \geq 1.645) = 0.05$이다)

① $\left(36.38 - 1.96 \times \dfrac{11.07}{8}, \quad 36.38 + 1.96 \times \dfrac{11.07}{8} \right)$

② $\left(36.38 - 1.96 \times \dfrac{11.07}{64}, \quad 36.38 + 1.96 \times \dfrac{11.07}{64} \right)$

③ $\left(36.38 - 1.645 \times \dfrac{11.07}{8}, \quad 36.38 + 1.645 \times \dfrac{11.07}{8} \right)$

④ $\left(36.38 - 1.645 \times \dfrac{11.07}{64}, \quad 36.38 + 1.645 \times \dfrac{11.07}{64} \right)$

✅ **ANSWER | 1.①**

1 도시 근로자의 평균 나이(μ)를 추정하기 위하여 표본 $n = 64$명을 추출하여 평균 나이를 측정한 결과 표본평균은 $\overline{X} = 36.38$이고 표준편차는 $\sigma = 11.07$이다.

모평균 μ에 대한 95% 신뢰구간은 $\left(\overline{X} - z_{0.025} \times \dfrac{\sigma}{\sqrt{n}}, \ \overline{X} + z_{0.025} \times \dfrac{\sigma}{\sqrt{n}} \right)$ 이므로

$\left(36.38 - 1.96 \times \dfrac{11.07}{8}, \ 36.38 + 1.96 \times \dfrac{11.07}{8} \right)$ 이다.

2 정규분포를 따르는 모집단에서 n개의 임의표본을 추출하여 모평균 μ에 대한 추론을 하려고 한다. 옳은 것만을 모두 고른 것은? (단, 모표준편차는 알려져 있는 값이다)

> ㉠ n이 일정할 때 μ에 대한 신뢰구간의 길이는 신뢰수준이 증가할수록 길어진다.
> ㉡ 오차의 한계가 d로 주어질 때 μ를 추정하기 위한 표본의 크기는 신뢰수준이 증가할수록 커진다.
> ㉢ 가설 $H_0 : \mu = 5$ 대 $H_1 : \mu > 5$에서 Z 검정의 유의확률($p-$값)은 표본평균의 관측값이 증가할수록 작아진다.
> ㉣ 가설 $H_0 : \mu = 5$ 대 $H_1 : \mu > 5$에서 Z 검정의 검정력은 μ가 5보다 클수록 증가한다.

① ㉡, ㉣
③ ㉠, ㉢, ㉣

② ㉠, ㉡, ㉢
④ ㉠, ㉡, ㉢, ㉣

3 어느 볼펜 제조 공장에서 100개의 표본을 임의로 추출하여 불량 여부를 조사한 결과 12개가 불량품이었다. 이항분포의 정규분포근사를 이용하여 불량품의 비율에 대한 95 % 신뢰구간을 구한 것은? (단, Z가 표준정규분포를 따르는 확률변수일 때, $P(|Z| < 1.645) = 0.90$이고 $P(|Z| < 1.96) = 0.95$이다)

① $\dfrac{12}{100} \pm 1.96 \sqrt{\dfrac{12}{100} \times \left(1 - \dfrac{12}{100}\right)}$

② $\dfrac{12}{100} \pm 1.96 \sqrt{\dfrac{12}{100} \times \left(1 - \dfrac{12}{100}\right) \times \dfrac{1}{100}}$

③ $\dfrac{12}{100} \pm 1.645 \sqrt{\dfrac{12}{100} \times \left(1 - \dfrac{12}{100}\right)}$

④ $\dfrac{12}{100} \pm 1.645 \sqrt{\dfrac{12}{100} \times \left(1 - \dfrac{12}{100}\right) \times \dfrac{1}{100}}$

ANSWER | 2.④ 3.②

2 정규분포를 따르는 모집단에서 n개의 임의표본을 추출하여 모평균 μ를 추정하려고 한다. 단 모표준편차는 알려져 있으므로 $Z-$검정을 실시한다. 표본평균을 $\overline{X}$, 모표준편차를 σ라 하자.

㉠ 모평균에 대하여 신뢰도 k%의 신뢰구간을 구하면, 신뢰구간의 길이는 $l = 2z_{k/2} \dfrac{\sigma}{\sqrt{n}}$ 이다. 만약 n이 일정할 때 신뢰구간의 길이는 신뢰수준 $z_{k/2}$값이 클수록 길어진다.

㉡ 오차의 한계가 d로 주어질 때 $d = z_{k/2} \dfrac{\sigma}{\sqrt{n}}$ 이므로 신뢰수준이 증가할수록 표본의 크기 n은 커진다.

㉢ 귀무가설 $H_0 : \mu = 5$와 대립가설 $H_1 : \mu > 5$에서 표본평균의 관측값이 증가할수록 검정통계량 Z값이 커지므로 Z검정의 유의확률($p-$값)은 작아진다.

㉣ Z검정의 검정력(power)은 귀무가설 $H_0 : \mu = 5$을 기각할 확률을 의미하며 μ가 5보다 클수록 검정력이 증가한다.

3 어느 볼펜 제조 공장에서 조사한 불량품의 수를 확률변수 X라 하면, $X \sim B\left(100, \dfrac{12}{100}\right)$이다. 여기서 표본비율은 $p = \dfrac{12}{100}$ 이므로, 불량품의 비율에 대한 95% 신뢰구간은 $\dfrac{12}{100} \pm 1.96 \times \sqrt{\dfrac{12}{100} \times \left(1 - \dfrac{12}{100}\right) \times \dfrac{1}{100}}$ 이다.

4 X_1, X_2, X_3은 평균이 μ인 모집단에서의 임의표본(random sample)이다. 다음의 μ에 대한 추정량 중 불편추정량(unbiased estimator)만을 모두 고른 것은?

$$Y_1 = \frac{X_1 + X_2 + X_3}{3}, \quad Y_2 = \frac{2X_1 + X_2}{3}, \quad Y_3 = X_3$$

① Y_1 ② Y_1, Y_2

③ Y_1, Y_3 ④ Y_1, Y_2, Y_3

5 평균이 μ이고 분산이 4인 정규모집단에서 μ에 대한 95 % 신뢰구간을 추정하고자 한다. 크기가 16과 64인 임의표본(random sample)으로부터 추정된 신뢰구간의 길이를 각각 A와 B라고 할 때, $\frac{B}{A}$의 값은?

① $\frac{1}{4}$ ② $\frac{1}{2}$

③ 2   ④ 4

 ANSWER | 4.④   5.②

---

4 X_1, X_2, X_3은 평균이 μ인 모집단에서의 임의표본이다. 새로 정의된 확률함수가 다음과 같을 때,

$$Y_1 = \frac{X_1 + X_2 + X_3}{3}, \quad Y_2 = \frac{2X_1 + X_2}{3}, \quad Y_3 = X_3$$

모평균 μ를 추정하는 불편추정량이라는 것은 추정량의 기댓값이 모평균과 같은 것을 의미한다.

$$E(Y_1) = E\left(\frac{X_1 + X_2 + X_3}{3}\right) = \frac{E(X_1) + E(X_2) + E(X_3)}{3} = \mu,$$

$$E(Y_2) = E\left(\frac{2X_1 + X_2}{3}\right) = \frac{2E(X_1) + E(X_2)}{3} = \mu,$$

$$E(Y_3) = E(X_3) = \mu \text{이므로 } Y_1, Y_2, Y_3 \text{ 모두 불편추정량이다.}$$

5 평균이 μ이고 분산이 4인 정규모집단에서 임의표본을 추출하여 모평균 μ를 추정하고자 한다.

크기가 16과 64인 표본 집단에 대하여 95% 신뢰구간의 길이를 각각 A, B라 하면, $A = 2 \times 1.90 \times \frac{2}{\sqrt{16}}$,

$B = 2 \times 1.96 \times \frac{2}{\sqrt{64}}$ 이다.

따라서 $\frac{B}{A} = \dfrac{\frac{1}{\sqrt{64}}}{\frac{1}{\sqrt{16}}} = \frac{4}{8} = \frac{1}{2}$ 이다.

CHAPTER

08

출제예상문제

1 모분산이 알려져 있는 정규모집단의 모평균에 대한 구간 추정을 하는 경우, 표본의 수를 4배로 늘리면 신뢰구간의 길이는 어떻게 변하는가?

① 신뢰구간의 길이는 표본의 수와 관계없다.
② 2배로 늘어난다.
③ 1/2로 줄어든다.
④ 1/4로 줄어든다.

2 점 추정치(point estimate)에 관한 설명으로 틀린 것은?

① 표본의 평균으로부터 모집단의 평균을 추정하는 것도 점 추정치이다.
② 점 추정치는 표본의 평균을 정밀하게 조사하여 나온 결과이기 때문에 항상 모집단의 평균치와 거의 동일하다.
③ 점 추정치의 통계적 속성은 일치성, 충분성, 효율성, 불편성 등 4가지 기준에 따라 분석될 수 있다.
④ 점 추정치를 구하기 위한 표본 평균이나 표본비율의 분포는 정규분포를 따른다.

✅ ANSWER | 1.③ 2.②

1 표본의 수가 n이면 신뢰구간의 길이는 $1/\sqrt{n}$로 줄어든다. 따라서 표본의 수를 4배로 늘리면 신뢰구간의 길이는 $1/\sqrt{4}$ 인 1/2로 줄어든다.

2 점 추정치는 모집단에서 추출한 표본으로 이는 모집단의 일부이므로 항상 모집단의 평균치와 동일하지 않다.

3 정규분포를 따르는 임의의 어느 집단에서 표본을 추출하여 모집단의 평균을 추정하려고 한다. 추정되는 모평균의 신뢰구간의 길이를 가능한 짧게 만들려고 할 때, 다음 중 그 크기가 커지면 신뢰구간의 길이를 줄일 수 있는 것은?

① 표본의 표준편차　　　　　　　　② 모집단의 표준편차
③ 표본평균　　　　　　　　　　　　④ 표본의 개수

4 평균체중이 65kg이고 표준편차가 4kg인 경희고등학교 1학년 학생들에서 임의로 뽑은 크기 100명 학생들의 평균체중 $\overline{X}$의 표준오차는?

① 0.04kg　　　　　　　　　　　　② 0.4kg
③ 4kg　　　　　　　　　　　　　　④ 65kg

5 청량초등학교 1학년 학생의 몸무게의 평균을 알아보기 위해서 16명을 임의로 추출하여 검사하였다. 평균 $\overline{x} = 58.29$, 표준편차 $s = 16$을 얻었다고 할 때 모평균과 모분산의 추정값, 그리고 표준오차의 추정값을 구하여라. 옳은 것은?

① 모평균 μ의 추정값은 16이다.
② 모분산의 추정값은 16이다.
③ 표준오차의 추정값은 4이다.
④ 모분산의 추정값은 58.29이다.

✅ **ANSWER** | 3.④　4.②　5.③

3　신뢰도에 따른 비율을 k, 모집단의 표준편차를 σ, 표본의 크기를 n이라고 하면 신뢰구간의 길이는 $2 \times k \times \dfrac{\sigma}{\sqrt{n}}$ 이다.

즉, k, σ의 값이 커지면 신뢰구간의 길이가 늘어나고 n의 값이 커지면 신뢰구간의 길이는 줄어든다.
따라서, 그 값이 커지면 신뢰구간의 길이가 줄어드는 것은 표본의 개수 하나뿐이다.

4　$\overline{X}$의 표준오차는 표본분포의 표순편차를 의미한다.
모집단의 표준편차가 4kg이므로 $4/\sqrt{100} = 0.4$이다.

5　모평균 μ의 추정값은 $\hat{\mu} = \overline{x} = 58.29$
모분산의 추정값은 $\hat{\sigma^2} = s^2 = 256$
표준오차의 추정값은 $\dfrac{s}{\sqrt{n}} = \dfrac{16}{\sqrt{16}} = 4$

$n = 36$인 표본을 조사한 결과 $\overline{X} = 13.6$, $\sum(X_i - \overline{X})^2 = 87.3$으로 나타났다.

<표준정규분포표>

Z	$\cdots$	0.04	0.05	$\cdots$	0.08	0.09
:						
1.2					0.3997	0.4015
:						
1.6		0.4495	0.4505			

6 모평균을 점추정하면 얼마인가?

① 0.38　　　　　　　② 2.27
③ 13.6　　　　　　　④ 489.6

7

모분산을 점추정하면 얼마인가? (단, $S^2 = \dfrac{\sum\limits_{i=1}^{n}(X_i - \overline{X})^2}{(n-1)}$ 이다.)

① 1.58　　　　　　　② 2.42
③ 2.49　　　　　　　④ 14.5

8 표본평균의 분산을 점추정하면 얼마인가? (단, $S_{\overline{X}}^2 = \dfrac{S^2}{n}$ 이다.)

① 0.07　　　　　　　② 0.42
③ 2.42　　　　　　　④ 2.49

✓ **ANSWER | 6.③ 7.③ 8.①**

6 $\overline{X} = 13.6$과 같다.

7 $87/35 \fallingdotseq 2.49$

8 $2.49/36 \fallingdotseq 0.07$

9 표본평균의 표준편차를 점추정하면 얼마인가?

① 0.03

② 0.26

③ 1.56

④ 1.58

10 다음 설명 중 틀린 것은?

① 모수의 추정에 사용되는 통계량을 추정량이라 하고 추정량의 관측값을 추정치라고 한다.

② 모수에 대한 추정량의 기댓값이 모수와 일치할 때 불편추정량이라 한다.

③ 모표준편차는 표본표준편차의 불편추정량이다.

④ 표본평균은 모평균의 불편추정량이다.

11 모분산의 추정에서 추정량으로 사용하는 표본분산은 n으로 나누지 않고 n-1로 나눈 것을 사용한다. 그 이유는 무엇 때문인가?

① 편향되지 않기 때문이다.

② 효율적이지 않기 때문이다.

③ 일치하지 않기 때문이다.

④ 충분하지 않기 때문이다.

9 $\sqrt{0.07} \fallingdotseq 0.26$

10 분모를 (n-1)로 사용한 표본의 표준편차는 모집단 표준편차의 불편추정량이다.

11 모분산의 추정에서 추정량으로 사용하는 표본분산은 n으로 나누지 않고 n-1로 나눈 것을 사용하는 이유는 추정량의 성질 중 불편성을 만족하기 위해서이다.

12 다음 중 (   )에 들어갈 알맞은 용어는 무엇인가?

(A)이란 주어진 x값에 대한 y 평균값의 구간추정치를 말하고, (B)이란 주어진 x값에 대한 개별 y값의 구간추정치를 말한다.

① A : 신뢰구간, B : 예측구간　　　　② A : 예측구간, B : 신뢰구간

③ A : 검정구간, B : 추정구간　　　　④ A : 추정구간, B : 검정구간

13 일반적으로 신뢰수준이 높을수록 어떤 현상이 나타나는가?

① 신뢰구간의 폭이 넓어진다.

② 신뢰구간의 폭이 좁아진다.

③ 표본추출과정의 오류가 줄어든다.

④ 표준오차가 작아진다.

14 95% 신뢰수준에서 대학원생들의 한 달 도서구입비용은 20만 원에서 30만 원 사이이다. 신뢰수준을 90%로 줄인다면 신뢰구간은 어떻게 변할 것인가?

① 표본의 크기에 변화가 없으므로 신뢰구간도 변화가 없다.

② 신뢰구간의 폭이 좁아진다.

③ 신뢰구간의 폭이 넓어진다.

④ 표본의 크기가 커진다.

ANSWER | 12.① 13.① 14.②

12 신뢰구간이란 주어진 x값에 대한 y 평균값의 구간추정치를 말하고, 예측구간이란 주어진 x값에 대한 개별 y값의 구간 추정치를 말한다.

13 일반적으로 신뢰수준이 높을수록 신뢰구간의 폭이 넓어진다.

14 95% 신뢰수준에서 신뢰수준을 90%로 줄인다면 신뢰구간의 폭이 좁아지게 된다.

15 다음 중 신뢰구간에 대한 설명으로 바르지 못한 것은?

① 신뢰수준이 높을수록 전체적으로 구간의 길이가 늘어난다.

② 신뢰도가 높을수록 모집단평균이 표본을 통해 도출된 신뢰구간 안에 포함될 가능성이 높지만, 그 대신 구간의 길이가 길어져 의미 있는 해석을 하기가 힘들어질 가능성이 높다.

③ 신뢰구간의 길이를 결정짓는 값을 오차의 한계라고 부르며, 표본통계량이 미지의 모집단 평균에 얼마나 가까운가를 나타낸다.

④ 신뢰구간의 길이도 줄이고 오차의 한계도 줄이려면 표본의 크기를 줄여야 한다.

16 다음 중 ( )에 들어갈 공통된 용어는 무엇인가?

> ( )란 모집단 표준편차 σ가 알려져 있지 않고 표본표준편차 s에 의해 추정될 때의 모집단 평균의 구간추정을 계산하기 위해 사용하는 확률분포를 말하고, 자유도는 ( )의 형태를 결정하는 모수이다.

① t-분포   ② 정규분포
③ 이항분포   ④ F분포

✓ **ANSWER | 15.④ 16.①**

15   신뢰구간의 길이도 줄이고 오차의 한계도 줄이려면 표본의 크기를 늘려야 한다.

16 t-분포란 모집단 표준편차 σ가 알려져 있지 않고 표본표준편차 s에 의해 추정될 때의 모집단 평균의 구간추정을 계산하기 위해 사용하는 확률분포를 말하고, 자유도는 t-분포의 형태를 결정하는 모수이다.

  ※ t-분포의 성질
   ㉠ t-분포는 카이제곱분포와 같이 자유도 n에 따라 분포의 형태가 달라진다.
   ㉡ t-분포는 모평균, 모평균의 차, 또는 회귀계수의 추정이나 검정에 쓰인다.
   ㉢ 표본의 크기 n이 작을 때, 즉 $n<30$인 경우에 주로 t-분포를 이용한다.

17 모집단 표준편차가 알려져 있지 않은 경우에는 정규분포 대신에 어떤 분포를 사용하여 신뢰구간을 구해야 하는가?

① 이항분포   ② t-분포

③ F분포   ④ 카이제곱 분포

18 다음 중 t-분포의 성질이 아닌 것은?

① t-분포는 카이제곱 분포와 같이 자유도 n에 따라 분포의 형태가 달라진다.

② t-분포는 모평균, 모평균의 차 또는 회귀계수의 추정이나 검정에 쓰인다.

③ 표본의 크기 n이 작을 때, 즉 n<10인 경우에 주로 t-분포를 이용한다.

④ t-분포는 표준정규분포와 마찬가지로 0을 중심으로 좌우대칭이지만 표준정규분포에 비하여 두터운 꼬리를 갖는 것이 특징이다.

19 다음 중 t-분포에 대한 설명으로 바르지 못한 것은?

① 분포의 형태는 자유도(표본의 크기에서 1을 뺀 값)에 따라 달라진다.

② 표본의 크기가 커질수록 분포의 형태가 중앙쪽으로 밀집하게 된다.

③ 표본의 크기가 매우 커지면 t값은 자유도와 관계없이 Z값과 거의 같은 값을 가지게 된다.

④ 같은 수준의 신뢰구간에서 t-분포를 이용한 구간의 길이는 정규분포를 이용한 경우보다 더 짧다. 즉, 폭이 더 좁다.

ANSWER | 17.② 18.③ 19.④

17 모집단 표준편차가 알려져 있지 않은 경우에는 정규분포 대신에 t-분포를 사용하여 신뢰구간을 구해야 한다.

18 표본의 크기 n이 작을 때, 즉 n<30인 경우에 주로 t-분포를 이용한다.

19 같은 수준의 신뢰구간에서 t-분포를 이용한 구간의 길이는 정규분포를 이용한 경우보다 더 길다. 즉, 폭이 더 넓다.

20 일반적으로 표본의 크기를 증가시키면 모평균에 대한 신뢰구간은 좁아진다. 그 의미는?

① 신뢰구간의 모집단의 평균을 포함할 확신성을 높여준다.
② 표본평균이 모집단 평균의 더 좋은 추정치가 된다.
③ 모집단의 모수가 신뢰구간 내에 있을 가능성을 높여준다.
④ 표본평균이 모집단의 모수를 정확히 맞출 가능성이 낮아진다.

21 어떤 사람이 표본을 여러 차례 추출하여 매 회 얻은 표본 정보를 가지고 모평균에 대한 구간추정을 했더니 전체 중 약 95%의 구간추정 결과가 모평균을 포함하고 있는 것으로 나타났다. 이 95%와 관계있는 개념은?

① 신뢰수준   ② 유의수준
③ 오류수준   ④ 정밀수준

22 다음 중 좌우대칭인 분포는?

① 포아송분포   ② t-분포
③ F-분포   ④ 기하분포

✅ ANSWER | 20.② 21.① 22.②

20 표본의 크기가 증가하면 표본평균의 표준편차가 작아지며, 표본평균이 모집단 평균의 더 좋은 추정치가 된다.

21 모수가 포함되었을 것이라고 제시한 구간을 신뢰구간이라 하며, 신뢰구간에서 확신하는 정도를 신뢰수준이라고 한다.

22 t-분포는 좌우대칭의 종모양의 분포 모양을 가진다.

23 대통령선거 지지율 조사에서 특정 후보에 대한 지지율을 조사하기 위해 300명을 임의 추출하여 조사하였더니 75명이 지지하고 있었다. 후보의 실제의 지지율에 대한 95% 신뢰구간은?

① $0.726 \leq p \leq 0.786$ ② $0.136 \leq p \leq 0.184$

③ $0.025 \leq p \leq 0.029$ ④ $0.201 \leq p \leq 0.299$

24 어느 지역에서 생산되는 귤의 당도는 평균이 m이고 표준편차가 1.5인 정규분포를 따른다고 한다. 표는 이 지역에서 생산된 귤 중에서 임의로 9개를 추출하여 당도를 측정한 결과를 나타낸 것이다. 이 결과를 이용하여 이 지역에서 생산되는 귤의 당도의 평균 m을 신뢰도 955로 추정한 신뢰구간은?
(단, $P(0 \leq Z \leq 1.96) = 0.475$이고 당도의 단위는 브릭스이다.)

당도	10	11	12	13	계
귤의 개수	4	2	2	1	9

① $10.02 \leq m \leq 11.98$ ② $9.78 \leq m \leq 12.23$

③ $9.04 \leq m \leq 12.96$ ④ $9.35 \leq m \leq 12.65$

ANSWER | 23.④ 24.①

23

$0.05 = \Pr(|Z| \leq 1.96)$, $\sqrt{\dfrac{\bar{p}(1-\bar{p})}{n}} = \sqrt{\dfrac{0.25(1-0.25)}{300}} = 0.025$이므로 실제의 지지율 p는

$0.25 - 1.96 \times 0.025 = 0.201 \leq p \leq 0.25 + 1.96 \times 0.025 = 0.299$

※ 대표본에서 모 비율 p의 $100(1-\alpha)$% 신뢰구간

$$\left(\hat{p} - z_{\alpha/2}\sqrt{\hat{p}(1-\hat{p})/n}, \ \hat{p} + z_{\alpha/2}\sqrt{\frac{\hat{p}(1-\hat{p})}{n}} \right)$$

24

$11 - 1.96 \times \dfrac{1.5}{\sqrt{9}} \leq m \leq 11 + 1.96 \times \dfrac{1.5}{\sqrt{9}}$

$\therefore 10.02 \leq m \leq 11.98$

※ 모 평균 μ의 대표적인 신뢰구간

㉠ μ의 90% 신뢰구간

$$\left(\bar{x} - 1.645\frac{s}{\sqrt{n}}, \ \bar{x} + 1.645\frac{s}{\sqrt{n}} \right)$$

㉡ μ의 95% 신뢰구간

$$\left(\bar{x} - 1.96\frac{s}{\sqrt{n}}, \ \bar{x} + 1.96\frac{s}{\sqrt{n}} \right)$$

㉢ μ의 99% 신뢰구간

$$\left(\bar{x} - 2.576\frac{s}{\sqrt{n}}, \ \bar{x} + 2.576\frac{s}{\sqrt{n}} \right)$$

25 A와 B는 모표준편차 σ인 정규분포를 따르는 모집단에서 각각 다음과 같은 방법으로 모평균 m을 추정하려고 한다. A가 추정한 모평균 m의 신뢰구간이 $a \le m \le b$이고 B가 추정한 모평균 m의 신뢰구간이 $c \le m \le d$일 때, <보기>에서 항상 옳은 것을 모두 고른 것은?
(단, n_1, n_2는 100보다 큰 자연수이고, $90 \le \alpha_1 \le 99$, $90 \le \alpha_2 \le 99$ 이다.)

A : 표본의 크기가 n_1이고 신뢰도가 α_1% 이다.

B : 표본의 크기가 n_2이고 신뢰도가 α_2% 이다.

〈보기〉

㉠ $n_1 = n_2$이고 $\alpha_1 < \alpha_2$이면 $b - a < d - c$이다.

㉡ $n_1 < n_2$이고 $\alpha_1 = \alpha_2$이면 $a < c$, $d < b$이다.

㉢ $n_1 < n_2$이고 $\alpha_1 < \alpha_2$이면 $b - a < d - c$이다.

---

① ㉠

② ㉡

③ ㉢

④ ㉠㉡㉢

25 ㉠ 표본의 크기가 같을 때, 신뢰도가 커지면 신뢰구간의 길이가 커진다. (참)

㉡ 표본에 따라 표본평균이 달라질 수 있으므로 신뢰구간의 길이는 비교할 수 있지만, 신뢰구간의 포함관계는 알 수 없다. (거짓)

㉢ 표본의 크기가 커지면 신뢰구간의 길이는 작아지고, 신뢰도가 커지면 신뢰구간의 길이는 커지므로 $n_1 < n_2$이고, $\alpha_1 < \alpha_2$이면 두 신뢰구간의 길이의 대소 관계는 알 수 없다. (거짓)

26 어느 공장에서 생산되는 샤프 100개를 임의추출하여 조사하였더니 그 중 10개가 불량품이었다. 샤프의 불량률을 신뢰도 99%로 추정할 때, 신뢰구간의 길이가 5% 이하가 되게 하려면 샤프를 최소 몇 개 이상 조사해야 하는지 구하면 얼마인가? (단, $P(|Z| \leq 2.58) = 0.99$)

① 31개
② 90개
③ 959개
④ 2,430개

27 어느 연구가가 정상인과 심장병이 있는 사람들을 대상으로 항생제 알레르기 반응에 대하여 조사하였다. 정상인 중에서 n명을 임의 추출한 결과 $\frac{1}{5}$의 비율로 항생제 알레르기에 반응하는 것으로 나타났다. 항생제 알레르기에 반응하는 정상인의 비율에 대한 신뢰도 955의 신뢰 구간이 [0.1216, 0.2784]이었다. 이때 표본의 크기 n을 구하면 몇 개인가?

① 10개
② 50개
③ 80개
④ 100개

ANSWER | 26.③ 27.④

26 신뢰구간의 길이가 5% 이하가 되게 하는 샤프의 개수를 n이라고 하면 표본비율이 $\hat{p} = \frac{10}{100} = 0.1$이므로

$$2 \times 2.58 \sqrt{\frac{0.1 \times 0.9}{n}} \leq 0.05$$

$$\Leftrightarrow \frac{2 \times 2.58 \times 0.3}{0.05} \leq \sqrt{n}$$

$$\Leftrightarrow \sqrt{n} \geq 30.96$$

$$\Leftrightarrow n \geq 958.5216$$

따라서 최소 959개 이상의 샤프를 조사해야 한다.

27 표본비율 $p = \frac{1}{5}$, $q = 1 - \frac{1}{5} = \frac{4}{5}$이므로 모비율 P에 대한 신뢰도 95%의 신뢰 구간은

$$\therefore \frac{1}{5} - 1.96 \sqrt{\frac{\frac{1}{5} \times \frac{4}{5}}{n}} \leq P \leq \frac{1}{5} + 1.96 \sqrt{\frac{\frac{1}{5} \times \frac{4}{5}}{n}}$$

$0.1216 \leq P \leq 0.2784$와 비교하면

$$\therefore 1.96 \sqrt{\frac{\frac{1}{5} \times \frac{4}{5}}{n}} = 0.0784 \rightarrow \sqrt{n} = 10 \rightarrow n = 100$$

28 우리나라 성인을 대상으로 특정 질병에 대한 항체 보유 비율을 조사하려고 한다. 모집단의 항체 보유 비율을 p, 모집단에서 임의로 추출한 n명을 대상으로 조사한 표본의 항체 보유 비율을 $\hat{p}$이라고 할 때, $|\hat{p}-p| \le 0.16\sqrt{\hat{p}(1-\hat{p})}$일 확률이 0.9544 이상이 되도록 하는 n의 최솟값을 구하면 얼마인가? (단, Z가 표준정규분포가 따르는 확률변수일 때, $P(0 \le Z \le 2) = 0.4772$이다.)

① 79개

② 157개

③ 313개

④ 625개

---

28 n이 충분히 큰 경우 $\hat{p}$은 근사적으로 정규분포

$N\left(p, \dfrac{p(1-p)}{n}\right)$를 따른다.

$P\left(|\hat{p}-p| \le 2\sqrt{\dfrac{\hat{p}(1-\hat{p})}{n}}\right) = 0.9544$이므로

$\therefore \dfrac{2}{\sqrt{n}} = 0.16 \rightarrow \sqrt{n} = \dfrac{2}{0.16} = \dfrac{25}{2}$

$\rightarrow n = \dfrac{625}{4} = 156.\times\times\times$

따라서 n은 157이상이어야 한다.

통계적 추론문제에서는 모수에 대한 추정과 모수값에 대한 가설검정으로 나눠 생각해 볼 수 있다. 통계적 결정에는 항상 오류의 가능성이 있으며, 특히 가설검정에 있어서는 오류의 가능성을 미리 정해진 수준(level)에서 관리할 수 있는 것이 특징이다.

① 가설검정의 원리와 용어

(1) 가설검정의 원리

① **가설설정** … 어떤 문제를 해결하기 위해 가설을 세우는데 이때 귀무가설과 대립가설을 설정한다. 또한 귀무가설이나 대립가설 중 하나를 채택하고 나머지를 기각시키는 결정을 내리는 과정을 가설검정(hypothesis testing)이라 한다.

  * 원리 : 가설검정에서는 대립가설 H_1 이 참인 것을 입증하기를 원한다. 따라서 관측된 자료로부터 대립가설이 참이라는 확실한 근거가 있을 경우에만 귀무가설 H_0 을 기각하고 대립가설 H_1 을 채택하게 된다.

② **검정기준 설정** … 가설검정을 시행할 때 귀무가설을 기각하거나 채택할 수 있는 기준을 미리 정해야 하는데, 이러한 검정의 기준을 결정하는 통계량을 검정통계량(test statistic)이라 한다.

  * 검정통계량에는 z값, t값, F값, χ^2값 등이 있다.

③ **유의수준 결정** … 귀무가설 H_0 가 참일 때 이를 기각하고 대립가설 H_1 을 채택하는 오류를 범할 확률의 허용한계를 유의수준(significance level)이라 하며, 흔히 α로 나타낸다.

  * 기각역과 채택역 : 검정기준에 의해 귀무가설이 기각되는 검정통계량의 관측값의 영역을 기각역(critical region), 나머지 영역을 채택역(acceptance region)이라 한다. 이때 기각역의 경계를 정하는 값을 임계값(critical value)이라 한다.

④ **유의확률에 의한 판단** … 유의수준 α하에서 검정통계량의 관측값에 대하여 귀무가설 H_0 을 기각시킬 수 있는 최소의 유의수준을 $p-$값 또는 유의확률(significance probability)이라 한다.

⑤ **최종 결정** … 검정통계량과 임계치를 비교하거나 유의확률과 유의수준을 비교하여 귀무가설 H_0 기각여부를 결정한다.

  * 이 때 유의수준 α보다 유의확률($p-$값)이 작을수록 대립가설 H_1 이 참이라는 확신은 커진다고 할 수 있다.

(2) 용어 정리

① **대립가설**(alternative hypothesis) ⋯ 표본으로부터 입증하고자 하는 가설로서, 흔히 H_1으로 나타낸다.

② **귀무가설**(null hypothesis) ⋯ 대립가설이 참이라는 확실한 근거가 없을 때 받아들이는 가설로서, 흔히 H_0로 나타낸다.

③ **검정통계량** ⋯ 검정의 기준을 결정하는 통계량이다.

④ **기각역** ⋯ 귀무가설 H_0을 기각시키는 검정통계량의 관측값의 영역을 기각역이라 하며, 기각역에 의해 검정법이 정의된다.

(3) 가설의 종류와 검정방법

가설은 모수의 범위를 나타내는 방법에 따라 단순가설과 복합가설로 나타낸다.

① **단순가설**(simple hypothesis) ⋯ $H : \theta = \theta_0$와 같이 모수값이 한 점으로 표시된 가설을 단순가설이라 한다. 귀무가설은 주로 단순가설로 나타낸다.

② **복합가설**(composite hypothesis) ⋯ $H : \theta > \theta_0$와 같이 모수값이 범위로 표시된 가설을 복합가설이라 한다. 대립가설은 복합가설로 나타낸다. 가설을 설정하고 검정방법을 선택할 때 대립가설의 형식에 따라 결정된다.

③ **양측검정**(two-side test) ⋯ 대립가설이 $H_0 : \theta \neq \theta_0$의 형태인 경우 양측검정을 실시한다.

④ **단측검정**(one-side test) ⋯ 대립가설이 $H_0 : \theta > \theta_0$와 같이 복합가설인 경우 단측검정를 실시한다. 대립가설이 미만(<) 부호를 가지면 좌측검정이고, 초과(>) 부호를 가지면 우측검정이다.

(4) 오류의 종류

무작위표본에 기초하여 가설검증을 시행 할 경우에 항상 두 가지 종류의 오류가 발생한다.

검정결과＼실제현상	H_0 참	H_1 참
H_0 채택	(옳은 결정)	제2종 오류
H_1 채택	제1종 오류	(옳은 결정)

① **제1종 오류(α)** ⋯ 참인 귀무가설 H_0을 기각할 확률을 제1종 오류라 하며, 이러한 오류를 범할 최대허용한계를 유의수준이라 한다. 주로 유의수준을 5%, 1% 등을 사용한다.

② **제2종 오류(β)** ⋯ 거짓인 귀무가설 H_0을 채택할 확률을 제2종 오류라고 한다. 결국 대립가설 H_1이 참임에도 불구하고 귀무가설을 기각하지 못하는 오류를 의미한다.

    ㉠ 제1종 오류와 제2종 오류는 반비례 관계. 즉, 제1종 오류의 가능성을 줄일 경우 제2종 오류의 가능성이 커진다.

    ㉡ 일반적인 검정에서는 두 종류의 오류를 동시에 줄일 수 없기 때문에 제1종 오류를 범할 확률(예 : 유의수준 $\alpha = 0.05$)을 고정시키고 제2종 오류의 크기를 줄이는 방법을 선택한다.

③ **검정력(power)** ⋯ 대립가설 H_1이 참일 때 귀무가설을 기각할 확률($1 - \beta$)이라 하며, 검정력이 좋아지면 제2종 오류의 확률이 줄어들게 된다.

    ㉠ 유의수준(1종 오류)이 커질수록(예. 5%에서 10%로), 즉 신뢰도가 나빠질수록 검정력은 좋아진다.

    ㉡ 표준편차가 커지면 검정력은 나빠진다.

    ㉢ 두 모집단 간의 차이가 작을수록 검정력은 나빠진다.

    ㉣ 표본의 크기가 클수록 검정력은 증가한다.

❷ 단일모집단의 가설검정

(1) 모평균의 가설검정

① σ를 알고 있는 경우

> 모평균의 유의수준 α에 대한 검정(σ를 아는 경우)
>
> $$검정통계량 \ Z = \frac{\overline{X} - \mu_0}{\frac{\sigma}{\sqrt{n}}}, \ (\sigma : 표준편차, \ n : 표본크기)$$
>
> $z_{\alpha/2}$, z_α는 표준정규분포의 제$100 \times (1 - \alpha)$ 백분위수
> ㉠ 귀무가설 $H_0 : \mu = \mu_0$, 대립가설 $H_0 : \mu \neq \mu_0 \Rightarrow |Z| \geq z_{\alpha/2}$ (H_0기각)
> ㉡ 귀무가설 $H_0 : \mu = \mu_0$, 대립가설 $H_0 : \mu < \mu_0 \Rightarrow Z \leq -z_\alpha$ (H_0기각)
> ㉢ 귀무가설 $H_0 : \mu = \mu_0$, 대립가설 $H_0 : \mu > \mu_0 \Rightarrow Z \geq z_\alpha$ (H_0기각)

② σ를 모를 경우 : 대표본 $(n \geq 30)$

모평균의 유의수준 α에 대한 검정(σ를 모를 경우 : 대표본)

$$\text{검정통계량 } Z = \frac{\overline{X} - \mu_0}{\dfrac{S}{\sqrt{n}}}, \ (S : \text{표본의 표준편차}, \ n : \text{표본크기})$$

$z_{\alpha/2}$, z_α는 표준정규분포의 제$100 \times (1-\alpha)$ 백분위수

㉠ 귀무가설 $H_0 : \mu = \mu_0$, 대립가설 $H_0 : \mu \neq \mu_0 \Rightarrow |Z| \geq z_{\alpha/2}$ (H_0기각)

㉡ 귀무가설 $H_0 : \mu = \mu_0$, 대립가설 $H_0 : \mu < \mu_0 \Rightarrow Z \leq -z_\alpha$ (H_0기각)

㉢ 귀무가설 $H_0 : \mu = \mu_0$, 대립가설 $H_0 : \mu > \mu_0 \Rightarrow Z \geq z_\alpha$ (H_0기각)

③ σ를 모를 경우 : 소표본$(n < 30)$

모평균의 유의수준 α에 대한 검정(σ를 모를 경우 : 소표본)

$$\text{검정통계량 } T = \frac{\overline{X} - \mu_0}{\dfrac{S}{\sqrt{n}}}, \ (S : \text{표본의 표준편차}, \ n : \text{표본크기})$$

$t_{\alpha/2}$, t_α는 자유도 $n-1$인 $t-$분포에서의 제$100 \times (1-\alpha)$ 백분위수

㉠ 귀무가설 $H_0 : \mu = \mu_0$, 대립가설 $H_0 : \mu \neq \mu_0 \Rightarrow |T| \geq t_{\alpha/2}$ (H_0기각)

㉡ 귀무가설 $H_0 : \mu = \mu_0$, 대립가설 $H_0 : \mu < \mu_0 \Rightarrow T \leq -t_\alpha$ (H_0기각)

㉢ 귀무가설 $H_0 : \mu = \mu_0$, 대립가설 $H_0 : \mu > \mu_0 \Rightarrow T \geq t_\alpha$ (H_0기각)

(2) 모비율의 가설검정

모비율의 유의수준 α에 대한 검정

$$\text{검정통계량 } Z = \frac{\hat{p} - p_0}{\sqrt{\dfrac{p_0(1-p_0)}{n}}}$$

$\hat{p}$: 표본비율, n : 표본크기, p_0 : 귀무가설의 모집단 비율

$z_{\alpha/2}$, z_α는 표준정규분포의 제$100 \times (1-\alpha)$ 백분위수

㉠ 귀무가설 $H_0 : p = p_0$, 대립가설 $H_0 : p \neq p_0 \Rightarrow |Z| \geq z_{\alpha/2}$ (H_0기긱)

㉡ 귀무가설 $H_0 : p = p_0$, 대립가설 $H_0 : p < p_0 \Rightarrow Z \leq -z_\alpha$ (H_0기각)

㉢ 귀무가설 $H_0 : p = p_0$, 대립가설 $H_0 : p > p_0 \Rightarrow Z \geq z_\alpha$ (H_0기각)

③ 두 모집단의 가설검정

(1) 두 모집단 평균의 가설검정

① 모분산이 알려져 있는 경우 : 등분산

두 집단 모평균 차이의 유의수준 α에 대한 검정(등분산)

두 모집단의 분포가 각각 $X \sim N(\mu_1, \sigma_1^2)$, $Y \sim N(\mu_2, \sigma_2^2)$이고, 표본 크기가 각각 n, m이고 독립인 확률표본을 추출할 경우(단, 등분산 $\sigma_1^2 = \sigma_2^2 = \sigma^2$)

$$\text{검정통계량 } Z = \frac{(\overline{X} - \overline{Y}) - (\mu_1 - \mu_2)}{\sigma \sqrt{\dfrac{1}{n} + \dfrac{1}{m}}} \quad (\overline{X}, \overline{Y} : \text{두 집단 표본평균})$$

$z_{\alpha/2}$, z_α는 표준정규분포의 제$100 \times (1-\alpha)$ 백분위수

㉠ 귀무가설 $H_0 : \mu_1 = \mu_2$, 대립가설 $H_0 : \mu_1 \neq \mu_2 \Rightarrow |Z| \geq z_{\alpha/2}$ (H_0기각)

㉡ 귀무가설 $H_0 : \mu_1 = \mu_2$, 대립가설 $H_0 : \mu_1 < \mu_2 \Rightarrow Z \leq -z_\alpha$ (H_0기각)

㉢ 귀무가설 $H_0 : \mu_1 = \mu_2$, 대립가설 $H_0 : \mu_1 > \mu_2 \Rightarrow Z \geq z_\alpha$ (H_0기각)

② 모분산이 알려져 있는 경우 : 이분산

두 집단 모평균 차이의 유의수준 α에 대한 검정(이분산)

두 모집단의 분포가 각각 $X \sim N(\mu_1, \sigma_1^2)$, $Y \sim N(\mu_2, \sigma_2^2)$이고, 표본 크기가 각각 n, m이고 독립인 확률표본을 추출할 경우 (단, 이분산 $\sigma_1^2 \neq \sigma_2^2$),

$$\text{검정통계량 } Z = \frac{(\overline{X} - \overline{Y}) - (\mu_1 - \mu_2)}{\sqrt{\dfrac{\sigma_1^2}{n} + \dfrac{\sigma_2^2}{m}}} \quad (\overline{X}, \overline{Y} : \text{두 집단 표본평균})$$

$z_{\alpha/2}$, z_α는 표준정규분포의 제$100 \times (1-\alpha)$ 백분위수

㉠ 귀무가설 $H_0 : \mu_1 = \mu_2$, 대립가설 $H_0 : \mu_1 \neq \mu_2 \Rightarrow |Z| \geq z_{\alpha/2}$ (H_0기각)

㉡ 귀무가설 $H_0 : \mu_1 = \mu_2$, 대립가설 $H_0 : \mu_1 < \mu_2 \Rightarrow Z \leq -z_\alpha$ (H_0기각)

㉢ 귀무가설 $H_0 : \mu_1 = \mu_2$, 대립가설 $H_0 : \mu_1 > \mu_2 \Rightarrow Z \geq z_\alpha$ (H_0기각)

③ **분산이 알려져 있지 않은 경우 : 대표본**$(n \geq 30)$

두 집단 모평균 차이의 유의수준 α에 대한 검정(대표본)

모분산이 알려져 있지 않은 두 모집단으로부터 표본 크기가 각각 n, m이고 독립인 확률표본을 추출할 경우

$$검정통계량\ Z = \frac{(\overline{X} - \overline{Y}) - (\mu_1 - \mu_2)}{\sqrt{\dfrac{S_1^2}{n} + \dfrac{S_2^2}{m}}}\ (\overline{X},\ \overline{Y} : 두\ 집단\ 표본평균,\ S_1^2,\ S_2^2 : 두\ 집단의\ 표본분산)$$

$z_{\alpha/2}$, z_α는 표준정규분포의 제$100 \times (1 - \alpha)$ 백분위수

㉠ 귀무가설 $H_0 : \mu_1 = \mu_2$, 대립가설 $H_0 : \mu_1 \neq \mu_2 \Rightarrow |Z| \geq z_{\alpha/2}$ (H_0기각)

㉡ 귀무가설 $H_0 : \mu_1 = \mu_2$, 대립가설 $H_0 : \mu_1 < \mu_2 \Rightarrow Z \leq -z_\alpha$ (H_0기각)

㉢ 귀무가설 $H_0 : \mu_1 = \mu_2$, 대립가설 $H_0 : \mu_1 > \mu_2 \Rightarrow Z \geq z_\alpha$ (H_0기각)

④ **분산이 알려져 있지 않은 경우 : 소표본**$(n < 30)$

두 집단 모평균 차이의 유의수준 α에 대한 검정(소표본)

모분산이 알려져 있지 않은 두 모집단으로부터 표본 크기가 각각 n, m이고 독립인 확률표본을 추출할 경우(모집단 등분산 가정)

$$검정통계량\ Z = \frac{(\overline{X} - \overline{Y}) - (\mu_1 - \mu_2)}{S_p \sqrt{\dfrac{1}{n} + \dfrac{1}{m}}}\ (\overline{X},\ \overline{Y} : 두\ 집단\ 표본평균)$$

여기에서 합동분산은 $S_p^2 = \dfrac{\sum\limits_{i=1}^{n}(X_i - \overline{X})^2 + \sum\limits_{i=1}^{m}(Y_i - \overline{Y})^2}{(n-1) + (m-1)}$

$t_{\alpha/2}$, t_α는 자유도 $n + m - 2$인 t-분포에서의 제$100 \times (1 - \alpha)$ 백분위수

㉠ 귀무가설 $H_0 : \mu_1 = \mu_2$, 대립가설 $H_0 : \mu_1 \neq \mu_2 \Rightarrow |T| \geq t_{\alpha/2}$ (H_0기각)

㉡ 귀무가설 $H_0 : \mu_1 = \mu_2$, 대립가설 $H_0 : \mu_1 < \mu_2 \Rightarrow T \leq -t_\alpha$ (H_0기각)

㉢ 귀무가설 $H_0 : \mu_1 = \mu_2$, 대립가설 $H_0 : \mu_1 > \mu_2 \Rightarrow T \geq t_\alpha$ (H_0기각)

(2) 대응표본 비교

대응(paired 또는 matched) 표본이란 첫 번째 집단에서 모아진 자료 값과 두 번째 표본에서 모아진 자료 값이 서로 대응(corresponding)되는 경우, 또는 두 집단의 자료 값이 동일한 대상(the same source)으로부터 모아졌을 때를 말한다.

① 대응표본 자료의 검정방법

    ㉠ 대응표본의 비교에서는 서로 대응되는 자료 값의 차이를 하나의 자료 값(d)으로 취급한다. 즉 $X_i - Y_i = d_i (i = 1, 2, \ldots, n)$

    ㉡ 확률표본 d_i의 표본평균 $\bar{d} = \dfrac{1}{n} \sum\limits_{i=1}^{n} d_i$와 표본분산 $S_d^2 = \dfrac{1}{n-1} \sum\limits_{i=1}^{n} (d_i - \bar{d})^2$을 구한다.

    ㉢ 단일집단의 모평균 검정과 동일하게 $T-$검정통계량을 이용하여 가설검정을 실시한다. 이 경우 가설을 설정할 때 자료 값의 차이에 대한 검정임을 강조하기 위하여 $\mu_D = \mu_1 - \mu_2$로 나타내고 귀무가설을 $H_0 : \mu = \mu_D$로 세운다. 만약 대응표본의 차이가 없다면 μ_D는 0이 된다.

② 대응표본 평균차이 검정

> 대응표본 평균 차이의 유의수준 α에 대한 검정
>
> $$\text{검정통계량 } T = \frac{\bar{d} - \mu_D}{\dfrac{S_d}{\sqrt{n}}}$$
>
> $\bar{d}$: 대응표본의 표본평균, S_d : 대응표본의 표준편차, n : 표본크기
> $t_{\alpha/2}$, t_α는 자유도 $n-1$인 $t-$분포에서의 제$100 \times (1-\alpha)$ 백분위수
> ㉠ 귀무가설 $H_0 : \mu_D = 0$, 대립가설 $H_0 : \mu_D \neq 0 \Rightarrow |T| \geq t_{\alpha/2}$ (H_0기각)
> ㉡ 귀무가설 $H_0 : \mu_D = 0$, 대립가설 $H_0 : \mu_D < 0 \Rightarrow T \leq -t_\alpha$ (H_0기각)
> ㉢ 귀무가설 $H_0 : \mu_D = 0$, 대립가설 $H_0 : \mu_D > 0 \Rightarrow T \geq t_\alpha$ (H_0기각)

(3) 두 집단 비율의 가설검정

두 집단 비율 차이의 유의수준 α에 대한 검정

두 집단으로부터 표본크기가 각각 n, m이고 독립인 확률표본을 추출할 경우

$$\text{검정통계량}\, Z = \frac{(\hat{p_1} - \hat{p_2}) - (p_1 - p_2)}{\sqrt{\hat{p_o}(1 - \hat{p_0})\left(\dfrac{1}{n} + \dfrac{1}{m}\right)}}$$

합동표본비율 $\hat{p_0} = \dfrac{n\hat{p_1} + m\hat{p_2}}{n + m}$, $\hat{p_1}$, $\hat{p_2}$: 표본비율, p_1, p_2 : 귀무가설의 모집단 비율

$z_{\alpha/2}$, z_α는 표준정규분포의 제$100 \times (1 - \alpha)$ 백분위수

㉠ 귀무가설 $H_0 : p_1 = p_2$, 대립가설 $H_0 : p_1 \neq p_2 \Rightarrow |Z| \geq z_{\alpha/2}$ (H_0기각)

㉡ 귀무가설 $H_0 : p_1 = p_2$, 대립가설 $H_0 : p_1 < p_2 \Rightarrow Z \leq -z_\alpha$ (H_0기각)

㉢ 귀무가설 $H_0 : p_1 = p_2$, 대립가설 $H_0 : p_1 > p_2 \Rightarrow Z \geq z_\alpha$ (H_0기각)

기출유형문제

1 다음은 정부의 미세먼지 관련 정책에 대한 남녀 간 지지도의 차이를 알아보기 위해서 남녀 각각 100명씩을 조사하여 얻은 결과표이다. 남성의 지지율(p_1)보다 여성의 지지율(p_2)이 더 큰지 유의수준 5%에서 검정할 때, Z 검정통계량의 값(Z_0)과 기각역을 옳게 짝 지은 것은? (단, z_α는 표준정규분포의 제$100 \times (1-\alpha)$ 백분위수이다)

구분		지지 여부		합계
		지지함	지지하지 않음	
성별	남성	40	60	100
	여성	60	40	100
합계		100	100	200

<u>Z 검정통계량</u> 　　　　　　　　<u>기각역</u>

① $Z_0 = \dfrac{0.4-0.6}{\sqrt{\dfrac{0.5 \times 0.5}{100} + \dfrac{0.5 \times 0.5}{100}}}$ 　　　　$Z_0 \geq z_{0.05}$

② $Z_0 = \dfrac{0.4-0.6}{\sqrt{\dfrac{0.4 \times 0.6}{100} + \dfrac{0.6 \times 0.4}{100}}}$ 　　　　$Z_0 \geq z_{0.05}$

③ $Z_0 = \dfrac{0.4-0.6}{\sqrt{\dfrac{0.5 \times 0.5}{100} + \dfrac{0.5 \times 0.5}{100}}}$ 　　　　$Z_0 \leq -z_{0.05}$

④ $Z_0 = \dfrac{0.4-0.6}{\sqrt{\dfrac{0.4 \times 0.6}{100} + \dfrac{0.6 \times 0.4}{100}}}$ 　　　　$Z_0 \leq -z_{0.05}$

✅ **ANSWER** | 1.③

1 남성의 지지율을 p_1, 여성의 지지율을 p_2라 할 때, 귀무가설은 $H_0 : p_1 = p_2$이고, 대립가설은 $H_1 : p_1 < p_2$이다.

남녀 각각의 표본비율은 $\hat{p_1} = 0.4$, $\hat{p_2} = 0.6$이고, 합동표본비율을 계산하면 $\hat{p_0} = \dfrac{40+60}{100+100} = \dfrac{100}{200} = 0.5$이다. 따라서 Z

검정통계량의 값은

$Z_0 = \dfrac{0.4-0.6}{\sqrt{0.5(1-0.5)\left(\dfrac{1}{100} + \dfrac{1}{100}\right)}} = \dfrac{0.4-0.6}{\sqrt{\dfrac{0.5 \times 0.5}{100} + \dfrac{0.5 \times 0.5}{100}}}$ 이다. 그리고 유의수준 5%에서 단측검정에 의한 기각역

은 $Z_0 \leq -z_{0.05}$ 이다.

2 확률변수 X는 $N(\mu, 1)$를 따를 때, 가설 $H_0 : \mu = \mu_0$ 대 $H_1 : \mu = \mu_1$에 대한 기각역이 $R = \{x : x \geq \mu_0 + c\}$로 주어진 경우, 다음 그림에서 제1종 오류를 범할 확률에 해당하는 영역(A)과 제2종 오류를 범할 확률에 해당하는 영역(B)을 옳게 짝 지은 것은? (단, $\mu_1 > \mu_0$이고, $c > 0$이다)

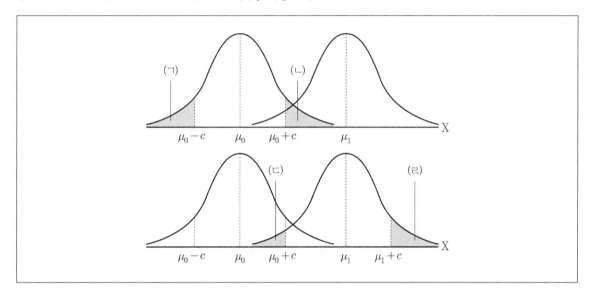

	A		B
①	ㄱ		ㄷ
②	ㄱ		ㄹ
③	ㄴ		ㄷ
④	ㄴ		ㄹ

2 확률변수 X는 $N(\mu, 1)$를 따를 때, 귀무가설 $H_0 : \mu = \mu_0$과 대립가설 $H_1 : \mu = \mu_1$에 대한 기각역이
$R = \{x : x \geq \mu_0 + c\}$이고 $\mu_1 > \mu_0$이고, $c > 0$이다.
제1종의 오류를 범할 확률은 참인 귀무가설을 기각할 확률로 $P(x \geq \mu_0 + c \mid \mu = \mu_0)$ 이므로 영역 (ㄴ)이다.
제2종의 오류를 범할 확률은 거짓인 귀무가설을 채택할 확률로 $P(x < \mu_0 + c \mid \mu = \mu_1)$ 이므로 영역 (ㄷ)이다.

3 어떤 자판기에서 판매되는 음료수 용량은 모평균이 $\mu(mL)$이고, 모표준편차가 $5mL$인 확률분포를 따른다고 한다. 이 자동판매기에서 임의로 추출한 100개 음료수의 표본평균이 $150mL$일 때, 가설 $H_0 : \mu = \mu_0$ 대 $H_1 : \mu \neq \mu_0$에 대한 유의수준 α에서 귀무가설을 기각하지 못하는 μ_0의 범위는? (단, z_α는 표준정규분포의 제$100 \times (1-\alpha)$ 백분위수이다)

① $\left(150 - \dfrac{1}{2}z_\alpha, \quad 150 + \dfrac{1}{2}z_\alpha\right)$

② $\left(150 - \dfrac{1}{2}z_{\alpha/2}, \quad 150 + \dfrac{1}{2}z_{\alpha/2}\right)$

③ $\left(150 - \dfrac{1}{4}z_\alpha, \quad 150 + \dfrac{1}{4}z_\alpha\right)$

④ $\left(150 - \dfrac{1}{4}z_{\alpha/2}, \quad 150 + \dfrac{1}{4}z_{\alpha/2}\right)$

4 다음 설명 중 옳은 것만을 모두 고르면?

> ㉠ 유의확률($p-$값)이 유의수준보다 작을 때 귀무가설을 기각한다.
> ㉡ 모수 θ에 관한 불편추정량(unbiased estimator)의 기댓값은 θ이다.
> ㉢ 검정에서 제1종 오류의 확률을 줄이면 제2종 오류의 확률도 줄어든다.

① ㉠

② ㉠, ㉡

③ ㉡, ㉢

④ ㉠, ㉡, ㉢

✅ **ANSWER** | 3.② 4.②

3 어떤 자판기에서 판매되는 음료수 용량을 X라 하면, 모평균이 $\mu(mL)$이고, 모표준편차가 $5mL$인 확률분포를 따른다. 임의로 추출한 100개 음료수의 표본평균이 $150mL$일 때, 가설 $H_0 : \mu = \mu_0$ 대 $H_1 : \mu \neq \mu_0$을 검정하기 위한 검정통계량은 $Z = \dfrac{150 - \mu_0}{5/\sqrt{100}}$ 이다.

이때 귀무가설을 기각하지 못할 경우는 $|Z| = \left| \dfrac{150 - \mu_0}{5/\sqrt{100}} \right| < z_{\alpha/2}$ 이므로, 이를 정리하면

$\left(150 - \dfrac{1}{2}z_{\alpha/2}, \quad 150 + \dfrac{1}{2}z_{\alpha/2}\right)$이다.

4 ㉠ 유의확률($p-$값)이 유의수준보다 작을 때 귀무가설을 기각한다.

㉡ 모수 θ에 관한 추정량을 $\hat{\theta}$라 할 때 편향(bias)이 0인 경우 불편추정량이 된다. $Bias(\hat{\theta}) = E(\hat{\theta}) - \theta = 0$ 이므로 불편추정량(unbiased estimator)의 기댓값은 θ이다.

㉢ 검정에서 제1종 오류의 확률을 줄이면 제2종 오류의 확률은 늘어난다.

5 공기업 기관장의 재임기간은 적어도 10년이라고 주장하는 정부는 이 사실을 입증하기 위하여 25개의 공기업을 조사하였다. 25개 공기업 기관장의 평균 재임기간이 10.5년이라고 할 때, 옳은 것만을 모두 고른 것은? (단, 재임기간의 모표준편차는 3년으로 알려져 있으며, 표준정규분포를 따르는 확률변수 Z에 대하여, $P(Z > 1.645) = 0.05$, $P(Z > 2.576) = 0.005$이다)

> ㉠ 대립가설은 '공기업 기관장의 재임기간은 10년 이하이다.'이다.
>
> ㉡ Z 검정통계량의 값은 $\frac{5}{6}$이다.
>
> ㉢ 유의수준이 5%일 때 Z 검정통계량과 1.645를 비교한다.
>
> ㉣ 기각역의 형태는 $\{\overline{X} < c\}$이다.

① ㉠, ㉡   ② ㉠, ㉣

③ ㉡, ㉢   ④ ㉢, ㉣

---

5 공기업 기관장의 재임기간은 적어도 10년이라는 주장을 입증하기 위해 표본 25개 공기업 기관장의 평균 재임기간을 조사한 결과 10.5이라고 한다.

㉠ 따라서 귀무가설 $H_0 : \mu = 10$이고 대립가설은 $H_1 : \mu > 10$로 하는 것이 타당하다.

㉡ 또한 모표준편차는 3년으로 알려져 있으므로 검정통계량은 Z값을 사용하며 $Z = \dfrac{10.5 - 10}{3} = \dfrac{5}{6}$이다.

㉢ 유의수준이 5%일 때, 단측검정으로 Z검정통계량을 1.645와 비교한다.

㉣ 따라서 기각역의 형태는 $\left\{ \overline{X} > c = \mu_0 + z_{0.05} \times \dfrac{\sigma}{\sqrt{n}} \right\}$이다.

6 가설 $H_0 : \mu = 4$ 대 $H_1 : \mu = 6$ 에 대한 검정통계량 T의 분포는 $N(\mu,\, 0.5^2)$을 따르고 검정의 기각역이 $\{T > 5\}$이다. 이 검정법의 제1종의 오류와 제2종의 오류를 범할 확률을 옳게 짝지은 것은? (단, 표준정규분포를 따르는 확률변수 Z에 대하여, $P(Z > 1) = 0.159$, $P(Z > 2) = 0.023$이다)

	제1종의 오류를 범할 확률	제2종의 오류를 범할 확률
①	0.023	0.023
②	0.159	0.023
③	0.023	0.159
④	0.159	0.159

7 $X_1,\, X_2,\, \cdots,\, X_n$이 정규분포 $N(\mu,\, \sigma^2)$을 따르는 모집단에서의 임의표본(random sample)이고 $\overline{X}$를 표본평균, S^2을 표본분산이라고 할 때, 가설 $H_0 : \mu = \mu_0$ 대 $H_1 : \mu \neq \mu_0$의 검정에 대한 설명으로 옳지 않은 것은? (단, 모분산 σ^2은 알려져 있지 않으며, $t_\alpha(k)$는 자유도가 k인 t 분포의 제 $100 \times (1-\alpha)$ 백분위수이다)

① 검정통계량으로 $t = \dfrac{\overline{X} - \mu_0}{S / \sqrt{n}}$ 을 사용한다.

② 검정통계량 t에 대하여 $|t| < t_{\alpha/2}(n-1)$일 때 귀무가설을 기각한다.

③ 유의수준 5%에서 귀무가설을 기각하지 못하면 μ의 95% 신뢰구간에 μ_0가 포함된다.

④ 유의확률($p-$값)이 유의수준보다 작으면 귀무가설을 기각한다.

✅ **A N S W E R** | 6.① 7.②

6 귀무가설 $H_0 : \mu = 4$, 대립가설 $H_1 : \mu = 6$에 대한 $T-$검정통계량의 분포는 $N(\mu,\, 0.5^2)$을 따르고 검정의 기각역이 $\{T > 5\}$이다.

제1종의 오류를 범할 확률은 참인 귀무가설을 기각할 확률로

$P(T > 5 \mid \mu = 4) = P\left(Z > \dfrac{5-4}{0.5}\right) = P(Z > 2) = 0.023$이다.

제2종의 오류를 범할 확률은 거짓인 귀무가설을 채택할 확률로

$P(T \leq 5 \mid \mu = 6) = P\left(Z \leq \dfrac{5-6}{0.5}\right) = P(Z \leq -2) = 0.023$이다.

7 귀무가설 $H_0 : \mu = \mu_0$과 대립가설 $H_1 : \mu \neq \mu_0$에 대한 검정에 있어서 모분산 σ^2은 알려져 있지 않으므로 자유도 $n-1$인 t-검정을 이용한다. 표본평균이 $\overline{X}$이고, 표본분산이 S^2일 때, 양측검정을 실시하며 이때의 검정통계량은 $t = \dfrac{\overline{X} - \mu_0}{S / \sqrt{n}}$ 이고, 기각역은 $|t| > t_{\alpha/2}(n-1)$이다. 유의확률($p-$값)이 유의수준보다 작으면 귀무가설을 기각한다.

8 다음은 지난 1년간 두 손해보험 상품 A, B에 대하여 계약자 및 해지자의 수를 조사한 결과이다. 두 손해보험 상품의 계약 해지 비율이 서로 같다고 할 수 있는지 유의수준 5 %에서 검정할 때 옳지 않은 것은?

	계약자 수	계약 해지자 수
A	300	60
B	200	40

① 두 손해보험 상품에 대한 계약 해지 비율의 추정값은 같다.
② 귀무가설이 참일 때 조사 대상 전체 인원에 대해 손해보험 상품의 계약을 해지한 사람의 수는 이항분포를 따른다.
③ 두 손해보험 상품의 계약 해지 비율의 추정값에 대한 표준오차는 같다.
④ 검정통계량의 값은 0이다.

8 유의수준 5%에서 두 손해보험 상품의 계약 해지 비율이 서로 같다는 귀무가설을 검정한다.

③ 두 손해보험 상품의 계약 해지 비율의 추정값에 대한 표준오차는 각가 $\sqrt{\dfrac{0.2(1-0.2)}{300}}$ 와 $\sqrt{\dfrac{0.2(1-0.2)}{200}}$ 로 서로 다르다.

① 두 손해보험 상품에 대한 계약 해지 비율의 추정값은 각각 $\hat{p_A} = \dfrac{60}{300} = \dfrac{1}{5} = 0.2$ $\hat{p_B} = \dfrac{40}{200} = \dfrac{1}{5} = 0.2$로 같다.

② 귀무가설이 참이라면 상품에 관계없이 계약 해지 비율이 일정하다는 것이므로 손해보험상품의 계약을 해지한 사람의 수는 이항분포를 따른다.

④ 검정통계량 Z값은 분자의 표본비율의 차와 귀무가설에 의한 모비율의 차이가 모두 0 이므로 Z값이 0 이 된다.

9 모평균의 추정과 가설검정에 대한 설명으로 옳은 것만을 모두 고른 것은?

> ㉠ 신뢰도(confidence level)가 낮아질수록 신뢰구간의 길이가 짧아진다.
> ㉡ 검정력(power)은 귀무가설이 참일 때 귀무가설을 기각할 확률이다.
> ㉢ 유의수준 5 %에서 기각된 귀무가설은 유의수준 10 %에서도 기각된다.

① ㉠, ㉡ ② ㉠, ㉢

③ ㉡, ㉢ ④ ㉠, ㉡, ㉢

10 두 도시의 평균가구소득에 차이가 없다는 귀무가설을 검정하기 위하여 두 도시에서 각각 6 가구와 8 가구를 임의로 추출하여 조사하였다. 두 도시의 가구소득의 분산이 동일하다는 가정하에서 이 자료에 대한 $t-$검정통계량의 값이 -1.85, 유의확률($p-$값)이 0.09일 때, $t-$검정통계량의 자유도와 유의수준 5%에서 검정 결과가 옳게 짝지어진 것은?

	자유도	검정 결과
①	12	귀무가설 기각함
②	12	귀무가설 기각하지 않음
③	13	귀무가설 기각함
④	13	귀무가설 기각하지 않음

⊘ ANSWER | 9.② 10.②

9 ㉠ 모평균을 구간추정할 때 신뢰구간은 다음과 같다.
   (모평균) = (표본평균) ± (임계값) × (표준오차)
   이 때 신뢰구간의 길이는 2(임계값) × (표준오차)으로 신뢰도에 의한 임계값에 영향을 받는다. 신뢰도가 낮아질수록 임계값이 작아지므로 신뢰구간의 길이는 짧아진다.
   ㉢ 유의수준 5%에서 기각되었다는 것은 유의확률이 0.05 보다 작다는 것이므로 유의수준 10% 에서도 귀무가설은 기각된다.
   ㉡ 검정력(power)은 대립가설이 참일 때 귀무가설을 기각할 확률을 의미한다.

10 귀무가설 : 두 도시의 평균가구소득의 차이가 없다.
   표본의 크기는 각각 6가구와 8가구이고 분산은 동일하다는 가정 하에, $t-$검정통계량은 -1.85, 유의확률($p-$값)은 0.09이다.
   $t-$검정통계량의 자유도는 $6 + 8 - 2 = 12$ 이고, 유의수준 5% 에서 유의확률($p-$값)이 채택영역에 속하므로 귀무가설을 기각할 수 없다.

11 확률변수 X가 이항분포 $B(5, p)$를 따를 때, p에 대한 다음과 같은 가설을 검정하려고 한다.

$$H_0 : p = \frac{1}{2} \ \text{대} \ H_1 : p \neq \frac{1}{2}$$

기각역이 '$|X-2.5| > 2$'일 때, $p = \frac{2}{3}$에서 제2종의 오류를 범할 확률은?

① $\dfrac{11}{81}$ ② $\dfrac{22}{81}$

③ $\dfrac{59}{81}$ ④ $\dfrac{70}{81}$

12 가설검정에서 검정력(power)에 대한 설명으로 옳은 것은?

① 참인 귀무가설을 기각할 확률
② 참인 귀무가설을 기각하지 않을 확률
③ 거짓인 귀무가설을 기각할 확률
④ 거짓인 귀무가설을 기각하지 않을 확률

✅ **ANSWER** | 11.④ 12.③

11 X가 이항분포 $B(5, p)$를 따를 때, $p = \frac{2}{3}$에서 제2종 오류를 범할 확률은 거짓인 귀무가설을 채택할 확률이므로 기각역 $|X-2.5| > 2$에 속하지 않을 확률을 구하면 된다. 따라서 귀무가설을 채택할 확률은

$P(0.5 < X < 4.5) = 1 - P(X < 0.5) - P(X > 4.5)$

$= 1 - P(X=0) - P(X=5)$

$= 1 - {}_5C_0 \left(\dfrac{2}{3}\right)^0 \left(\dfrac{1}{3}\right)^5 - {}_5C_5 \left(\dfrac{2}{3}\right)^5 \left(\dfrac{1}{3}\right)^0$

$= 1 - \dfrac{1}{243} - \dfrac{32}{243} = 1 - \dfrac{33}{243} = \dfrac{70}{81}$ 이다.

12 가설검정에서의 검정력(power)는 제2종 오류(β)를 범하지 않을 확률을 의미한다. 즉, 제2종 오류(β)는 거짓인 귀무가설을 채택하는 것이므로 검정력은 거짓인 귀무가설을 기각할 확률을 말한다.

13 어느 지역의 남녀 출생률이 같은지를 검정하기 위하여 이 지역에서 태어난 100명의 신생아를 임의로 추출하여 조사하였더니 이 중 남아가 57명이었다. 이 지역의 남녀 출생률에 대한 설명으로 옳은 것은? (단, Z 가 표준정규분포를 따르는 확률변수일 때, $P(Z \geq 1.96) = 0.025$, $P(Z \geq 1.645) = 0.05$, $P(Z \geq 1.282) = 0.1$로 가정한다)

① 유의수준 5 %에서 남녀 출생률이 같다고 할 수 없다.

② 유의수준 5 %에서 남아의 출생률이 여아의 출생률보다 더 크다고 할 수 있다.

③ 유의수준 10 %에서 남아의 출생률이 여아의 출생률보다 더 크다고 할 수 있다.

④ 유의수준 10 %에서 여아의 출생률이 남아의 출생률보다 더 크다고 할 수 있다.

✅ **ANSWER** | 13.③

13 어느 지역의 남녀 출생률이 같은지를 검정하는 것은 남아의 모비율이 0.5인지를 검정하는 것과 같다. 신생아 100명 중 남아가 57명이므로 남아의 표본비율은 0.57 이다. 이때 귀무가설과 대립가설을 각각 $H_0 : p = 0.5$, $H_1 : p > 0.5$로 세우고 단측검정을 실시한다.

모비율의 검정을 위하여 검정통계량을 구하면 $Z = \dfrac{(0.57 - 0.5)}{\sqrt{\dfrac{0.5(1 - 0.5)}{100}}} = 1.4$이고, 이는 유의수준 5% 의 기각역인

$Z \geq 1.645$에는 속하지 않고 유의수준 10% 의 기각역인 $Z \geq 1.282$에는 속한다.

따라서 유의수준 10%에서 귀무가설을 기각할 수 있으므로 대립가설을 채택할 수 있다. 즉, 남아의 출생률이 여아의 출생률보다 크다고 할 수 있다.

14 다음은 어느 식이요법이 몸무게에 미치는 영향을 알아보기 위하여 임의로 추출한 10명의 식이요법 전후 몸무게를 측정하여 얻은 결과이다.

(단위 : kg)

실험대상	1	2	3	4	5	6	7	8	9	10	평균	표준편차
식이요법 전	68	76	74	71	71	72	75	83	75	74	73.9	4.01
식이요법 후	67	77	74	74	69	70	71	77	71	74	72.4	3.34
차이	1	-1	0	-3	2	2	4	6	4	0	1.5	2.68

식이요법 전과 후의 몸무게 평균을 각각 μ_1, μ_2라 할 때, 귀무가설 $H_0 : \mu_1 = \mu_2$ 대 대립가설 $H_1 : \mu_1 \neq \mu_2$에 대한 검정의 유의확률(p-값)은? (단, $t_1 = \dfrac{73.9 - 72.4}{\sqrt{\dfrac{9 \times 4.01^2 + 9 \times 3.34^2}{18}} \times \sqrt{\dfrac{1}{10} + \dfrac{1}{10}}}$, $t_2 = \dfrac{1.5}{2.68/\sqrt{10}}$ 이며 T_1은 자유도가 18인 t 분포를 따르는 확률변수이며 T_2는 자유도가 9인 t 분포를 따르는 확률변수이다)

① $P(T_1 > t_1)$

② $P(T_2 > t_2)$

③ $2P(T_1 > |t_1|)$

④ $2P(T_2 > |t_2|)$

14 대응표본의 비교에서는 서로 대응하는 자료 값의 차이를 새로운 자료의 값으로 취급한다. 결국 모평균이 0 인지 아닌지를 검정하면 된다. 대응표본에 대한 가설검정은 자유도 9인 t 분포로부터 양측검정을 실시하고, 검정통계량은 t_2 가 된다. 따라서 유의확률 (p-값)은 $2P(T_2 > |t_2|)$ 이다.

15 분산이 같고 서로 독립인 두 정규모집단 A와 B로부터 크기가 각각 16인 표본을 임의로 추출하여 두 모평균의 차에 대한 검정을 하려고 한다. 모집단 A의 표본분산이 64이고 모집단 공통분산의 추정량인 합동표본분산(pooled sample variance)이 50일 때, 모집단 B의 표본분산은? (단, 확률변수 $X_1, X_2, \cdots, X_n$의 표본평균 $\overline{X} = \dfrac{1}{n} \sum_{i=1}^{n} X_i$이고, 표본분산 $S^2 = \dfrac{1}{n-1} \sum_{i=1}^{n} (X_i - \overline{X})^2$이다)

① 16 ② 25
③ 36 ④ 49

---

15 두 집단의 모평균 차이에 대한 검정에서 모집단의 분산이 알려져 있지 않은 경우, 두 모집단의 분산이 같다(등분산)는 가정 하에 합동분산을 이용하여 검정한다. 이 때 합동분산 S_p^2는 다음과 같다.

$$S_p^2 = \frac{\sum_{i=1}^{n} (X_i - \overline{X})^2 + \sum_{i=1}^{m} (Y_i - \overline{Y})^2}{(n-1) + (m-1)}$$

두 표본집단 A, B의 표본의 크기는 각각 $n = m = 16$이고, 표본평균을 각각 $\overline{X}$, $\overline{Y}$ 표본분산을 각각 S_A^2, S_B^2이라할 때,

$$S_A^2 = 64 = \frac{1}{15} \sum_{i=1}^{16} (X_i - \overline{X})^2, \quad S_B^2 = \frac{1}{15} \sum_{i=1}^{16} (Y_i - \overline{Y})^2 \text{ 이다.}$$

여기에서 $\sum_{i=1}^{16} (X_i - \overline{X})^2 = 64 \times 15$ 이다.

또한 합동분산 $S_p^2 = 50 = \dfrac{64 \times 15 + \sum_{i=1}^{16} (Y_i - \overline{Y})^2}{(16-1) + (16-1)}$ 이므로,

$$\sum_{i=1}^{16} (Y_i - \overline{Y})^2 = 50 \times 30 - 64 \times 15 \text{ 이다.}$$

따라서 B집단의 표본분산은 $S_B^2 = \dfrac{50 \times 30 - 64 \times 15}{15} = 36$ 이다.

16 어느 지역에서의 특정 스마트폰 모델에 대한 남녀별 선호도 차이를 알아보기 위해 남자 200명, 여자 100명을 임의로 추출하여 조사한 결과가 다음 표와 같다. 이를 검정하기 위한 Z−검정통계량의 값은? (단, Z−검정통계량은 근사적으로 표준정규분포를 따른다)

	표본크기	특정 스마트폰 모델 선호자 수
남자	200	100
여자	100	40

① $\dfrac{|0.5-0.4|}{\sqrt{\left(\dfrac{15}{30}\times\dfrac{15}{30}\right)}\times\sqrt{\dfrac{1}{140}}}$

② $\dfrac{|0.5-0.4|}{\sqrt{\left(\dfrac{15}{30}\times\dfrac{15}{30}\right)}\times\sqrt{\dfrac{1}{300}}}$

③ $\dfrac{|0.5-0.4|}{\sqrt{\left(\dfrac{14}{30}\times\dfrac{16}{30}\right)}\times\sqrt{\left(\dfrac{1}{200}+\dfrac{1}{100}\right)}}$

④ $\dfrac{|0.5-0.4|}{\sqrt{\dfrac{14}{30}}\times\sqrt{\left(\dfrac{1}{200}+\dfrac{1}{100}\right)}}$

16 남자의 선호율을 p_1, 여자의 선호율을 p_2 라 할 때, 귀무가설은 $H_0 : p_1 = p_2$ 이고, 대립가설은 $H_1 : p_1 \neq p_2$ 라 하면,

남녀 각각의 표본비율은 $\hat{p_1} = \dfrac{100}{200} = 0.5$, $\hat{p_2} = \dfrac{40}{100} = 0.4$ 이고,

합동표본비율을 계산하면 $\hat{p} = \dfrac{100+40}{200+100} = \dfrac{14}{30}$ 이다.

따라서 검정통계량 Z값은 $Z = \dfrac{|0.5-0.4|}{\sqrt{\dfrac{14}{30}\times\dfrac{16}{30}\times\sqrt{\left(\dfrac{1}{200}+\dfrac{1}{100}\right)}}}$ 이다.

출제예상문제

1 통계적 가설검정에 관한 내용 중 틀린 것은?

① 통계적 가설검정이란 모집단의 확률분포 또는 모수에 대한 예상이나 주장을 말한다.

② 대립가설이란 표본으로부터 강력한 증거에 의해 주장하고자 하는 가설을 말한다.

③ 검정통계량이란 귀무가설을 검정하기 위해 사용되는 통계량을 말한다.

④ 기각역이란 귀무가설을 기각하게 되는 검정통계량값의 영역을 말한다.

2 통계적 가설검정에 관한 아래 설명 중 맞는 것은?

① 유의수준 a란 H_0가 틀림에도 기각되지 못할 위험을 말한다.

② 유의수준 a가 커질수록 H_1을 주장할 수 있는 기회가 줄어든다.

③ 유의수준 a가 작을수록 H_0가 쉽게 기각되지 않는다.

④ 신뢰수준과 유의수준은 같은 의미이다.

✅ **ANSWER** | 1.① 2.③

---

1 통계적 가설이란 모집단의 확률분포 또는 모수에 대한 예상이나 주장을 말하고, 통계적 가설검정이란 표본으로부터 주어지는 정보를 이용하여 모집단에 대한 예상이나 주장 등의 옳고 그름을 판정하는 절차를 말한다.

※ 양측검정일 때의 기각역

양측검정일 때의 기각역 $Z \geq z_{\alpha/2}$

또는 $Z \leq -z_{\alpha/2}$

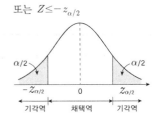

2 유의수준이란 H_0이 맞음에도 불구하고 이를 기각할 위험으로 유의수준이 작을수록 보수적이며, H_0이 쉽게 기각되지 않는다.

또한 신뢰구간(수준)이란 정해진 유의수준 하에서 H_0을 채택할 수 있는 표본평균의 구간을 말한다.

3 모집단의 확률분포 또는 모수에 대한 예상이나 주장을 말하는 것은 무엇인가?

① 대립가설   ② 귀무가설

③ 통계적 가설   ④ 검정통계량

4 다음 중 유의수준에 관한 올바른 설명은 무엇인가?

① 유의수준이란 1종 오류를 범할 수 있는 최대 확률을 말한다.

② 유의수준이란 1종 오류를 범할 수 있는 최소 확률을 말한다.

③ 유의수준이란 2종 오류를 범할 수 있는 최대 확률을 말한다.

④ 유의수준이란 2종 오류를 범할 수 있는 최소 확률을 말한다.

5 다음 보기를 순서대로 나열한 것은?

<보기>

㉠ 검정통계량의 값과 기각역을 비교하여 결론을 내린다.

㉡ 기각역을 설정한다.

㉢ 검정통계량을 계산한다.

㉣ 귀무가설과 대립가설을 세운다.

㉤ 유의수준 a를 정한다.

---

① ㉣-㉠-㉡-㉢-㉤   ② ㉣-㉢-㉤-㉡-㉠

③ ㉡-㉢-㉠-㉤-㉣   ④ ㉡-㉢-㉤-㉠-㉣

✅ ANSWER | 3.③ 4.① 5.②

3 통계적 가설이란 모집단의 확률분포 또는 모수에 대한 예상이나 주장을 말한다.

4 유의수준이란 1종 오류를 범할 수 있는 최대 확률을 말한다.

5 통계적 가설검정의 절차

㉠ 귀무가설과 대립가설을 세운다.

㉡ 검정통계량을 계산한다.

㉢ 유의수준 a를 정한다.

㉣ 기각역을 설정한다.

㉤ 검정통계량의 값과 기각역을 비교하여 결론을 내린다.

6 다음 중 (   )에 들어갈 공통된 용어는 무엇인가?

> (   )이란 귀무가설의 지지 여부를 판단하기 위해 검정통계량을 이용하여 계산된 확률을 말하는 것으로, 좌
> 측 단측검정의 경우에는 표본으로부터 제시된 수치 이하의 검정통계량이 나타날 확률을 말하고, 우측 단측
> 검정의 경우에는 표본으로부터 제시된 수치 이상의 검정통계량이 나타날 확률을 말한다. 양측검정의 경우에
> (   )은 표본으로부터 제시된 수치와 다른 검정통계량이 나타날 확률을 일컫는다.

① t값   ② p값

③ F값   ④ a값

7 신뢰도와 유의수준을 더하면 얼마가 되는가?

① -1 ② 0

③ 1   ④ 2

8 인터넷 서점은 자사 사이트를 이용하는 고객에 대한 배달소요시간이 최대 48시간을 넘지 않도록 노력하고 있다. 전체 고객그룹을 잘 대표하는 1,000명의 고객에게 설문조사를 실시하여 평균배달시간을 평가한 결과 평균은 36시간, 표준편차는 4시간으로 계산되었다. 부정적인 시각을 반영한 귀무가설과 이에 상반된 내용을 담고 있는 대립가설을 설정하면 어떻게 나타낼 수 있는가?

① H_0 : 평균배달시간 ≥ 48 H_a : 평균배달시간 < 48

② H_0 : 평균배달시간 ≥ 48 H_a : 평균배달시간 $= 48$

③ H_0 : 평균배달시간 ≤ 48 H_a : 평균배달시간 > 48

④ H_0 : 평균배달시간 ≤ 48 H_a : 평균배달시간 $= 48$

ANSWER | 6.②   7.③   8.①

6 p값이란 귀무가설의 지지 여부를 판단하기 위해 검정통계량을 이용하여 계산된 확률을 말하는 것으로, 좌측 단측검정의 경우에는 표본으로부터 제시된 수치 이하의 검정통계량이 나타날 확률을 말하고, 우측 단측검정의 경우에는 표본으로부터 제시된 수치 이상의 검정통계량이 나타날 확률을 말한다. 양측검정의 경우에 p값은 표본으로부터 제시된 수치와 다른 검정통계량이 나타날 확률을 일컫는다.

7 신뢰도 + 유의수준 = 1

8 배달소요시간이 최대 48시간을 넘지 않도록 H_a : 평균배달시간 < 48으로 설정한다.

9 강원대학교는 대학원 이수자의 평균연봉이 5,000만 원을 초과한다고 홍보하고 있다. 이해관계가 없는 제3의 평가기관이 졸업생 100명을 뽑아 조사한 결과 평균연봉＝5,200만 원, 표준편차＝3,000만 원인 것으로 나타났다. 부정적인 시각을 반영한 귀무가설과 이에 상반된 내용을 담고 있는 대립가설을 설정하면 어떻게 나타낼 수 있는가?

① H_0 : 평균연봉 $\geq$ 5,000만 원 H_a : 평균연봉 < 5,000만 원

② H_0 : 평균연봉 = 5,000만 원 H_a : 평균연봉 < 5,000만 원

③ H_0 : 평균연봉 $\leq$ 5,000만 원 H_a : 평균연봉 > 5,000만 원

④ H_0 : 평균연봉 $\leq$ 5,000만 원 H_a : 평균연봉 = 5,000만 원

10 새로운 공항 건설을 반대하는 서울시닷컴은 서울시민의 80% 이상이 신공항 건설에 반대한다고 주장하고 있다. 해당지역에 거주하는 시민 1,000명을 무작위로 추출하여 조사한 결과 600명이 지지한다는 결과를 제시하였다. 신공항 건설을 지지하는 입장에서 부정적인 시각을 반영한 귀무가설과 이에 상반된 내용을 담고 있는 대립가설을 설정하면 어떻게 나타낼 수 있는가?

① H_0 : 지지율 $\geq$ 0.8 H_a : 지지율 < 0.8

② H_0 : 지지율 $\geq$ 0.8 H_a : 지지율 = 0.8

③ H_0 : 지지율 $\leq$ 0.8 H_a : 지지율 > 0.8

④ H_0 : 지지율 = 0.8 H_a : 지지율 < 0.8

11 5% 유의수준에서 가설을 기각하지 못하였다. 다음 중 바르게 기술한 것은?

① 1% 유의수준에서는 언제나 가설을 기각할 수 있다.

② 1% 유의수준에서는 가설을 기각할 수 없다.

③ 경우에 따라 1% 유의수준에서는 가설을 기각할 수도 있고 기각하지 못할 수도 있다.

④ 충분한 정보가 제공되지 않아 답할 수 없다.

✅ **ANSWER** | 9.③ 10.③ 11.②

9 평균연봉이 5,000만 원을 초과한다고 홍보하므로
H_a : 평균연봉＞5,000만 원으로 설정한다.

10 서울시민의 80% 이상이 신공항 건설에 반대한다고 주장하므로 H_a : 지지율＞0.8으로 설정한다.

11 5% 유의수준에서 가설을 기각하지 못하였으면 1% 유의수준에서도 가설을 기각할 수 없다.

12 p값을 이용하여 가설을 검증하고 있다. 다음 중 어떤 경우에 귀무가설을 기각할 수 있는가?

① p값 < 유의수준　　　　　　　　　② p값 > 유의수준

③ p값 = 유의수준의 반　　　　　　　④ p값 > 유의수준의 2배

13 만약 $a = 0.05$ 수준에서 p<0.05로 표기되는 경우 그 의미는 무엇인가?

① p로 표기된 확률수준이 0.05이하이면 귀무가설은 기각된다.

② p로 표기된 확률수준이 0.05이상이면 귀무가설은 기각된다.

③ p로 표기된 확률수준이 0.05이하이면 대립가설은 기각된다.

④ p로 표기된 확률수준이 0.05이하이면 귀무가설은 채택된다.

14 다음 중 가설검증에 관한 설명을 틀리게 한 것은?

① 연구가설(대립가설)과 귀무가설은 서로 논리적으로 모순된다.

② 실제로 옳은 귀무가설을 가설검증의 결과 부정하는 경우 1종 오류에 빠진다.

③ 실제로 옳지 않은 귀무가설을 가설검증의 결과 받아들일 경우 2종 오류에 빠진다.

④ 가설검증에서 잘못된 판단을 내릴 확률은 1종 오류와 2종 오류의 확률을 합친 것($a+\beta$)이다.

✅ ANSWER | 12.① 13.① 14.④

12　p값<유의수준의 경우에 귀무가설을 기각할 수 있다.

13　만약 $\alpha = 0.05$ 수준에서 p<0.05로 표기되는 경우 이것은 p로 표기된 확률수준이 0.05이하이면 귀무가설은 기각된다는 의미로 통계적으로 유의하다.

14　제1종 오류와 제2종 오류를 동시에 같이 잘못된 판단의 확률이라고 할 수 없다.

※ 오류의 두 가지 종류

검정 결과 실제현상	귀무가설 H_0 참	대립가설 H_1 참
귀무가설 H_0 채택	옳은 결정	제2종의 오류
대립가설 H_1 채택	제1종의 오류	은 결정

15 다음 중 가설과 관련된 설명으로 옳지 않은 것은?

① 귀무가설이 사실인데도 불구하고 이를 기각하는 것을 제1종의 오류라 한다.

② 단측검정은 연구중인 가설이 한 방향만을 적용할 때 사용한다.

③ 대립가설이 사실이 아닌데도 불구하고 사실로 인정하는 것을 제2종의 오류라 한다.

④ 제1종의 오류를 줄이는 방법으로 유의수준을 0.05에서 0.001로 줄이는 것이 있다.

16 평균이 μ이고 분산이 16인 정규모집단으로부터 크기가 100인 랜덤표본을 얻고 그 표본평균을 $\overline{X}$라 하자. 귀무가설 $H_0 : \mu = 8$과 대립가설 $H_1 : \mu = 6.416$의 검정을 위하여 기각역을 $\overline{X} < 7.2$로 둘 때 제1종 오류와 제2종 오류의 확률은?

① 제1종 오류의 확률 0.05, 제2종 오류의 확률 0.025

② 제1종 오류의 확률 0.023, 제2종 오류의 확률 0.025

③ 제1종 오류의 확률 0.023, 제2종 오류의 확률 0.05

④ 제1종 오류의 확률 0.05, 제2종 오류의 확률 0.023

17 통계조사 시 조사에 오류가 있을 확률은 0.05라고 한다. 이 사실을 확인하기 위하여 1,000장의 조사표를 임의로 뽑아 심사하였더니 10장이 잘못 조사된 것으로 나타났다. 조사가 잘못될 확률이 0.05라고 할 수 있는지 유의수준 $a = 0.05$로 검정한 결과로 맞는 것은?

① 검정통계량 $\hat{P} = 10/1,000$가 유의수준 a보다 크면 귀무가설은 기각한다.

② 조사에 오류가 있을 확률은 0.05라고 말할 수 없다.

③ 이 문제의 조건만으로는 알 수 없다.

④ 조사의 오류가 유의수준 0.05에서 귀무가설을 채택한다.

✅ **ANSWER** | 15.③ 16.② 17.②

15 귀무가설이 거짓인데 귀무가설을 채택하는 오류를 제2종의 오류라 한다.

16 제1종 오류의 확률 = 귀무가설 하에서 $P(\overline{X} < 7.2) = P[Z < (7.2 - 8)/(4/\sqrt{100})] = 0.023$

제2종 오류의 확률 = 대립가설 하에서 $P(\overline{X} > 7.2) = P[Z < (7.2 - 6.416)/(4/\sqrt{100})] = 0.02$

17 검정통계량의 확률이 유의수준보다 작으면 귀무가설은 기각된다.

※ 다음 자료를 이용하여 아래 물음에 답하라. 【18~21】

표본크기 n=36의 표본을 통하여 아래 자료가 수집되었다.
<자료> $\overline{X}$ =5.2, S=0.6

<표준정규분포표>

Z	0.03	0.04	0.07	0.08
1.2	0.3907	0.3925		0.3997
1.6	0.4484	0.4495		0.4535
2.3	0.4901	0.4904		0.4913
2.5			0.4949	0.4951

18 표본평균의 표준편차($S_{\overline{X}}$)는 얼마인가?

① 0.1   ② 0.6

③ 1   ④ 6

19 유의수준 0.10에서 다음 귀무가설(H_0)이 채택되는가?

$$H_0 : \mu = 5.4, \quad H_1 : \mu \neq 5.4(양측검정)$$

① 채택된다.   ② 기각된다.
③ 중간이다.   ④ 알 수 없다.

ANSWER | 18.①   19.②

18 $S_{\overline{X}} = S/\sqrt{n} = 0.6 \div 6 = 0.1$

19   유의수준 0.10에서 채택역이 되는 (Z_1, Z_2)값은 (−1.64, 1.64)이다. 그런데 $\overline{X}$값을 Z값으로 환산하면
$Z = (\overline{X} - \mu)/S_{\overline{X}} = (5.2 - 5.4)/0.1 = -2$
통계량 $\overline{X}$의 Z값 −2는 채택역 (−1.64, 1.64)을 벗어나므로 H_0는 기각된다.

20 유의수준 0.01에서 다음 귀무가설은 채택되는가?

$$H_0 : \mu = 5.4, \qquad H_1 : \mu \neq 5.4$$

① 채택된다.   ② 기각된다.

③ 중간이다.   ④ 알 수 없다.

✅ **ANSWER | 20.①**

20 유의수준 0.01에서 채택역이 되는 (Z_1, Z_2)값은 $(-2.575, 2.575)$이다. 그런데 $\overline{X}$값을 Z값으로 환산하면

$Z = (\overline{X} - \mu) / S_{\overline{X}} = (5.2 - 5.4)/0.1 = -2$

통계량 $\overline{X}$의 Z값 -2는 채택역 $(-2.575, 2.575)$을 벗어나지 않으므로 H_0는 기각되지 않는다.

※ 소 표본에서 모 평균의 검정

ㄱ 귀무가설 $H_0 : \mu = \mu_0$

ㄴ 검정통계량 $t = \dfrac{\overline{X} - \mu}{s / \sqrt{n}}$

ㄷ 대립가설과 기각역은 각각 다음과 같다.

- $H_1 : \mu > \mu_0 \ \ t \geq t_\alpha(n-1)$
- $H_1 : \mu < \mu_0 \ \ t \leq -t_\alpha(n-1)$
- $H_1 : \mu \neq \mu_0 \ \ |t| \geq t_{\alpha/2}(n-1)$

※ 대 표본에서 모 비율의 검정

ㄱ 귀무가설 $H_0 : p = p_0$

ㄴ 검정통계량 $Z = \dfrac{\hat{p} - p_0}{\sqrt{p_0(1-p_0)/n}}$

ㄷ 대립가설과 기각역은 각각 다음과 같다.

- $H_1 : p > p_0 \ \ Z \geq z_\alpha$
- $H_1 : p < p_0 \ \ Z \leq -z_\alpha$
- $H_1 : p \neq p_0 \ \ |Z| \geq z_\alpha$

21 유의수준 0.10에서 다음 귀무가설은 채택되는가?

$$H_0 : \mu = 5.4, \quad H_1 : \mu < 5.4(단측검정)$$

① 채택된다.　　　　　　　　　② 기각된다.
③ 중간이다.　　　　　　　　　④ 알 수 없다.

※ 다음을 이용하여 아래 물음에 답하라. 【22~27】

$n = 36$인 표본을 조사한 결과 $\overline{X} = 10.0$, $\sum X_i^2 = 3.950$으로 나타났다.

<표준정규분포표>

Z	……	0.04	0.08
:	……	:	:
1.2	……		0.3997
1.6	……	0.4495	

22 모평균을 일정한 신뢰도를 지닌 구간으로 추정하기 위하여 $\overline{X} - Z \cdot S_{\overline{X}} \leq \mu \leq Z \cdot S_{\overline{X}}$의 공식을 적용하려고 한다. $\overline{X}$에 적용될 수치는 얼마인가?

① 0.3　　　　　　　　　　② 1.7
③ 10.0　　　　　　　　　　④ 60.0

✅ **ANSWER** | 21.② 22.③

22 0.40의 확률에 해당하는 Z값은 1.28이므로 Z값으로 표시된 채택역은 $(-1.28, \infty)$이다. $\overline{X}$값을 Z값으로 환산하면
$Z = (\overline{X} - \mu)/S_{\overline{X}} = (5.2 - 5.4)/0.1 = -2$
통계량 $\overline{X}$의 Z값 -2는 채택역 $(-1.28, \infty)$을 벗어나므로 H_0는 기각된다.

22 $\overline{X} = 10$

23 위에서 $S_{\bar{X}}$에 적용될 수치는 얼마인가? (단, $S^2 = \dfrac{(\sum X^2 - n\bar{X}^2)}{(n-1)}$ 이다.)

① 0.03
② 0.17
③ 0.53
④ 1.0

24 위에서 신뢰도를 0.9로 할 때 적용될 Z값은 얼마인가?

① 0.3997
② 0.4495
③ 1.28
④ 1.64

25 위에서 신뢰도를 0.9로 할 때 얻게 되는 모평균의 추정구간은?

① (9.45, 10.55)
② (10.0, 10.55)
③ (9.13, 10.87)
④ (10.0, 10.87)

26 $\mu = 9.0$이라는 가설은 신뢰도 0.9에서 받아들여질 수 있는가?

① 받아들여진다.
② 기각된다.
③ 중간이다.
④ 알 수 없다.

✅ **A N S W E R** | 23.③ 24.④ 25.③ 26.②

23 $S^2 = (3{,}950 - 36 \times 10^2)/35 = 10$
$S = \sqrt{10} = 3.16$
$S_{\bar{X}} = \dfrac{3.16}{\sqrt{36}} = 0.53$

24 한쪽 면적이 0.45가 되는 $Z = 1.64$이다.

25 $10 - 1.64 \times 0.53 = 10 - 0.87 = 9.13$
$10 + 0.87 = 10.87$

26 $\mu = 9.0$은 구간추정치에 속하지 않는다.

27 $\mu = 9.9$라는 가설은 신뢰도 0.9에서 받아들여질 수 있는가?

① 받아들여진다.   ② 기각된다.

③ 중간이다.   ④ 알 수 없다.

28 옳은 귀무가설을 기각할 때 생기는 오류는?

① 제4종 오류   ② 제3종 오류

③ 제2종 오류   ④ 제1종 오류

29 정규분포를 따르는 어떤 집단의 모평균이 10인지를 검정하기 위하여 크기가 25인 표본을 추출하여 관찰한 결과 표본평균은 9, 표본표준편차는 2.5였다. t-검정을 할 경우 검정통계량의 값은?

① 2   ② 1

③ -1   ④ -2

30 어떤 가설검정에서 유의확률(p-값)이 0.044일 때, 검정결과로 옳은 것은?

① 귀무가설을 유의수준 1%와 5%에서 모두 기각할 수 없다.

② 귀무가설을 유의수준 1%와 5%에서 모두 기각할 수 있다.

③ 귀무가설을 유의수준 1%에서 기각할 수 없으나 5%에서는 기각할 수 있다.

④ 귀무가설을 유의수준 1%에서 기각할 수 있으나 5%에서는 기각할 수 없다.

✅ **ANSWER** | 27.①   28.④   29.④   30.③

27 $\mu = 9.9$는 구간추정치에 속한다.

28   제1종 오류는 귀무가설이 모집단의 특성을 올바르게 나타내고 있음에도 불구하고 이를 기각하였을 때 생기는 오류이다.

29   검정통계량의 값 $= (9-10)/(2.5/\sqrt{25}) = -2$

30   유의확률이 유의수준보다 작으면 귀무가설을 기각한다.

31 미국에서는 인종간의 지적 능력의 근본적 차이를 강조하는 "종모양 곡선(Bell Curve)"이라는 책이 논란을 불러일으킨 적이 있다. 만약 흑인과 백인의 지능지수의 차이를 비교하고자 할 때 가장 적합한 검정도구는?

① 카이자승 검정　　　　　　　　　② t-검정

③ F-검정　　　　　　　　　　　　④ Z-검정

32 다음 설명 중 틀린 것은?

① 제1종 오류는 귀무가설이 사실일 때 귀무가설을 기각하는 오류이다.

② 양측검정은 통계량의 변화방향에는 관계없이 실시하는 검정이다.

③ 가설검정에서 유의수준이란 제1종 오류를 범할 때 최대허용오차이다.

④ 유의수준을 감소시키면 제2종 오류의 확률 역시 감소한다.

33 다음 중 p-값(p-value)과 유의수준(significance level) a의 관계가 옳은 것은?

① p-값 > a이면 귀무가설을 기각할 수 있다.

② p-값 < a이면 귀무가설을 기각할 수 있다.

③ p-값 = a이면 귀무가설은 반드시 채택된다.

④ p-값과 귀무가설 채택여부와는 아무 관계가 없다.

Ⓖ ANSWER | 31.② 32.④ 33.②

31 두 집단의 지능지수의 차이 분석은 t-검정을 이용한다.

32 유의수준과 관련이 있는 오류는 제1종 오류이며, 제1종 오류가 감소하면 유의수준도 감소한다.

33 p-값(유의확률)이 α(유의수준)보다 작을 때 귀무가설을 기각한다.
즉, 유의확률은 귀무가설을 기각할 수 있는 최소확률을 의미한다.

34 환자군과 대조군의 혈압을 비교하고자 한다. 각 집단에서 혈압은 정규분포를 따른다고 한다. 환자군 12명, 대조군 12명을 추출하여 평균을 조사하였다. 두 표본 t-검정을 실시할 때 적절한 자유도는 얼마인가?

① 11 　　　　　　　　　　　　　② 12
③ 22 　　　　　　　　　　　　　④ 24

35 아래 내용에 대한 가설형태로 옳은 것은?

> 기존의 진통제는 진통효과가 나타나는 시간이 평균 30분이고 표준편차는 5분이라고 한다. 새로운 진통제를 개발하였는데, 개발팀은 이 진통제의 진통 효과가 30분 이상이라고 주장한다.

① $H_0 : \mu < 30,\ H_1 : \mu = 30$ 　　　② $H_0 : \mu = 30,\ H_1 : \mu > 30$
③ $H_0 : \mu > 30,\ H_1 : \mu = 30$ 　　　④ $H_0 : \mu = 30,\ H_1 : \mu \neq 30$

36 다음 사례에 알맞은 검정방법은?

> 도시지역과 시골지역의 가족 수의 평균에 차이가 있는지 알아보기 위해 도시지역과 시골지역 중 각각 몇 개의 지역을 골라 가족 수를 조사하였다.

① 독립표본 t-검정 　　　　　　② 더빈 왓슨검정
③ χ^2(카이제곱)-검정 　　　　④ F-검정

⊙ ANSWER | 34.③ 35.② 36.①

34 자유도 $= n_1 + n_2 - 2 = 12 + 12 - 2 = 22$

35 대립가설은 연구자가 주장하고 싶은 가설을 말하므로 $H_1 : \mu > 30$으로 설정해야 한다.

36 독립된 두 집단의 평균을 비교하기 위해서 독립표본 $t-$검정을 시행할 수 있다.

37 검정력(power)에 관한 설명으로 옳은 것은?

① 귀무가설이 옳음에도 불구하고 이를 기각시킬 확률이다.

② 옳은 귀무가설을 채택할 확률이다.

③ 귀무가설이 거짓일 때 이를 기각시킬 확률이다.

④ 거짓인 귀무가설을 채택할 확률이다.

38 다음 표의 A, B에 들어갈 알맞은 용어는 무엇인가?

		실제현상	
		귀무가설(H_0) 참	대립가설(H_1) 참
검정결과	귀무가설(H_0) 채택	옳은 결정	(B)
	대립가설(H_1) 채택	(A)	옳은 결정

① A : 제1종 오류, B : 제1종 오류

② A : 제1종 오류, B : 제2종 오류

③ A : 제2종 오류, B : 제1종 오류

④ A : 제2종 오류, B : 제2종 오류

ⓥ **A N S W E R | 37.③ 38.②**

37 검정력 ··· 대립가설 H_1이 참일 때 귀무가설을 기각할 확률$(1-\beta)$을 말한다. 검정력이 좋아지면 제2종 오류의 확률이 줄어들게 된다.

38

		실제현상	
		귀무가설(H_0) 참	대립가설(H_1) 참
검정결과	귀무가설(H_0) 채택	옳은 결정	제2종의 오류
	대립가설(H_1) 채택	제1종의 오류	옳은 결정

10 범주형 자료와 카이제곱분포

데이터가 연속형이 아닌 범주형에서 추출되는 경우에 대한 여러 가지 검정법이 있다. 먼저 데이터가 주어진 가정에 적합한 확률모형을 따르는가를 검정하는 적합도 검정, 분류변수가 2개인 경우에 두 변수의 독립성 검정이나 한 변수의 각 수준에서 다른 변수의 확률모형이 동질적인지를 검정하는 방법 등이 있다.

① 다항실험과 카이제곱 근사

(1) 다항분포의 개념

다항분포는 범주형 자료의 확률모형을 나타내는 예로서 이 모형을 이용하여 카이제곱검정의 통계량을 만들 수 있다. 다항분포는 이항분포를 확장시킨 것이다. 이항분포의 경우는 성공 또는 실패와 같이 베르누이 시행 결과가 두 가지 중의 하나인 경우 성공이 나타나는 횟수에 대한 확률분포라면, 다항분포는 시행 결과가 k개 중의 하나인 다항시행에 대한 확률분포이다.

(2) 다항실험의 성격

① 실험은 n개의 시행(trial)으로 이루어진다.

② 각 시행의 결과는 k개의 가능한 결과(또는 범주) 중 한 가지에 속한다.

③ k개 결과에 대한 발생확률인 p_1, p_2, ..., p_k (단, $p_1 + p_2 + ... + p_k = 1$)는 매 시행마다 일정하다.

④ 각 시행은 서로 독립적이다.

⑤ 우리가 관심 갖는 확률변수는 k개의 결과에 속하는 관측도수 n_1, n_2, ..., n_k이다(단, $n_1 + n_2 + ... + n_k = n$). 여기서 n_1, n_2, ..., n_k를 각 범주에 속하는 칸 도수(cell count)라고 한다.

(3) 다항분포의 성질

실험 결과가 k개의 상호배반적인 범주에 속한다고 하자. 이러한 실험을 n번 반복 시행하였을 때 n_1, n_2, ..., n_k를 각 범주에 속하는 관측도수라 하고, e_1, e_2, ..., e_k를 해당 범주에 속하는 관측도수의 기댓값, 즉 $E(n_i) = e_i$라고 하면 n이 커질 때 통계량

$$X^2 = \sum_{i=1}^{k} \frac{(n_i - e_i)^2}{e_i}$$

는 자유도 $k-1$인 카이제곱분포에 접근해 간다.

여기에서 n_i : 관측도수(observed frequency), e_i : 기대도수(expected frequency).

❷ 적합도 검정

(1) 개념

적합도 검정(goodness-of-fit test)이란 어떤 실험에서 관측도수(O)가 우리가 가정하는 이론상의 분포(기대도수 E)를 따른다는 귀무가설을 검정하는 것이다. 즉, 관측도수가 얼마나 이론상의 분포 또는 주어진 형태를 잘 따르는지를 검정하므로 적합도 검정이라 한다.

* 예를 들어, 하나의 주사위를 n번 던지는 다항실험에서 우리는 던져진 주사위의 모든 눈이 나올 확률이 $\frac{1}{6}$으로 같다는 귀무가설을 적합도 검정을 사용하여 검정할 수 있다.

(2) 적합도 검정 방법

① **가설설정** ··· n개의 표본을 k개의 범주로 나누고 $p_i(i = 1, 2, ..., k)$를 i번째 칸 확률(cell probability) 또는 i번째 범주의 확률이라고 할 때, 가설을 다음과 같이 설정한다.

$H_0 : p_1 = p_{10}$, $p_2 = p_{20}$, ..., $p_k = p_{k0}$

$H_1 :$ 적어도 하나의 i에서 $p_i \neq p_{i0}$

② **기대도수 구하기** ··· 각 범주별 관측도수 O_1, O_2, ..., O_k가 주어지며, 귀무가설 하에서 각 범주의 긴 확률 p_1, p_2, ..., p_k가 주어지면 이에 대응되는 기대도수 E_1, E_2, ..., E_k가 구해진다. 총 시행횟수가 n이며, 귀무가설 하에서 각 범주에 속하는 확률을 p_i라 할 때, 각 범주마다 기대도수 E_i는 $E_i = np_i$ $(i = 1, 2, ..., k)$이다.

범주	1	2	...	k
관측도수	O_1	O_2	...	O_k
귀무가설 하에서의 칸 확률	p_1	p_2	...	p_k
귀무가설 하에서의 기대도수	$E_1 = np_1$	$E_2 = np_2$	...	$E_k = np_k$

* 적합도 검정시 유의사항은 표본수 n이 커서 기대도수 np_i가 최소한 5 이상이 되어야 한다는 것이다. 만약 기대도수가 5 이하인 범주가 존재한다면 표본수를 늘리거나 기대도수가 5 이상이 되도록 둘 이상의 범주를 합쳐야 한다.

③ **검정통계량** ··· 귀무가설이 사실이라면 관측도수 O_i와 기대도수 $E_i = np_i$와의 차이가 작을 것이며, $O_i - E_i$가 클수록 귀무가설이 사실이 아닐 가능성이 커진다. 적합도검정에 사용되는 통계량은 다음과 같다.

$$\text{피어슨 카이제곱 통계량 } X^2 = \sum_{i=1}^{k} \frac{(O_i - E_i)^2}{E_i}$$

④ **의사결정** ··· 검정통계량인 피어슨 카이제곱 통계량 X^2은 자유도 $k-1$인 카이제곱분포 χ^2를 따르므로 유의수준 α에 의해 귀무가설을 기각 또는 채택에 대해 검정한다.

$$\text{기각역 } X^2 \geq \chi^2_{(k-1,\alpha)}, \text{ 유의수준 } \alpha$$

* 단, 기대도수 E_i를 구하기 위해 p개의 모수를 표본자료에서 추정해야 한다면, 이때의 자유도는 $(k-1)-p$가 된다.

③ 독립성 검정과 동질성 검정

적합도 검정은 분류기준이 하나의 변수를 사용하였다. 이제 두 가지 분류기준을 사용하는 이원분할표 (two-way contingency table)에서는 독립성(independence) 검정과 동질성(homogeneity) 검정을 실시한다.

[$I \times J$ 분할표의 관측도수]

X \ Y	1	2	$\cdots$	J	합계
1	n_{11}	n_{12}	$\cdots$	n_{1j}	n_{1+}
2	n_{21}	n_{22}	$\cdots$	n_{2j}	n_{2+}
$\vdots$	$\vdots$	$\vdots$	$\vdots$	$\vdots$	$\vdots$
I	n_{i1}	n_{i2}	$\cdots$	n_{ij}	n_{i+}
합계	n_{+1}	n_{+2}	$\cdots$	n_{+j}	n

[$I \times J$ 분할표의 칸 확률(모집단)]

X \ Y	1	2	$\cdots$	J	합계
1	p_{11}	p_{12}	$\cdots$	p_{1j}	p_{1+}
2	p_{21}	p_{22}	$\cdots$	p_{2j}	p_{2+}
$\vdots$	$\vdots$	$\vdots$	$\vdots$	$\vdots$	$\vdots$
I	p_{i1}	p_{i2}	$\cdots$	p_{ij}	p_{i+}
합계	p_{+1}	p_{+2}	$\cdots$	p_{+j}	1

(1) 독립성 검정

① **개념** … $I \times J$ 분할표에서 한 특성이 다른 특성에 영향을 미치는지의 여부에 대한 검정이다.

② **가설설정**

H_0 : 두 범주형 변수 X와 Y는 독립이다(즉, 관련이 없다).

H_1 : 두 범주형 변수 X와 Y는 독립이 아니다(즉, 관련이 있다).

* 귀무가설 하에서 변수 X와 Y가 독립이면 $p_{ij} = p_{i+} \cdot p_{+j}$가 성립한다. 따라서 가설을 다음과 같다.

$H_0 : p_{ij} = p_{i+} \cdot p_{+j}$

$H_1 : p_{ij} \neq p_{i+} \cdot p_{+j}$

③ 검정통계량

  ㉠ 기대도수

  > X와 Y가 독립이라는 귀무가설 하에서 각 칸의 기대도수 $E(n_{ij})$의 추정량은 다음과 같다.
  >
  > $$\hat{E}(n_{ij}) = \frac{n_{i+} \cdot n_{+j}}{n}, i = 1, 2, ..., I, \ j = 1, 2, ..., J$$

  ㉡ 독립성 검정의 자유도

  > $I \times J$ 분할표에서 독립성 검정의 자유도는 다음과 같다.
  > $$(\text{자유도}) = (I-1)(J-1)$$
  > 여기서 I는 행의 수, J는 열의 수를 나타낸다.

  ㉢ 독립성 검정의 통계량

  > $I \times J$ 분할표에서 독립성 검정의 검정통계량은 다음과 같다.
  > $$X^2 = \sum_{i=1}^{I} \sum_{j=1}^{J} \frac{(n_{ij} - \hat{E}_{ij})^2}{\hat{E}_{ij}}$$
  > 여기서 $\hat{E}_{ij} = \hat{E}(n_{ij}) = \frac{n_{i+} \cdot n_{+j}}{n}$, X^2은 자유도 $(I-1)(J-1)$인 카이제곱분포를 따른다.

④ **의사결정** ··· 유의수준 α에서 X^2은 자유도 $(I-1)(J-1)$인 카이제곱분포 χ^2를 따르므로 귀무가설 H_0의 기각역은 다음과 같다.

> 기각역 $X^2 \geq \chi^2_{((I-1)(J-1),\alpha)}$, 유의수준 α

(2) 동질성 검정

① **개념** ··· 여러 개의 모집단들로부터 추출된 각 표본들이 하나의 특성에 대해 몇 개의 범주로 분류되었을 때, 각 모집단들이 주어진 특성에 대해 서로 동일한 분포를 따르는지 검정하는 것이다.

② **가설설정**

  H_0 : 둘 이상의 모집단에서 어떤 특성의 각 범주별 비율이 같다.

  즉, $p_{1j} = p_{2j} = ... = p_{ij} = p_j \ (j = 1, 2, ..., J)$

  H_1 : H_0가 사실이 아니다.

③ **검정통계량**

　㉠ 동질성 검정의 자유도

> $I \times J$ 분할표에서 동질성 검정의 자유도는 다음과 같다.
>
> $$(\text{자유도}) = (I-1)(J-1)$$
>
> 여기서 I는 행의 수, J는 열의 수를 나타낸다.

　㉡ 동질성 검정의 통계량

> $I \times J$ 분할표에서 동질성 검정의 검정통계량은 다음과 같다.
>
> $$X^2 = \sum_{i=1}^{I} \sum_{j=1}^{J} \frac{(n_{ij} - n_{i+}\widehat{p_{ij}})^2}{n_{i+}\widehat{p_{ij}}}$$
>
> 여기서 $n_{i+}\widehat{p_{ij}} = \dfrac{n_{i+} \cdot n_{+j}}{n}$, X^2은 자유도 $(I-1)(J-1)$ 인 카이제곱분포를 따른다.

④ **의사결정** … 유의수준 α에서 X^2은 자유도 $(I-1)(J-1)$인 카이제곱분포 χ^2를 따르므로 귀무가설 H_0의 기각역은 다음과 같다.

> $$\text{기각역 } X^2 \geq \chi^2_{((I-1)(J-1),\ \alpha)}, \text{ 유의수준 } \alpha$$

기출유형문제

1 다음은 카이제곱통계량을 이용하여 두 변수가 서로 독립인지 알아보기 위한 관측도수의 2×2 분할표이다. 카이제곱(χ^2) 검정에 대한 설명으로 옳지 않은 것은? (단, 귀무가설이 참일 때 각 셀의 기대도수는 5 이상이고, 카이제곱통계량의 값은 k이다)

구분		변수2		합계
		범주1	범주2	
변수1	범주1	O_{11}	O_{12}	n_{1+}
	범주2	O_{21}	O_{22}	n_{2+}
합계		n_{+1}	n_{+2}	n

① 관측도수가 O_{11}인 셀의 기대도수는 $\dfrac{(n_{1+}) \times (n_{+1})}{n}$과 같다.

② 관측도수가 O_{11}인 셀의 기대도수와 O_{12}인 셀의 기대도수의 합은 n_{1+}와 같다.

③ X가 자유도 1인 카이제곱분포를 따를 때, 유의확률은 $P(X \le k)$와 같다.

④ 전체 관측도수의 합과 전체 기대도수의 합은 같다.

✓ **ANSWER** | 1.③

---

1 두 변수의 독립성 검정을 하기 위하여 카이제곱 검정을 실시한다. 이 때 귀무가설이 참일 때, 즉 두 변수가 서로 독립일 때 각 셀의 기대도수는 5 이상이고 카이제곱통계량의 값은 k이다.

① 관측도수가 O_{ij}인 셀의 기대도수는 $\hat{E}(n_{ij}) = \dfrac{(n_{i+}) \times (n_{+j})}{n}$이므로 O_{11}의 기대도수는 $\dfrac{(n_{1+}) \times (n_{+1})}{n}$이다.

② 관측도수 O_{11}과 O_{12}의 셀 기대도수의 합은

$$\hat{E}(n_{11}) + \hat{E}(n_{12}) = \frac{(n_{1+}) \times (n_{+1})}{n} + \frac{(n_{1+}) \times (n_{+2})}{n}$$

$$= \frac{(n_{1+}) \times (n_{+1} + n_{+2})}{n} = \frac{(n_{1+}) \times n}{n} = n_{1+}$$

③ X가 자유도 1인 카이제곱분포를 따를 때, 유의확률은 $P(X \ge k)$이다.

④ 전체 관측도수의 합과 전체 기대도수의 합은 같다.

2 다음은 금연 프로그램에 참석한 120명을 대상으로 직업군에 따라 금연 성공률에 차이가 있는지 조사한 분할표이다. 이에 대한 설명으로 옳은 것은? (단, $O_{ij}(i=1, 2, 3, 4,\ j=1, 2)$는 (i, j) 셀에서 얻어진 관측도수이고, $E_{ij}(i=1, 2, 3, 4,\ j=1, 2)$는 귀무가설이 참일 때 (i, j) 셀에서 얻어진 기대도수이다. $\chi^2_{\alpha}(k)$는 자유도가 k인 카이제곱분포의 제$100 \times (1-\alpha)$ 백분위수이고, χ^2은 검정통계량이다)

구분		금연		합계
		성공함(1)	성공하지 못함(2)	
직업군	사무직(1)	15	15	30
	자영업(2)	15	10	25
	교육관련(3)	12	18	30
	노동직(4)	18	17	35
합계		60	60	120

① 각 직업의 성공률을 $p_i(i=1, 2, 3, 4)$라고 할 때, 귀무가설은 $H_0 : p_1 = p_2 = p_3 = p_4 = \dfrac{1}{4}$이다.

② $E_{11} = 15$이다.

③ 카이제곱 검정통계량은 $\chi^2 = \displaystyle\sum_{i=1}^{4}\sum_{j=1}^{2} \dfrac{(O_{ij}-E_{ij})^2}{O_{ij}}$이다.

④ 유의수준 5%에서 검정할 때, 기각역은 $\chi^2 \geq \chi^2_{0.025}(2)$이다.

⊘ ANSWER | 2.②

2 ① 각 직업의 성공률을 $p_i(i=1, 2, 3, 4)$라고 할 때,

   귀무가설은 $H_0 : p_1 = p_2 = p_3 = p_4 = \dfrac{1}{2}$이다.

② $E_{11} = \dfrac{30 \times 60}{120} = 15$ 이다.

③ 카이제곱 검정통계량은 $\chi^2 = \displaystyle\sum_{i=1}^{4}\sum_{j=1}^{2} \dfrac{(O_{ij}-E_{ij})^2}{E_{ij}}$이다.

④ 카이제곱검정의 자유도는 $(2-1) \times (4-1) = 3$이므로 유의수준 5%에서의 기각역은 $\chi^2 \geq \chi^2_{0.05}(3)$이다.

3 다음은 여행 프로그램 A, B, C에 대한 선호도가 연령대와 상관성이 있는지 알아보기 위하여 설문조사를 한 결과이다.

	A	B	C
20대	6	27	19
30대	8	36	17
40대	21	45	33
50대	14	18	6

프로그램에 대한 선호도가 연령대와 상관성이 없다는 귀무가설을 검정하기 위한 카이제곱 검정통계량이 14.15 일 때, 유의수준 5%에서 검정 결과로 옳은 것은? (단, $\chi_\alpha^2(n)$은 자유도가 n인 카이제곱분포의 제 $100 \times (1-\alpha)$ 백분위수이고 $\chi_{0.05}^2(6) = 12.59$, $\chi_{0.05}^2(8) = 15.51$ 이다)

① 검정통계량의 값이 12.59보다 크므로 프로그램의 선호도가 연령대와 상관성이 없다고 할 수 있다.
② 검정통계량의 값이 12.59보다 크므로 프로그램의 선호도가 연령대와 상관성이 없다고 할 수 없다.
③ 검정통계량의 값이 15.51보다 작으므로 프로그램의 선호도가 연령대와 상관성이 없다고 할 수 있다.
④ 검정통계량의 값이 15.51보다 작으므로 프로그램의 선호도가 연령대와 상관성이 없다고 할 수 없다.

✔ **ANSWER** | 3.②

3 프로그램에 대한 선호도가 연령대와 상관성이 없다는 귀무가설을 검정하기 위하여 카이제곱 검정을 실시한 결과, 검정 통계량 14.15는 유의수준 5%에서 자유도 $(4-1) \times (3-1) = 6$의 카이제곱값 12.59보다 크므로 기각역에 속한다. 따라서 프로그램의 선호도와 연령대와는 상관성이 없다고 할 수 없다.

4 휴대전화를 제조하는 세 회사 A, B, C의 시장 점유율은 각각 50 %, 30 %, 20 %로 알려져 있다. 신제품의 출시가 시장 점유율에 영향을 미치는지 알아보기 위하여 C회사가 신제품을 출시하고 6개월 후, 200명의 휴대전화 사용자를 임의로 추출하여 다음과 같이 조사하였다. 시장 점유율의 변화가 있는지 알아보기 위하여 사용하는 검정법으로 옳은 것은?

회사명	A	B	C
관측도수	98	48	54

① 자유도가 2인 카이제곱분포를 이용한 적합도 검정
② 자유도가 2인 카이제곱분포를 이용한 독립성 검정
③ 자유도가 3인 카이제곱분포를 이용한 적합도 검정
④ 자유도가 3인 카이제곱분포를 이용한 독립성 검정

ANSWER | 4.①

4 본 조사는 이미 알려져 있는 세 회사 A, B, C의 시장 점유율에 대하여 신제품 출시가 미치는 영향을 알아보기 위한 것이다.
관측도수가 얼마나 이론상의 분포 또는 주어진 형태를 잘 따르는지 검정하므로 적합도 검정이라 한다.
이 때 자유도는 $3-1=2$ 이다.

5 어느 지역의 남녀 간 소비생활 만족도의 분포가 같은지 알아보고자 이 지역에 거주하는 남녀 각각 100 명을 임의로 추출하여 조사한 결과가 다음과 같다.

(단위 : 명)

만족도 성별	불만족	보통	만족	합계
남	34	40	26	100
여	25	43	32	100

이를 검정하기 위한 카이제곱 검정통계량의 값이 2.1이고 유의확률(p-값)이 0.35일 때, 이 검정에 대한 설명으로 옳지 않은 것은?

① 귀무가설은 '남녀 간 소비생활 만족도의 분포가 같다.'이다.
② 귀무가설이 참일 때, 카이제곱 검정통계량의 자유도는 3이다.
③ 유의수준 5 %에서 귀무가설을 기각할 수 없다.
④ 이 검정을 동질성 검정(homogeneity test)이라고 한다.

⊘ ANSWER | 5.②

5 ② 카이제곱 검정통계량의 자유도는 $(2-1)(3-1) = 2$이다.
① 이 때 귀무가설은 '남녀 간 소비생활 만족도의 분포가 같다' 이다.
③ 카이제곱 검정통계량의 값 2.1에 대한 유의확률(p-값)이 0.35로 유의수준 5% 보다 크므로 귀무가설을 기각할 수 없다.
④ 동질성 검정(homogeneity test)은 둘 이상의 모집단이 있을 경우 각 모집단에서 어떤 특성의 분포가 동일한 분포를 따르는지 검정하는 것이다.

6 20대와 30대에서 100 명을 임의로 추출하여 두 제품 A와 B에 대한 선호도를 조사한 결과가 다음과 같다.

(단위 : 명)

연령대＼제품	A	B
20대	20	30
30대	30	20

연령대와 제품에 대한 선호도가 서로 독립이라는 귀무가설을 검정하기 위한 카이제곱 검정통계량의 값과 유의수준 5%에서 검정 결과가 옳게 짝지어진 것은? (단, $\chi_\alpha^2(k)$는 자유도가 k인 카이제곱분포의 제$(1-\alpha)\times100$ 백분위수를 나타내고, $\chi_{0.05}^2(1)=3.84$, $\chi_{0.05}^2(2)=5.99$이다)

	검정통계량의 값	검정 결과
①	4	귀무가설 기각함
②	4	귀무가설 기각하지 않음
③	5	귀무가설 기각함
④	5	귀무가설 기각하지 않음

6 귀무가설 : 연령대와 제품에 대한 선호도가 서로 독립이다.
독립성 검정을 실시하기 위하여 기대도수를 구하면,

$$\hat{E}(n_{11}) = \frac{50\times50}{100} = 25 = \hat{E}(n_{12}) = \hat{E}(n_{21}) = \hat{E}(n_{22})$$

이고, 독립성 검정의 자유도는 $(2-1)\times(2-1)=1$이다.
이제 카이제곱 검정통계량을 구하면 다음과 같다.

$$X^2 = \sum_{i=1}^{2}\sum_{j=1}^{2}\frac{(n_{ij}-\hat{E}(n_{ij}))^2}{\hat{E}(n_{ij})}$$

$$= \frac{(20-25)^2}{25}+\frac{(30-25)^2}{25}+\frac{(30-25)^2}{25}+\frac{(20-25)^2}{25}$$

$$= 4$$

따라서 자유도 1인 카이제곱분포에서 유의수준 5%의 기각역은 $X^2 \geq 3.84$이고 검정통계량은 기각역에 속하므로 귀무가설을 기각할 수 있다.

7 다음은 어느 정책에 대하여 세 도시 A, B, C의 만족도를 조사한 결과이다.

도시 \ 만족도	만족	보통	불만족	합계
A	34	39	12	85
B	29	31	26	86
C	33	29	19	81
합계	96	99	57	252

만약 세 도시 A, B, C에서 이 정책에 대한 만족도의 분포가 동일하다면 B 도시의 '만족' 셀의 기대도수는?

① $\dfrac{96 \times 86}{252}$

② $\dfrac{29}{86} \times \dfrac{29}{96} \times 252$

③ $\dfrac{96}{3} \times \dfrac{86}{3} \times \dfrac{1}{29}$

④ 29

---

7 세 도시 A, B, C에서 이 정책에 대한 만족도의 분포가 동일하다는 조건은 각 도시에서 어떤 특성의 각 범주별 비율이 같다는 것을 의미한다. 즉, 분포의 동질성 조건에 의하여 세 도시의 '만족'에 대한 비율이 동일하다는 뜻이므로, '만족'에 대한 비율 $\dfrac{96}{252}$은 B 도시의 '만족' 셀의 추정비율과 같다.

따라서 B 도시의 '만족' 셀의 기대도수는 B 도시의 도수에 B 도시의 '만족' 셀의 추정비율을 곱한 값이므로

$$n_{i+}\widehat{p_{ij}} = \frac{n_{i+} \cdot n_{+j}}{n} = 86 \times \frac{96}{252} = \frac{96 \times 86}{252} \text{ 이다.}$$

8 다음은 어느 지역에서 80명을 임의로 추출하여 출생한 계절을 조사한 결과이다.

출생계절	봄	여름	가을	겨울
관측도수	28	12	16	24

이 지역의 계절별 출생률이 같다는 귀무가설에 대한 검정에서 카이제곱 검정통계량의 값과 유의수준 5%에서의 검정결과에 대한 설명으로 옳은 것은? (단, $\chi^2_\alpha(k)$는 자유도가 k인 카이제곱분포의 $(1-\alpha) \times 100$번째 백분위수를 나타내고, $\chi^2_{0.05}(3) = 7.8147$, $\chi^2_{0.05}(4) = 9.4877$이다)

① 검정통계량의 값이 8로 계절별 출생률이 같다고 할 수 있다.
② 검정통계량의 값이 8로 계절별 출생률이 같다고 할 수 없다.
③ 검정통계량의 값이 9로 계절별 출생률이 같다고 할 수 있다.
④ 검정통계량의 값이 9로 계절별 출생률이 같다고 할 수 없다.

9 카이제곱분포에 대한 설명으로 옳은 것만을 모두 고른 것은?

> ㉠ Z가 표준정규분포를 따르는 확률변수일 때, Z^2은 자유도가 1인 카이제곱분포를 따른다.
> ㉡ 서로 독립인 두 확률변수가 각각 카이제곱분포를 따를 때, 두 확률변수의 합도 카이제곱분포를 따른다.
> ㉢ 두 범주형자료의 독립성 검정에서 행의 수가 3이고 열의 수가 4인 분할표(contingency table)를 이용할 때, 카이제곱검정통계량은 자유도가 12인 카이제곱분포를 따른다.

① ㉠
② ㉠, ㉡
③ ㉡, ㉢
④ ㉠, ㉡, ㉢

⊘ ANSWER | 8.② 9.②

---

8 계절별 출생률이 같다는 귀무가설에 의해 각 계절별 출생 확률은 0.25이며, 이 때 각 계절마다 기대도수는 $E_i = 80 \times 0.25 = 20$이다. 카이제곱 검정통계량은

$$X^2 = \frac{(28-20)^2}{20} + \frac{(12-20)^2}{20} + \frac{(16-20)^2}{20} + \frac{(24-20)^2}{20} = 8$$

이고, 사유도는 3인 카이제곱분포를 따른다. 유의수준 5%에서이 기각역은 $X^2 > \chi^2_{0.05}(3) = 7.8147$인데 카이제곱 검정통계량이 $X^2 = 8$이므로 기각역에 속한다. 따라서 귀무가설을 기각할 수 있으며, 이는 계절별 출생률이 같다고 할 수 없다.

9 ㄱ. $Z \sim N(0, 1)$을 따른다면 $Z^2 \sim \chi^2_{(1)}$이다.

ㄴ. 서로 독립인 두 확률변수 X, Y가 $X \sim \chi^2_{(n)}$, $Y \sim \chi^2_{(m)}$를 따른다면, $X + Y \sim \chi^2_{(n+m)}$을 따른다.

ㄷ. 두 범주형자료의 독립성 검정에서 행의 수가 3이고, 열의 수가 4인 분할표를 이용할 때, 카이제곱검정통계량의 자유도는 $(3-1) \times (4-1) = 6$이다.

출제예상문제

1 카이제곱 검정에서 기대빈도수가 얼마 미만인 범주는 그 바로 앞이나 바로 뒤의 범주와 통합(pooling)해야 하는가?

① 5   ② 10
③ 15   ④ 20

2 카이제곱 검정에서 k개의 범주 또는 구간이 존재할 때, 자유도는 얼마인가?

① k-2   ② k-1
③ k   ④ k+1

3 카이제곱 검정은 두 변수간의 독립성 여부를 분석하는 데에도 사용된다. r을 행(row)의 개수, c를 열(column)의 개수라 할 때 자유도는 얼마인가?

① (r-1)(c)   ② (r)(c-1)
③ (r-1)(c-1)   ④ (r)(c)

⊘ ANSWER | 1.① 2.② 3.③

1 카이제곱 검정에서 기대빈도수가 5 미만인 범주는 그 바로 앞이나 바로 뒤의 범주와 통합(pooling)해야 한다.

2 카이제곱 검정에서 k개의 범주 또는 구간이 존재할 때, 자유도는 k-1이다.

3 카이제곱 검정은 두 변수간의 독립성 여부를 분석하는 데에도 사용되는데 r을 행(row)의 개수, c를 열(column)의 개수라 할 때 자유도는(r-1)(c-1)이다.

4 어떤 도전이 공정한가를 검정하고자 동전 20회를 던져본 결과 15번 앞면이 나왔다. 이 검정에 사용된 카이제곱 통계량 값은?

① 2.5

② 5

③ 10

④ 12.5

5 카이제곱(Chi-square) 검정에 대한 다음 설명 중 틀린 것은?

① 1보다 큰 값을 갖는 범위에서만 정의된다.

② 통계분할표에서 변수들 사이의 연관성을 검정하는 가장 보편적인 형태이다.

③ 관찰도수와 기대도수의 차이를 평가하기 위한 검정통계량이다.

④ 카이제곱 검정을 실시하고자 할 때는 관찰도수, 기대도수, 자유도, 유의수준이 필요하다.

ANSWER | 4.② 5.①

4 카이제곱 통계량 값 = 앞면+뒷면 = $\dfrac{(15-10)^2}{10} + \dfrac{(5-10)^2}{10} = 5$

5 카이제곱 검정은 0보다 큰 값을 갖는 범위에서만 정의된다.

※ **카이제곱 분포** … 정규분포와 달리 카이제곱분포의 형태는 오른쪽으로 긴 꼬리를 갖는 비대칭곡선이고 자유도 n의 크기에 따라 변하며, 이를 그림으로 나타내면 다음과 같다.

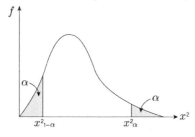

6 두 정당 (A, B)에 대한 선호도가 성별에 따라 다른지 알아보기 위하여 1,000명을 임의추출하였다. 이 경우에 가장 적합한 통계분석법은?

① 분산분석 ② 회귀분석
③ 인자분석 ④ 교차분석

7 두 변수에 대한 분할표(Contingency table)에서 두 변수의 독립성 여부를 검정하기 위하여 카이제곱 (Chi-square) 검정을 실시하고자 할 때 필요한 항목만으로 구성된 것은?

① 실측도수, 기대도수, 자유도, 평균
② 실측도수, 기대도수, 자유도, 분산
③ 실측도수, 기대도수, 자유도, 유의수준
④ 실측도수, 기대도수, 변동계수, 유의수준

8 주사위를 120번 던져서 얻은 결과가 다음과 같다. 주사위가 공정하다는 가정 하에 1×6 분할표에 대한 χ^2-통계량 값은?

눈의 값	1	2	3	4	5	6
관찰도구	18	23	16	21	18	24

① 0 ② 0.125
③ 2.0 ④ 2.5

---

6 교차분석은 명목 또는 서열척도의 범주형 변수를 분석하기 위하여 한 변수의 범주를 다른 변수의 범주에 따라 빈도를 분석하는 교차표를 작성하고 두 변수 사이의 관련성과 독립성을 파악하는데 이용한다.

7 카이제곱(Chi-square) 검정을 실시하고자 할 때는 실측도수, 기대도수, 자유도, 유의수준이 필요하다.

8 1×6 분할표에 대한 χ^2(카이제곱) – 통계량 값 = (4 + 9 + 16 + 1 + 4 + 16)/20 = 2.5

9 분할표를 만들어 두 변수간의 독립성 여부를 검정한다. 만일 유의수준이 0.05일 때 카이제곱(χ^2) 통계량의 유의확률이 0.55로 나왔다면, 결과 해석으로 옳은 것은?

① 두 변수 간에는 상호 연관 관계가 있다.
② 두 변수는 서로 아무런 관계가 없다.
③ 이것만으로 상호 어떤 관계가 있는지 말할 수 없다.
④ 한 변수의 범주에 따라 다른 변수의 변화 패턴이 다르다.

10 3×4 분할표 자료에 대한 독립성 검정을 위한 카이제곱통계량의 자유도는?

① 12 ② 10
③ 8   ④ 6

11 다음 중 카이제곱 분포의 특징이 아닌 것은?

① 연속확률변수로서 항상 양(+)의 값만을 가진다.
② 왼쪽 꼬리를 가진 비대칭분포이다.
③ 자유도에 따라 모양이 변화한다.
④ 자유도가 커질수록 정규분포에 가까워진다.

ANSWER | 9.② 10.④ 11.②

9 유의수준이 유의확률보다 작으면 귀무가설을 기각하지 못한다. 즉, 두 변수는 서로 아무런 관계가 없다.

10 χ^2검정의 자유도 = (행의 수 − 1)(열의 수 − 1) = (3 − 1)(4 − 1) = 6

11 카이제곱 분포는 오른쪽 꼬리를 가진 비대칭분포이다.
 ※ 카이제곱분포의 성질
  ㉠ 카이제곱분포의 형태는 자유도 n의 크기에 따라 변한다.
  ㉡ 카이제곱분포의 가법성 : X_1, …, X_n이 자유도 k_1, …, k_n인 카이제곱분포를 따르고 X_1, …, X_n이 서로 독립이면 $Y = \sum_{i=1}^{n} X_i$은 자유도 $\sum_{i=1}^{n} k_i$인 카이제곱분포를 따른다.

12 2차원 분할표에서 행 변수의 범주 수는 5개이고, 열 변수의 범주 수는 4개이다. 두 변수간의 독립성 검정에 사용되는 검정통계량의 분포는?

① 자유도 9인 카이제곱 분포

② 자유도 12인 카이제곱 분포

③ 자유도 9인 t 분포

④ 자유도 12인 t 분포

13 성별에 따라 강원대학교 입학시험 합격자의 지역별 자료이다. 성별과 지역별로 차이가 있는지 검정하기 위해 교차분석을 하고자 한다. 카이제곱 검정을 한다면 자유도는 얼마인가?

구분	A지역	B지역	C지역	D지역	합계
남	40	30	50	50	170
여	60	40	70	30	200
합계	100	70	120	80	370

① 1 　　　　　　　　　　② 2

③ 3 　　　　　　　　　　④ 4

---

12 교차분석의 자유도 = (5-1)(4-1) = 12

13 교차분석 시 통계량의 자유도는 (2-1)(4-1) = 3이다.

11 분산분석

모집단이 세 개 이상인 경우에 모집단간의 평균차이를 검정하기 위한 검정방법을 분산분석(Analysis of Variance : ANOVA)라 한다. 즉, 분산분석은 3개 이상의 모집단의 평균차이를 검정하기 위한 방법으로 주로 실험계획(experimental design)과 회귀분석에서 많이 사용한다.

❶ 기본 개념

(1) 용어 정의

① **인자**(factor) ⋯ 어떤 실험에서 관측값에 영향을 주는 조건의 종류를 말하며 요인이라고도 한다. 분산분석에서는 인자의 수에 따라 집단을 구분한다.

② **인자수준**(factor level) ⋯ 인자의 여러 가지 조건을 말하며, 처리(treatment)라고도 하며 간단히 수준(level)이라 한다.

③ **일원배치법**(one-way ANOVA) ⋯ 한 가지 인자가 여러 수준에서 관측값에 미치는 영향을 조사하는 분산분석법

④ **이원배치법**(two-way ANOVA) ⋯ 두 개의 인자의 각 수준에서 관측값에 미치는 영향을 조사하는 분산분석법

(2) 분산분석

① **개념** ⋯ 분산분석은 실험에서 표본 관측값과 표본 총평균과의 차이로 설명되는 총변동을 급간변동(처리변동)과 급내변동(오차변동)으로 나누어 처리변동과 오차변동을 비교하여 인자의 영향력이 있는지 없는시 분석하는 것이다.

② **총변동** ⋯ 처리변동과 오차변동의 합으로 구분되며, 변동을 분산의 개념으로 표시하기 때문에 총분산을 설명할 수 있는 분산과 설명할 수 없는 분산으로 나누어 분산비에 대한 분포를 이용한 $F-$검정을 실시한다.

> * ($F-$검정 해석) 처리변동이 오차변동보다 크다면 각 집단의 차이가 있다고 보며, 반대로 처리변동이 오차변동보다 작으면 집단 간의 차이가 없다고 분석한다.

③ **급간변동**(between sum of square) ⋯ 처리제곱합(treatment sum of square)이라고도 하는데 집단의 평균을 이용하여 집단 간의 차이를 설명하는 변동이다.

④ **급내변동**(within sum of square) ⋯ 오차제곱합 또는 잔차제곱합(residual sum of square)이라고도 하며 각 집단 내에서 발생하는 차이를 설명하는 변동으로 처리변동으로 설명하지 못하는 부분으로 분산분석의 기준이 된다.

② 일원배치분산분석

(1) 개념

일원배치분산분석법은 어떤 하나의 인자 특성값이 여러 인자수준 또는 처리에 의하여 변화되는 영향을 조사하는 방법으로 실험의 측정이 랜덤하게 선택된 순서에 의해 시행되어야 하므로 완전확률화 계획법(complete randomized design)의 분석이라고 한다.

(2) 통계적 모형

① 분산분석은 모집단이 정규분포를 따르고, k개 모집단의 분산이 같다는 조건을 충족해야 한다.

② 각 표본들은 서로 독립이다.

(3) 분석자료의 구조

① i번째 처리의 표본 평균 ⋯ $\overline{X}_{i\,.} = \dfrac{1}{n_i} \displaystyle\sum_{j=1}^{n_i} X_{ij}$, $i = 1,\ 2,\ ...,\ k$

② **총평균** ⋯ $\overline{X}_{..} = \dfrac{1}{N} \displaystyle\sum_{i=1}^{k} \sum_{j=1}^{n_i} X_{ij}$, $N = \displaystyle\sum_{i=1}^{k} n_i$

[일원배치분산분석의 자료구조]

	\multicolumn{4}{c}{처 리}	
	1	2	⋯	k	
	X_{11}	X_{21}	⋯	X_{k1}	
	X_{12}	X_{22}	⋯	X_{k2}	
	$\vdots$	$\vdots$		$\vdots$	
	X_{1n_1}	X_{2n_2}	⋯	X_{kn_k}	
표본크기	n_1	n_2	⋯	n_k	계 $N=\displaystyle\sum_{i=1}^{k} n_i$
표본평균	$\overline{X}_1.$	$\overline{X}_2.$	⋯	$\overline{X}_k.$	총평균 $\overline{X}..$

⑷ 모형 설정

일원배치분산분석의 모형
$$X_{ij} = \mu + a_i + \varepsilon_{ij}, \ \ i = 1,\, 2,\, ...,\, k,\ \ j = 1,\, 2,\, ...,\, n_i$$
ε_{ij} : 오차항으로 서로 독립이며 정규분포 $N(0,\, \sigma^2)$ 을 따르는 확률변수
μ : 실험전체의 모평균, a_i : i 번째 처리효과$(a_i = \mu_i - \mu)$

⑸ 가설

분산분석에서의 가설은 모집단평균 간의 차이가 있는가를 검정하는 것이다. 이것은 k개의 처리효과가 모두 동일한가를 분석하는 것과 같다. 따라서 귀무가설과 대립가설은 각각 다음과 같다.

H_0 : $\mu_1 = \mu_2 = ... = \mu_k$ (또는 $a_1 = a_2 = ... = a_k$)
H_1 : μ_i들이 적어도 하나는 같지 않다.
(또는 a_i들이 적어도 하나는 같지 않다.)

(6) 분산분석 과정

① 제곱합(sum of square, SS)

$$\sum_{i=1}^{k}\sum_{j=1}^{n_i}(X_{ij}-\overline{X_{..}})^2 = \sum_{i=1}^{k}n_i(\overline{X_{i.}}-\overline{X_{..}})^2 + \sum_{i=1}^{k}\sum_{j=1}^{n_i}(X_{ij}-\overline{X_{i.}})^2$$

$$SST \qquad = \qquad SSTr \qquad + \qquad SSE$$

　　㉠ 총제곱합(total sum of square : SST) : 총변동

　　㉡ 처리제곱합(treatment sum of square : $SSTr$) : 급간변동, 처리변동

　　㉢ 잔차제곱합(residual sum of square : SSE) : 급내변동, 오차변동

② 자유도(degrees of freedom : df)

> **제곱합과 자유도 분할**
> $$제곱합 : SST = SSTr + SSE$$
> $$자유도 : (N-1) = (k-1) + (N-k)$$

　　㉠ 총제곱합(SST)의 자유도 : $(N-1)$

　　㉡ 처리제곱합($SSTr$)의 자유도 : $(k-1)$

　　㉢ 잔차제곱합(SSE)의 자유도 : $(N-k)$

③ 평균제곱(mean square : MS) ··· 제곱합을 각각의 자유도로 나눈 것을 평균제곱이라 하고, 처리와 오차에 대한 평균제곱은 다음과 같다.

　　㉠ 처리의 평균제곱 : $MSTr = \dfrac{SSTr}{k-1}$

　　㉡ 잔차의 평균제곱 : $MSE = \dfrac{SSE}{N-k}$

④ $F-$검정통계량 ··· 귀무가설 $H_0 : \mu_1 = \mu_2 = \cdots = \mu_k$을 검정하기 위한 검정통계량은 처리의 평균제곱과 잔차의 평균제곱의 비(ratio)로 정의한다.

$F = \dfrac{MSTr}{MSE}$이 검정통계량은 자유도가 $(k-1, N-k)$인 F분포를 따른다.

⑤ 의사결정 ··· 귀무가설 하에서 유의수준 α 의 기각역은 다음과 같다.

$$F = \frac{MSTr}{MSE} \geq F_{(\alpha, k-1, N-k)}$$

* (통계적 결정과 해석) 검정통계량 F값이 유의수준 α에서 분포값 $F_{(\alpha, k-1, N-k)}$보다 크거나 검정통계량 F값의 유의확률($p-$값)이 유의수준 α보다 작으면 귀무가설을 기각할 수 있다.

(7) 일원배치분산분석표(one-way ANOVA table)

요인	제곱합(SS)	자유도(df)	평균제곱(MS)	$F-$비
처리	$SSTr$	$k-1$	$MSTr = \dfrac{SSTr}{k-1}$	$F = \dfrac{MSTr}{MSE}$
잔차	SSE	$N-k$	$MSE = \dfrac{SSE}{N-k}$	
계	SST	$N-1$		

③ 반복이 없는 이원배치분산분석

(1) 개념

이원배치분산분석법은 두 개의 인자가 관측값에 영행을 주는 경우로 두 인자를 A와 B라고 하면, 인자 A의 각 수준과 인자 B의 각 수준의 조합이 처리가 되며 이러한 처리들을 칸(cell)이라고도 한다. 이때 칸에서 1개의 관측값만을 얻는 경우를 반복이 없는 이원배치분산분석(two-way ANOVA without replacement)이라 하며, 각 칸에서 2개 이상의 관측값을 얻는 경우를 반복이 있는 이원배치분산분석(two-way ANOVA with replacement)이라 한다. 여기서는 반복이 없는 이원배치분산분석만 설명한다.

(2) 분석자료의 구조

① **인자 A의 i번째 처리의 표본평균** $\cdots \overline{X}_{i\,\cdot} = \dfrac{1}{b} \sum_{j=1}^{b} X_{ij}, \; i = 1, 2, \dots, a$

② **인자 B의 j번째 처리의 표본평균** $\cdots \overline{X}_{\cdot\,j} = \dfrac{1}{a} \sum_{i=1}^{a} X_{ij}, \; j = 1, 2, \dots, b$

③ **총평균** $\cdots \overline{X}_{\cdot\cdot} = \dfrac{1}{ab} \sum_{i=1}^{a} \sum_{j=1}^{b} X_{ij}, \; N = ab$

[반복 없는 이원배치분산분석의 자료구조]

인자A \ 인자B	B_1	B_2	...	B_b	평균
A_1	X_{11}	X_{12}	...	X_{1b}	$\overline{X}_1.$
A_2	X_{21}	X_{22}	...	X_{2b}	$\overline{X}_2.$
⋮	⋮	⋮		⋮	⋮
A_a	X_{a1}	X_{a2}	...	X_{ab}	$\overline{X}_a.$
평균	$\overline{X}._1$	$\overline{X}._2$	...	$\overline{X}._b$	총평균 $\overline{X}..$

(3) 모형 설정

반복이 없는 이원배치분산분석의 모형

$$X_{ij} = \mu + \alpha_i + \beta_j + \varepsilon_{ij}, \ i = 1, 2, ..., a, \ j = 1, 2, ..., b$$

μ: 총평균, ε_{ij}: 오차항으로 서로 독립인 $N(0, \sigma^2)$을 따르는 확률변수

α_i: 인자 A의 i번째 수준의 효과 $\sum_{i=1}^{a} \alpha_i = 0$

β_j: 인자 B의 j번째 수준의 효과 $\sum_{j=1}^{b} \beta_j = 0$

(4) 가설

반복이 없는 이원배치분산분석에서는 각 인자별로 인자의 수준에서 관측값에 영향이 같은가에 관심이 있다. 따라서 귀무가설과 대립가설은 각각 인자별 다음과 같다.

귀무가설
   인자 A $H_0 : \alpha_1 = \alpha_2 = ... = \alpha_a = 0$
   인자 B $H_0 : \beta_1 = \beta_2 = ... = \beta_b = 0$

대립가설
   인자 A $H_1 : \alpha_i$들은 적어도 하나가 0이 아니다.
   인자 B $H_1 : \beta_j$들은 적어도 하나가 0이 아니다

⑸ 분산분석 과정

① **제곱합**(sum of square, SS)

$$\sum_{i=1}^{a} \sum_{j=1}^{b} (X_{ij} - \overline{X}_{..})^2$$

$$= \sum_{i=1}^{a} b(\overline{X}_{i.} - \overline{X}_{..})^2 + \sum_{j=1}^{b} a(\overline{X}_{.j} - \overline{X}_{..})^2 + \sum_{i=1}^{a} \sum_{j=1}^{b} (X_{ij} - \overline{X}_{i.} - \overline{X}_{.j} + \overline{X}_{..})^2$$

$$SST \quad = \quad SSA \quad + \quad SSB \quad + \quad SSE$$

(총제곱합) = (인자 A 제곱합) + (인자 B 제곱합) + (잔차제곱합)

② **자유도**(degrees of freedom : df) ⋯ 자유도에서도 제곱합의 공식이 성립한다.

$$ab - 1 = (a-1) + (b-1) + (a-1)(b-1)$$

㉠ 총제곱합(SST)의 자유도 : $ab - 1$

㉡ 인자 A 제곱합(SSA)의 자유도 : $a - 1$

㉢ 인자 B 제곱합(SSB)의 자유도 : $b - 1$

㉣ 잔차제곱합(SSE)의 자유도 : $(a-1)(b-1)$

③ **평균제곱**(mean square : MS) ⋯ 제곱합을 각각의 자유도로 나눈 것을 평균제곱이라 하고, 각 인자별 평균제곱과 잔차에 대한 평균제곱은 다음과 같다.

㉠ 인자 A의 평균제곱 : $MSA = \dfrac{SSA}{a-1}$

㉡ 인자 B의 평균제곱 : $MSB = \dfrac{SSB}{b-1}$

㉢ 잔차의 평균제곱 : $MSE = \dfrac{SSE}{(a-1)(b-1)}$

④ **$F-$ 검정통계량**

인자별 귀무가설인

인자 A $H_0 : \alpha_1 = \alpha_2 = \ldots = \alpha_a = 0$

인자 B $H_0 : \beta_1 = \beta_2 = \ldots = \beta_b = 0$

을 검정하기 위한 검정통계량은 각 인자별 평균제곱과 잔차의 평균제곱의 비(ratio)로 정의한다.

$$F_A = \frac{MSA}{MSE}, \quad F_B = \frac{MSB}{MSE}$$

⑤ **의사결정** … 귀무가설 하에서 유의수준 α 의 기각역은 각각 인자별로 다음과 같다.

$$F_A = \frac{MSA}{MSE} \geq F_{(\alpha,\, a-1,\, (a-1)(b-1))}, \ \ F_B = \frac{MSB}{MSE} \geq F_{(\alpha,\, b-1,\, (a-1)(b-1))}$$

* (통계적 결정과 해석)

㉠ 인자 A 의 귀무가설에 대하여 검정통계량 F_A 값이 유의수준 α 에서 분포값 $F_{(\alpha,\, a-1,\, (a-1)(b-1))}$ 보다 크거나 검정통계량 F_A 값의 유의확률($p-$값)이 유의수준 α 보다 작으면 귀무가설을 기각할 수 있다.

㉡ 인자 B 의 귀무가설에 대하여 검정통계량 F_B 값이 유의수준 α 에서 분포값 $F_{(\alpha,\, b-1,\, (a-1)(b-1))}$ 보다 크거나 검정통계량 F_B 값의 유의확률($p-$값)이 유의수준 α 보다 작으면 귀무가설을 기각할 수 있다.

(6) 반복이 없는 이원배치분산분석표

요인	제곱합(SS)	자유도(df)	평균제곱(MS)	$F-$비
인자 A	SSA	$a-1$	$MSA = \dfrac{SSA}{a-1}$	$F_A = \dfrac{MSA}{MSE}$
인자 B	SSB	$b-1$	$MSB = \dfrac{SSB}{b-1}$	$F_B = \dfrac{MSB}{MSE}$
잔 차	SSE	$(a-1)(b-1)$	$MSE = \dfrac{SSE}{(a-1)(b-1)}$	
계	SST	$ab-1$		

기출유형문제

1 다음은 세 가지 속독법(A, B, C)에 따라 책 읽는 시간에 차이가 있는지 알아보기 위해 일원배치분산분석법을 적용하여 얻은 분산분석표이다. 각 속독법에 5명씩 15명을 임의로 배치하여 책을 읽게 한 후, 책 읽는 시간을 측정하였다. 이에 대한 설명으로 옳지 않은 것은?

구분	제곱합	자유도	평균제곱	F-값	p-값
처리	2156	(㉠)		16.84	0.0003
오차	768	(㉡)	(㉢)		
합계	2924	14			

① ㉠의 값은 3이다.
② ㉡의 값은 12이다.
③ ㉢의 값은 64이다.
④ 유의수준 1%에서 검정할 때, 세 가지 속독법에 따라 책 읽는 시간에 차이가 있다고 할 수 있다.

⊘ ANSWER | 1.①

1   ① 처리의 자유도(㉠)은 속독법이 3가지이므로 $3-1=2$이다.
     ② 오차의 자유도(㉡)은 $(5-1)\times3=12$이다.
     ③ 오차의 평균제곱(㉢)은 $MSE=\dfrac{768}{12}=64$이다.
     ④ 유의수준 1%에서 F-값 16.84에 대한 유의확률(p-값)이 0.0003으로 0.01보다 작다. 따라서 세 가지 속독법에 따라 책 읽는 시간의 차이가 없다는 귀무가설을 기각할 수 있다.

2 다음은 다이어트 종류에 따라 체중 감량 효과에 차이가 있는지 알아보기 위해 분산분석을 시행한 결과표이다. 이 결과에서 알 수 있는 내용으로 옳지 않은 것은? (단, $F_\alpha(k_1, k_2)$는 분자의 자유도가 k_1이고, 분모의 자유도가 k_2인 F-분포의 제$100 \times (1-\alpha)$ 백분위수를 나타내고, $F_{0.05}(3, 26) = 2.98$, $F_{0.025}(3, 26) = 3.67$이다)

요인	제곱합	자유도	평균제곱	F-값
다이어트	6	3		20
오차	2.6			
합계	8.6	29		

① 다이어트 종류는 4가지이다.

② F-값은 오차의 평균제곱을 처리의 평균제곱으로 나눈 값이다.

③ F-값과 분자의 자유도 3, 분모의 자유도가 26인 F-분포를 이용하여 유의확률(p-값)을 구할 수 있다.

④ 유의수준 5%에서 다이어트 종류에 따라 체중 감량 효과에 차이가 있다고 할 수 있다.

Ⓥ **ANSWER** | 2.②

2 다이어트 종류에 따라 체중 감량 효과에 차이가 있는지 알아보기 위해 분산분석을 시행한 결과표이다. F-분포의 제 $100 \times (1-\alpha)$ 백분위수를 나타내고, $F_{0.05}(3, 26) = 2.98$, $F_{0.025}(3, 26) = 3.67$이다.

② F-값은 처리의 평균제곱을 오차의 평균제곱으로 나눈 값이다.

① 다이어트 종류는 (처리 자유도)+1이므로 3+1 = 4이다.

③ 오차의 자유도는 26으로 분자의 자유도 3과 분모의 자유도 26인 F-분포를 이용하여 유의확률(p-값)을 구할 수 있다.

④ 유의수준 5%에서 F-분포의 값 $F_{0.05}(3, 26) = 2.98$보다 검정통계량 F-값 20이 크므로 귀무가설을 기각한다. 즉, 다이어트 종류에 따라 체중 감량 효과에 차이가 있다고 할 수 있다.

3 다음은 볍씨의 네 가지 종류에 따라 벼의 평균 수확량에 차이가 있는지 알아보기 위한 분산분석표의 일부이다. 유의수준 5 %에서 이 가설을 검정할 때, ㉠, ㉡의 값과 검정 결과를 옳게 짝지은 것은?

요인	제곱합	자유도	$F-$값	$p-$값
볍씨의 종류	6	㉠	㉡	0.0519
오차	4	8		
계	10	11		

	㉠	㉡	검정 결과
①	3	4	유의하지 않다
②	3	4	유의하다
③	4	5	유의하지 않다
④	4	5	유의하다

---

3 볍씨의 네 가지 종류에 따라 벼의 평균 수확량에 차이가 없다는 귀무가설을 검정하기 위한 분산분석표의 일부이다. 처리(볍씨의 종류)에 대한 자유도는 ㉠ $4-1=3$ 이다.

그리고 귀무가설을 검정하기 위한 $F-$검정통계량 ㉡ $F=\dfrac{6/3}{4/8}=4$ 이다.

$F-$값에 대한 유의확률이 0.0519 로 유의수준 5% 보다 크므로 귀무가설을 기각할 수 없다. 따라서 볍씨의 종류에 따라 벼의 평균 수확량은 차이가 있다고 할 수 없다.

4 다음은 4개 시의 단위면적당 주택가격의 자료를 이용하여 그린 상자그림이다. 단위면적당 평균 주택가격이 4개 시에 따라 차이가 있는지 검정하기 위한 분석법은?

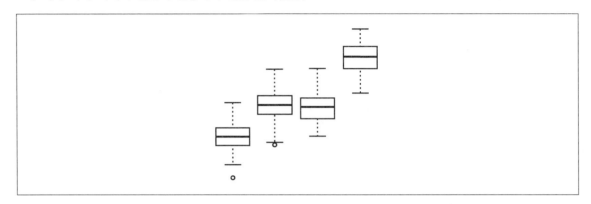

① 분산분석　　　　　　　　　　　　　② 상관분석
③ 교차분석　　　　　　　　　　　　　④ 시계열분석

5 다음은 일원분산분석(one-way ANOVA)을 수행하여 얻은 분산분석표의 일부이다. 이에 대한 설명으로 옳지 않은 것은?

요인	자유도	F-값	p-값
처리	2	2.78	0.08
오차	27		

① 처리의 수는 3이다.
② 자료의 수는 30이다.
③ 유의수준 5%에서 각 처리의 평균이 모두 동일하다는 귀무가설을 채택한다.
④ 유의수준 1%에서 기각역이 $\{F > c\}$일 때 $c < 2.78$이다.

✅ **ANSWER** | 4.① 5.④

4　분산분석은 3개 이상의 모집단에서 추출한 표본을 이용하여 모평균의 차이를 검정하는 방법이다. 따라서 단위면적당 평균 주택가격이 4개 시에 따라 차이가 있는지를 검정하기 위해 분산분석법을 이용한다.

5　④ 유의수준 1%에서 기각역이 $\{F > c\}$일 때 c값은 유의확률 0.08인 $F-$값 2.78보다 큰 값이어야 한다.
　　① 처리의 수는 (처리 자유도)+1이므로 3이다.
　　② 자료의 수 N은 $N-1 =$ (처리 자유도)+(오차 자유도)이므로 30이다.
　　③ 유의수준 5%에서 유의확률($p-$값)이 0.08로 유의수준보다 크므로 귀무가설을 채택한다.

6 다섯 가지 고기 포장 방법에 따라 박테리아 번식의 차이를 알아보고자 반복수가 같은 일원배치 분산분석법 (one-way analysis of variance)을 적용하여 얻은 분산분석표의 일부는 다음과 같다. 이에 대한 설명으로 옳지 않은 것은?

요인	제곱합	자유도	평균제곱	F-값	p-값
처리			㉡	㉣	㉤
오차		㉠	㉢		
합계		14			

① ㉠의 값은 10이다.

② ㉡의 값은 ㉢의 값과 ㉣의 값의 곱이다.

③ 귀무가설은 '다섯 가지 고기 포장 방법에 따라 박테리아 번식에 차이가 없다.'이다.

④ ㉤의 값이 0.05보다 크면, 유의수준 5 %에서 다섯 가지 고기 포장 방법에 따라 박테리아 번식에 차이가 있다고 할 수 있다.

---

6 다섯 가지 고기 포장 방법에 따라 박테리아 번식의 차이를 알아보고자 반복수가 같은 일원배치분산분석법을 적용하여 얻은 분산분석표이다. 따라서 처리가 5이므로 처리 자유도는 4이다.

④ ㉤은 검정통계량에 대한 유의확률로 0.05보다 크면, 유의수준 5%에서 귀무가설을 기각할 수 없으므로 다섯 가지 고기 포장방법에 따라 박테리아 번식에 차이가 있다고 할 수 없다.

① 총제곱합의 자유도는 처리 자유도와 오차 자유도의 합과 같으므로 ㉠= 14-(5-1)=10이다.

② F-값인 ㉣은 처리평균제곱(㉡)을 오차평균제곱(㉢)으로 나눈 값이므로 ㉡의 값은 ㉢의 값과 ㉣의 값의 곱이다.

③ 귀무가설은 각 처리에 따라 모평균의 차이가 없다는 것이다.

7 공장 A와 B에서 각각 제조방법 1, 2, 3에 따라 생산되는 어떤 제품의 인장강도에 차이가 있는지 알아보고자 반복수가 같은 일원배치분산분석법을 적용하려고 한다. 각 공장에서 측정한 제품의 인장강도에 대한 총제곱합은 같고, 제조방법별 인장강도의 상자그림(box plot)은 다음과 같다.

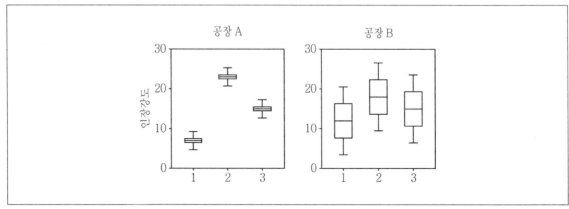

공장 A와 B의 평균처리제곱(mean square for treatment)을 각각 $MSTr_A$와 $MSTr_B$, 평균오차제곱(mean square for error)을 각각 MSE_A와 MSE_B라고 할 때, 이들 간의 대소 관계를 바르게 나타낸 것은?

① $MSTr_A < MSTr_B$, $MSE_A < MSE_B$

② $MSTr_A < MSTr_B$, $MSE_A > MSE_B$

③ $MSTr_A > MSTr_B$, $MSE_A < MSE_B$

④ $MSTr_A > MSTr_B$, $MSE_A > MSE_B$

✔ ANSWER | 7.③

7 공장 A와 B에서 각각 제조방법 1, 2, 3에 따라 생산되는 제품의 인장강도의 차이에 대한 일원배치 분산분석 결과를 상자그림(box plot)으로 나타낸 것이다. 두 공장의 총제곱합이 같다고 할 때, 공장A는 제조방법 간의 평균의 차이가 크고 각 제조방법 내에서의 오차는 작다. 즉, 공장A는 평균처리제곱 $MSTr_A$가 크고 평균오차제곱 MSE_A는 작다. 반면에 공장B는 제조방법 간의 차이는 작으나 제조방법 내에서의 오차가 크게 나타난다. 즉, 공장B는 평균처리제곱 $MSTr_B$가 작고 평균오차제곱 MSE_B가 크다.

따라서 $MSTr_A > MSTr_B$이고 $MSE_A < MSE_B$이다.

8 다음은 회사 A, B, C에서 생산하는 직물의 인장강도를 비교하기 위하여 각 회사별로 제품 4개씩을 임의로 추출하여 실험한 결과이다.

(단위 : kg/cm^2)

회사	A	B	C
인장강도	55	52	49
	54	50	51
	52	51	52
	55	51	52
표본평균	54	51	51
표본분산	2	2/3	2

이 결과를 이용하여 일원배치분산분석표를 작성할 때, ㉠과 ㉡의 값은?

요인	제곱합	자유도	평균제곱	F 값
처리	㉠			
잔차	㉡			
계				

	㉠	㉡
①	6	10
②	6	14
③	24	10
④	24	14

8 ㉠ 처리제곱합을 구하기 위하여 먼저 총평균을 구하면, $\dfrac{(54 \times 4) + (51 \times 4) + (51 \times 4)}{12} = 52$이다.

따라서 처리제곱합은 $SST_r = 4 \times (54-52)^2 + 4 \times (51-52)^2 + 4 \times (51-52)^2 = 24$이다.

㉡ 잔차제곱합은 각 집단 내에서 관측값과 집단의 표본평균과의 차이를 제곱한 값들의 합이므로, 결국 각 집단의 표본분산에 자유도를 곱한 값의 합과 같다.

따라서 잔차제곱합은 $SSE = 2 \times (4-1) + \dfrac{2}{3} \times (4-1) + 2 \times (4-1) = 14$이다.

9 인자 A의 처리수준 A_1, A_2, A_3에 대하여 A_1에서 5회, A_2에서 10회, A_3에서 15회를 랜덤하게 실험하였다. 이 실험을 통하여 얻은 자료의 일원배치 분산분석에서 처리제곱합의 자유도(㉠)와 잔차제곱합의 자유도(㉡)를 바르게 연결한 것은?

	㉠	㉡
①	2	26
②	2	27
③	3	26
④	3	27

10 다음은 어느 기관에서 세 가지 교육방법에 따른 근무평가점수의 차이를 알아보고자 반복수가 같은 일원배치분산분석법(one-way analysis of variance)을 적용하여 얻은 분산분석표의 일부이다. 이에 대한 설명으로 옳지 않은 것은?

요인	제곱합	자유도	평균제곱	F-값	p-값
처리	㉠	㉢			㉺
잔차			㉣		
계	㉡				

① ㉢은 2이다.
② 근무평가점수의 분산에 대한 추정값은 ㉣이다.
③ ㉡이 고정되어 있을 때, ㉠이 커지면 ㉺은 작아진다.
④ ㉺이 0.05보다 크면 유의수준 5%에서 세 가지 교육방법에 따른 근무평가점수는 차이가 있다고 할 수 있다.

9 일원배치분산분석에서 처리제곱합의 자유도는 (처리수준) -1이므로 ㉠ $= 3-1 = 2$이다.
또한 잔차제곱합의 자유도는 각 처리별 자유도의 합과 같으므로
㉡ $= (5-1)+(10-1)+(15-1) = (5+10+15)-3 = 27$이다.

10 ④ ㉺이 0.05 보다 크면 유의수준 5%에서 '세 가지 교육방법에 따른 근무평가점수는 차이가 없다'는 귀무가설을 채택하게 된다.
① 세 가지 교육방법이 처리의 수이므로 처리의 자유도(㉢)은 2이다.
② ㉣은 관측값과 각 교육방법의 평균과의 차이로 우연히 발생되어 설명이 안 되는 변동인 오차변동을 나타내는 값으로 잔차제곱합이며, 근무평가점수의 분산에 대한 추정값이다.
③ ㉡이 고정되어 있을 때, ㉠이 커지면 F-값이 커지므로 유의확률(p-값)인 ㉺은 작아진다.

11 반복수가 같지 않은 일원배치분산분석법(one-way analysis of variance)에서 i번째 처리의 j번째 자료인 Y_{ij}의 분산이 σ^2이고 i번째 처리의 평균 $\overline{Y_{i.}} = \dfrac{1}{n_i}\displaystyle\sum_{j=1}^{n_i} Y_{ij}$이고 총평균 $\overline{Y_{..}} = \dfrac{1}{n}\displaystyle\sum_{i=1}^{k}\sum_{j=1}^{n_i} Y_{ij}$일 때, σ^2의 불편추정량(unbiased estimator)은? (단, $i = 1,2,\cdots,k$이고, $j = 1,2,\cdots,n_i$이고, $n_i > 1$이며, 표본의 크기 n은 $n_1 + n_2 + \cdots + n_k$이다)

① $\dfrac{\displaystyle\sum_{i=1}^{k}\sum_{j=1}^{n_i}(Y_{ij} - \overline{Y_{i.}})^2}{n-k}$

② $\dfrac{\displaystyle\sum_{i=1}^{k}\sum_{j=1}^{n_i}(Y_{ij} - \overline{Y_{..}})^2}{n-k}$

③ $\dfrac{\displaystyle\sum_{i=1}^{k}\sum_{j=1}^{n_i}(Y_{ij} - \overline{Y_{i.}})^2}{n-1}$

④ $\dfrac{\displaystyle\sum_{i=1}^{k}\sum_{j=1}^{n_i}(Y_{ij} - \overline{Y_{..}})^2}{n-1}$

✅ **ANSWER** | 11.①

11 반복수가 같지 않은 일원배치분산분석법에서 i 번째 처리의 j 번째 자료인 Y_{ij} 의 분산이 σ^2 이고 i 번째 처리의 평균은 $\overline{Y_i} = \dfrac{1}{n_i}\displaystyle\sum_{j=1}^{n_i} Y_{ij}$ 이다. 또한 분산분석은 집단이 정규분포를 따르고, k 개 모집단의 분산이 같고 각 표본들은 서로 독립이라는 조건을 충족시킨다. 그러므로

분산 σ^2 의 불편추정량은 k 개의 처리에 대해 각 처리별 편차제곱합 $\displaystyle\sum_{j=1}^{n_i}(Y_{ij} - \overline{Y_i})^2$ $(i = 1, 2, \ldots, k)$을 모두 더한 후 자유도의 합 $(n_1 - 1) + \ldots + (n_k - 1) = n - k$ 으로 나눈 것과 같다. 여기에서 각 처리별 편차제곱합의 총합은 잔차제곱합과 같으므로 분산 σ^2 의 불편추정량은 잔차의 평균제곱(MSE)이다.

따라서 $\dfrac{\displaystyle\sum_{i=1}^{k}\sum_{j=1}^{n_i}(Y_{ij} - \overline{Y_i})^2}{n-k}$ 이다.

1 다음 중 ( )에 들어갈 알맞은 용어는 무엇인가?

> ( )이란 특성치의 산포를 총제곱합으로 나타내고 이 총제곱합을 실험과 관련된 요인마다의 제곱합으로 분해하여 오차에 비해 특히 큰 영향을 주는 요인이 무엇인가를 찾아내는 분석방법이다.

① 구간추정   ② 가설검정

③ 분산분석   ④ 회귀분석

2 다음 중 ( )에 들어갈 알맞은 용어는 무엇인가?

> ( )란 정규 모집단의 분산에 대한 두 개의 독립적인 추정치 간의 비율에 기초한 분포를 말하는 것으로, 이 분포는 k개의 모집단 평균의 동일성을 검정하는 데 사용된다.

① t-분포   ② 정규분포

③ 이항분포   ④ F분포

ANSWER | 1.③ 2.④

1 분산분석이란 특성치의 산포를 총제곱합으로 나타내고 이 총제곱합을 실험과 관련된 요인마다의 제곱합으로 분해하여 오차에 비해 특히 큰 영향을 주는 요인이 무엇인가를 찾아내는 분석방법이다.

2 F분포란 정규 모집단의 분산에 대한 두 개의 독립적인 추정치 간의 비율에 기초한 분포를 말하는 것으로, 이 분포는 k개의 모집단 평균의 동일성을 검정하는 데 사용된다.

    ※ **F분포** … 추측통계학분야에서 널리 이용되는 분포로서 정규분포를 이루는 두 개의 모집단에서 추출한 서로 독립인 임의표본을 각각 $X_1, \cdots, X_n$과 $Y_1, \cdots, Y_n$라 하고 S_1^2과 S_2^2을 각각 임의표본에서의 표본분산이라 하자. 그러면 다음 분포는 $n_1 - 1$과 $n_2 - 1$의 자유도를 갖는 F분포(F-distribution)라 한다.

$$F = \frac{S_1^2/\sigma_1^2}{S_2^2/\sigma_2^2} = \frac{S_1^2}{S_2^2} \cdot \frac{\sigma_1^2}{\sigma_2^2} = \frac{\sum_{i=1}^{n}(X_i - \overline{X})^2/(n_1-1)\sigma_1^2}{\sum_{i=1}^{n}(Y_i - \overline{Y})^2/(n_2-1)\sigma_2^2}$$

3 다음 중 검정통계량의 분포가 정규분포를 이용하지 않는 검정은?

① 대표본에서 모평균의 검정
② 대표본에서 두 모비율의 차에 관한 검정
③ 모집단이 정규분포인 대표본에서 모분산의 검정
④ 모집단이 정규분포인 소표본에서 모분산을 알 때, 모평균의 검정

4 다음 중 분산분석에 관한 설명이 바르게 된 것은?

① 종속변수의 개별 관측치와 이들 관측치의 평균값 사이의 변동(total variation)을 그 원인에 따라 몇 가지로 나누어 분석하는 방법이다.
② 실험요인의 종류가 하나인 모형을 이원분산분석이라 부른다.
③ 분산분석에서 귀무가설은 설정할 필요가 없다.
④ 집단간 차이분석에 활용되며, 집단을 구분하는 요인이 종속요인이 된다.

5 3개 이상의 모집단의 모평균을 비교하는 통계적 방법으로 가장 적합한 것은?

① t-검정　　　　　　　　　② 회귀분석
③ 분산분석　　　　　　　　④ 상관분석

⊘ ANSWER | 3.③　4.①　5.③

3　소표본이지만 모분산을 알고 모평균 검정이라면 정규분포를 사용한다. 그리고 대표본이지만 모분산을 검정하고자 할 때는 F 검정을 사용한다.

4　실험요인의 종류가 하나인 모형은 일원분산분석, 둘인 모형은 이원분산분석이라 부른다.

5　3개 이상의 모집단의 모평균을 비교하는 통계적 방법은 일원배치분산분석(변량분석)이다.

6 일원배치분산분석에서 인자의 수준이 3이고 각 수준마다 반복실험을 5회씩 한 경우 잔차(오차)의 자유도는?

① 9   ② 10

③ 11   ④ 12

7 다음 중 분산분석에 관한 설명이 바르지 못한 것은?

① 분산분석에서 실험요인(experimental factor)은 통계분석자가 통제하기 힘든 요인들을 모두 묶어서 지칭하는 용어이다.

② 각각의 관측치와 전체평균의 차이를 이용하여 전체 변동이라고도 할 수 있는 총변동을 구한다.

③ 총변동은 실험요인에 의한 제곱합(Sum of Squares due to TReatment : SSTR)과 외생요인에 의한 제곱합(Sum of Squares due to Extraneous Factors : SSEF)으로 나누어진다.

④ 실험요인의 종류가 하나인 모형은 일원분산분석, 둘인 모형은 이원분산분석이라 부른다.

8 10곳의 대학교에서 각각 20명의 학생을 뽑아 자율학습의 효용성에 대한 평가를 시도하였다. 일원분산분석을 실시하고자 하는데, 분자와 분모의 자유도는 각각 얼마가 될 것인가?

① 9, 190   ② 9, 191

③ 9, 200   ④ 10, 190

Ⓖ **ANSWER** | 6.④ 7.① 8.①

6 잔차(오차)의 자유도 = 총 응답자 − 처리수 = 15−3 = 12

7 분산분석에서 외생요인(extraneous factor)은 통계분석자가 통제하기 힘든 요인들을 모두 묶어서 지칭하는 용어이다.

8 일원분산분석에서 실험요인이 아무런 영향을 미치지 못한다면, 분산비율은 분자의 자유도가 $k=1$, 분모의 자유도가 $N-k$인 F분포를 따른다. 여기에서 대학교 10곳은 처리 수이므로 $k=10$이 되어 분자의 자유도는 $10-1=9$가 된다. 또한 각 처리별 학생수가 20명이므로 전체 자료 수는 $N=200$이므로 분모의 자유도는 $200-10=190$이 된다.

9 다음 표는 분산분석표에서 자유도의 값을 나타내고 있다. 처리수와 반복수는 얼마인가?

변인	자유도
처리	9
오차	( )
전체	99

① 처리수 9, 반복수 9
② 처리수 9, 반복수 10
③ 처리수 10, 반복수 9
④ 처리수 10, 반복수 10

10 다음 표는 완전 확률화 계획법의 분산분석표에서 자유도의 값을 나타내고 있다. 반복수가 일정하다고 한다면 처리수와 반복수는 얼마인가?

변인	자유도
처리	( )
오차	95
전체	99

① 처리수 4, 반복수 19
② 처리수 4, 반복수 20
③ 처리수 5, 반복수 19
④ 처리수 5, 반복수 20

ANSWER | 9.④ 10.④

9 처리의 자유도 = 처리수 − 1 = 9
∴ 처리수 = 10
전체의 자유도 = (처리수 × 반복수) − 1 = 99
= (10 × 반복수) − 1
∴ 반복수 = 10

10 95 = (처리수 × 반복수) − 처리수 ⋯ ㉠
99 = (처리수 × 반복수) − 1 ⋯ ㉡
㉡−㉠하면, 처리수 = 5
이를 ㉡에 대입하면, 반복수 = 20

11 다음 표는 완전 확률화 계획법의 분산분석표에서 자유도의 값을 나타내고 있다. 반복수가 일정하다고 한다면 처리수와 반복수는 얼마인가?

변인	자유도
처리	( )
오차	42
전체	47

① 처리수 5, 반복수 7
② 처리수 5, 반복수 8
③ 처리수 6, 반복수 7
④ 처리수 6, 반복수 8

12 분산분석에서의 총 변동은 처리 내에서의 변동과 처리 간의 변동으로 구분된다. 그렇다면 각 수준 내에서의 변동의 합을 나타내는 것은?

① 총제곱합
② 처리제곱합
③ 급간제곱합
④ 잔차제곱합

11 $42 = (처리수 \times 반복수) - 처리수 \cdots \bigcirc$
$47 = (처리수 \times 반복수) - 1 \cdots \bigcirc$
$\bigcirc - \bigcirc$하면, 처리수 = 6
이를 $\bigcirc$에 대입하면, 반복수 = 8

12 각 수준 내에서의 변동의 합은 잔차제곱합(=급내제곱합)으로 나타낸다.

13 분산분석을 위한 모형에서 오차항의 특성이 아닌 것은?

① 오차항의 기댓값은 1이다.

② 오차크기나 분산은 관측값의 영향을 받으면 안된다.

③ 오차항은 정규분포를 이룬다.

④ 오차항은 동일한 분산을 갖는다.

14 세 집단의 평균이 서로 같은지 다른지를 검정하기 위하여 각 집단에서 크기가 6, 7, 11인 표본을 각각 추출하였다. 이 때, 작성되는 분산분석표의 평균오차 제곱합(MSE)의 자유도는?

① 23

② 21

③ 20

④ 19

15 3개의 처리(treatment)를 각각 5번씩 반복하여 실험하였고, 이에 대해 분산 분석을 실시하고자 할 때의 설명으로 틀린 것은?

① 분산분석표에서 오차의 자유도는 12이다.

② 분산분석의 영가설(H_0)은 3개의 처리 간 분산이 모두 동일하다고 설정한다.

③ 유의수준 0.05하에서 계산된 F-비 값은 F(0.05, 2, 12) 분포값과 비교하여, 영가설의 기각여부를 결정한다.

④ 처리 평균제곱은 처리 제곱합을 처리 자유도로 나눈 것을 말한다.

✅ ANSWER | 13.① 14.② 15.②

13 분산분석을 위한 모형에서 오차항의 기댓값은 0이다.

14 분산분석표의 평균오차 제곱합(MSE)의 자유도 = 표본의 수 − 집단의 수 = (6 + 7 + 11) − 3 = 21

15 분산분석의 영가설(H_0)은 3개의 처리 간 평균이 모두 동일하다고 설정한다.

16 다음 분산분석표에 관한 설명으로 틀린 것은?

변동	제곱합(SS)	자유도(df)	F
급간(between)	10.95	1	
급내(within)	73	10	
합계(total)			

① F통계량은 0.15이다.

② 두 개의 집단의 평균을 비교하는 경우이다.

③ 관찰치의 총 개수는 12개이다.

④ F통계량이 임계값보다 작으면 집단 사이에 평균이 같다는 귀무가설을 기각하지 않는다.

17 다음 중 두 집단의 분산의 동일성 검정에 사용되는 검정통계량의 분포는?

① 정규분포

② 이항분포

③ 카이제곱 분포

④ F-분포

18 다음 중 F분포의 특징이 아닌 것은?

① 확률변수 F는 항상 양(+)의 값만을 갖는 연속확률변수이다.

② 자유도를 2개 가지며, 2개의 자유도에 따라 분포의 모양이 변한다.

③ 오른쪽 꼬리 모양을 갖는 비대칭분포이다.

④ 평균은 분자의 자유도에 의해서만 결정되며, 분자의 자유도가 매우 크면 F분포의 평균은 1에 수렴한다.

⊘ ANSWER | 16.① 17.④ 18.④

16

변동	제곱합(SS)	자유도(df)	F
급간(between)	10.95	1	$10.95/7.3 = 1.5$
급내(within)	73	10	
합계(total)	83.95	11	

17 F-분포는 집단 간 등분산 가정을 검정하기 위해 사용된다.

18 평균은 분모의 자유도에 의해서만 결정되며, 분모의 자유도가 매우 크면 F분포의 평균은 1에 수렴한다.

19 다음 일원배치법 모형에서 분산분석을 이용한 분산분석표에 관한 설명으로 틀린 것은?

Source	DF	SS	MS	F	P
Month	7	127,049	18,150	1.52	0.164
Error	135	1,608,204	11,913		
Total	142	1,735,253			

① 총 관측자료수는 142개이다.

② 인자는 Month로서 수준수는 8개이다.

③ 유의수준 0.05에서 인자의 효과가 인정되지 않는다.

④ 오차항의 분산 추정값은 11913이다.

20 다음 중 일원분산분석이 부적합한 경우는?

① 어느 화학회사에서 3개 제조업체에서 생산된 기계로 원료를 혼합하는데 소요되는 평균시간이 동일한지를 검정하기 위하여 소요시간(분) 자료를 수집하였다.

② 소기업 경영연구에 실린 한 논문은 자영업자의 스트레스가 비자영업자보다 높다고 결론을 내렸다. 5점 척도로 된 15개 항목으로 직무스트레스를 부동산중개업자, 건축가, 증권거래인들을 각각 15명씩 무작위로 추출하여 조사하였다.

③ 어느 회사에 다니는 회사원은 입사 시 학점이 높은 사람일수록 급여를 많이 받는다고 알려져 있다. 30명을 무작위로 추출하여 평균평점과 월급여를 조사하였다.

④ A구, B구, C구 등 3개 지역이 서울시에서 아파트 가격이 가장 높은 것으로 나타났다. 각 구마다 15개씩 아파트 매매가격을 조사하였다.

ANSWER | 19.① 20.③

19 전체 관측자료수는 '전체자유도+1' 이므로 143개이다.

20 일원분산분석은 요인별(범주형, 집단)에 따라 수치자료의 차이를 알아보는 분석이며, ③은 회귀분석이다.

21 일원배치분산분석에서 다음과 같은 결과를 얻었을 때, 처리효과의 유의성 검정을 위한 검정통계량의 값은?

> 처리의 수 = 3, 각 처리에서 관측값의 수 = 10, 총제곱합 = 650, 잔차제곱합 = 540

① 1.83　　　　　　　　　　　② 1.90

③ 2.75　　　　　　　　　　　④ 2.85

22 다음 일원분산분석표에서 F값은 어떻게 구해지는가?

변동요인	제곱합(SS)	자유도	평균제곱	F 값
그룹 간(처리)	SSA	$k-1$	$MSB = SSA/(k-1)$	
그룹 내(오차)	SSE	$k(n-1)$	$MSE = SSE/[k(n-1)]$	
합계	SST	$kn-1$		

① $F = MSB/MSE$　　　　　　② $F = MSE/MSB$

③ $F = SSA/SSE$　　　　　　④ $F = SSE/SSA$

✔ **ANSWER** | 21.③　22.①

21 일원분산분석표

변동요인	제곱합	자유도	평균제곱	F
처리(SSR)	110	$3-1 = 2$	$\dfrac{110}{2} = 55$	$\dfrac{55}{20} = 2.75$
잔차(SSE)	540	$30-3 = 27$	$\dfrac{540}{27} = 20$	
합계(SST)	650	$30-1 = 29$		

22

변동 요인	제곱합 (SS)	자유도	평균제곱	F 값
그룹간(처리)	SSA	$k-1$	$MSB = \dfrac{SSA}{k-1}$	$\dfrac{MSB}{MSE}$
그룹내(오차)	SSE	$k(n-1)$	$MSE = \dfrac{SSE}{k(n-1)}$	
합계	SST	$kn-1$		

※ 다음 이원분산분석표를 보고 아래 물음에 답하시오. 【23~25】

변동요인	제곱합(SS)	자유도	평균제곱(MS)	F 값
〈이원분산분석표〉				
인자 A(행)	SSA			
인자 B(열)	SSB			(다)
교호작용	SSAB	(가)		
오차	SSE		(나)	
합계	SST			

23 (가)에 들어갈 알맞은 말은?

① ab-1

② (a-1)(b-1)

③ ab(c-1)

④ abc-1

ANSWER | 23.②

23

변동요인	제곱합(SS)	자유도	평균제곱(MS)	F 값
인자 A(행)	SSA			
인자 B(열)	SSB			
교호작용	SSAB	$(a-1) \times (b-1)$	$MSAB = \dfrac{MSAB}{(a-1)(b-1)}$	$\dfrac{MSAB}{MSE}$
오차	SSE			
합계	SST			

24 (나)에 들어갈 알맞은 말은?

① $MSA = \dfrac{SSA}{(a-1)}$　　　　② $MSB = \dfrac{SSB}{(b-1)}$

③ $MSE = \dfrac{SSE}{[ab(c-1)]}$　　　④ $MSE = \dfrac{SSE}{abc-1}$

25 (다)에 들어갈 알맞은 말은?

① $\dfrac{MSA}{MSE}$　　　　② $\dfrac{MSE}{MSB}$

③ $\dfrac{MSB}{MSE}$　　　　④ $\dfrac{MSAB}{MSE}$

ANSWER | 24.③　25.③

24

변동요인	제곱합(SS)	자유도	평균제곱(MS)	F 값
인자 A(행)	SSA			
인자 B(열)	SSB			
교호작용	SSAB	$(a-1)\times(b-1)$	$MSAB=\dfrac{SSAB}{(a-1)(b-1)}$	$\dfrac{MSAB}{MSE}$
오차	SSE	$ab(c-1)$	$MSE=\dfrac{SSE}{ab(c-1)}$	
합계	SST			

25

변동요인	제곱합(SS)	자유도	평균제곱(MS)	F 값
인자 A(행)	SSA	$a-1$	$MSA=\dfrac{SSA}{a-1}$	$\dfrac{MSA}{MSE}$
인자 B(열)	SSB	$b-1$	$MSB=\dfrac{SSB}{b-1}$	$\dfrac{MSB}{MSE}$
교호작용	SSAB	$(a-1)\times(b-1)$	$MSAB=\dfrac{SSAB}{(a-1)(b-1)}$	$\dfrac{MSAB}{MSE}$
오차	SSE	$ab(c-1)$	$MSE=\dfrac{SSE}{ab(c-1)}$	
합계	SST	$abc-1$		

26 다음 ( )에 알맞은 값은 얼마인가?

> 분산분석에서는 실험요인에 의한 분산을 외생요인에 의한 분산으로 나누어 분산비율을 구하는데, 만약 실험요인이 아무런 영향을 미치지 못한다면 F분포하에서의 확률변수인 분산비율 수치는 ( )에 매우 가까운 값을 취한다.

① 0   ② 0.5
③ 1   ④ ∞

26 분산분석에서는 실험요인에 의한 분산을 외생요인에 의한 분산으로 나누어 분산비율을 구하는데, 만약 실험요인이 아무런 영향을 미치지 못한다면 F분포하에서의 확률변수인 분산비율 수치는 1에 매우 가까운 값을 취한다.

필수
암기노트

12 회귀분석

회귀분석은 변수들 간의 함수관계를 분석하고 모형화하는 통계적 기법이다. 하나의 변수가 다른 하나 이상의 변수에 영향을 받는 경우 이러한 인과관계를 수학적 함수로 표현하고, 이를 이용하여 자료를 설명하고 예측하는 분석방법이 회귀분석(Regression Analysis)이다.

❶ 기본 개념

(1) 기본 용어

① **회귀모형**(regression model) ··· 회귀분석에서 사용하는 통계적 모형

② **회귀식**(regression equation) ··· 변수들 간의 관계를 나타내는 수학적 모형

③ **종속변수**(dependent variable) ··· 반응변수(response variable)이라고도 하며, 다른 변수로부터 추정 또는 예측되어야 하는 변수 (기호 Y)

④ **독립변수**(independent variable) ··· 설명변수(explanatory variable)이라고도 하며, 종속변수에 영향을 미치는 변수들 (기호 X)

⑤ **단순회귀모형**(simple regression model) ··· 회귀식에 포함된 독립변수의 개수가 한 개인 모형

⑥ **다중회귀모형**(multiple regression model) ··· 회귀식에 포함된 독립변수의 개수가 두 개 이상인 모형

   * 독립변수들 간의 상관관계가 높으면 최소제곱추정량의 계산이 불가능할 수 있고, 추정량의 분산이 커지는 문제가 발생할 수 있는데, 이때 독립변수들 간에 다중공선성(multicollinearity)이 존재한다고 한다.

⑦ **선형회귀모형**(linear regression model) ··· 회귀식이 모수의 선형함수로 주어지는 모형

⑧ **비선형회귀모형**(nonlinear regression model) ··· 회귀식이 모수의 비선형함수로 주어지는 모형

(2) 회귀분석의 목적

① 종속변수와 독립변수들 사이의 함수관계가 어떠한 형태(선형 또는 비선형)을 가지고 있는지를 파악하는 것

② 종속변수에 영향을 미치는 중요한 독립변수들의 영향을 추정, 검정하는 것

③ 추정된 회귀함수를 이용하여 주어진 독립변수의 값에서 종속변수의 평균변화를 추정 혹은 예측하는 것

(3) 회귀분석의 절차

① **산점도 그리기** … 독립변수 X 가 변화함에 따라 종속변수 Y 가 어떠한 함수형태를 가지고 변화하는지를 알아보기 위하여 산점도(scatter plot)를 그려본다.

② **회귀직선 추정** … 최소제곱법이나 최우추정법을 이용하여 자료의 분포에 가장 적합한 직선을 도출한다.

③ **회귀직선의 유의성 검정 및 적합도 검정** … 회귀모형이 선형(직선)이라는 가정이 적절한가, 추정된 회귀직선이 종속변수를 적절히 설명하고 있는지 등을 분산분석과 결정계수, 회귀계수 검정, 잔차분석 등을 이용하여 검정한다.

④ 이 상의 분석 결과를 토대로 최종 의사결정을 한다.

❷ 단순선형회귀모형

(1) 단순선형회귀분석의 개념

단순선형회귀모형은 회귀분석의 가장 간단한 형태로 회귀식에 포함된 독립변수가 하나이며 회귀식이 선형인 모형이다. 이 경우 회귀식이 독립변수의 일차식으로 주어짐을 의미한다.

(2) 모형 설정

① 단순선형 회귀모형

> 단순선형 회귀모형
> $$Y_i = \beta_0 + \beta_1 X_i + \varepsilon_i, \ i = 1, \ 2, \ ..., \ n$$
> 여기에서 ε_i는 오차항으로 평균이 0, 분산이 σ^2인 확률변수이며 확률적으로 독립임을 가정

② **모형의 특징**

    ㉠ 종속변수 Y_i는 $X = X_i$에서 평균이 $\beta_0 + \beta_1 X_i$이고 분산이 σ^2인 확률변수

$$E(Y_i) = E(\beta_0 + \beta_1 X_i + \varepsilon_i) = \beta_0 + \beta_1 X_i,$$

$$V(Y_i) = V(\beta_0 + \beta_1 X_i + \varepsilon_i) = V(\varepsilon_i) = \sigma^2$$

    ㉡ 종속변수 Y_i의 평균은 X_i에 의해 변하지만 분산은 일정

    ㉢ ε_i이 독립이므로 Y_i도 독립

    ㉣ 기울기 β_1은 독립변수 X가 한 단위 증가할 때 움직이는 Y의 평균값의 변화량

③ **적합된 회귀식** … 표본을 이용하여 추정된 절편과 기울기를 $\widehat{\beta_0}$와 $\widehat{\beta_1}$으로 나타내면 다음의 적합된 회귀식을 얻는다.

$$\hat{Y}_i = \widehat{\beta_0} + \widehat{\beta_1} X_i$$

    ㉠ $\hat{Y}_i$는 적합된 회귀식에 의해 $X = X_i$에서 예측된 Y의 값

    ㉡ **잔차**(residual) : 예측된 Y값과 실제 관측 값의 차이를 말하며 다음과 같이 정의된다.

$$e_i = Y_i - \hat{Y}_i, \ i = 1, \ 2, \ ..., \ n$$

    ㉢ 잔차의 특징 : 평균은 $E(e_i) = 0$, e_i들은 독립이 아님

(3) 회귀계수의 추정

① **최소제곱법**

> 최소제곱법
>
> 관측값 Y_i와 모집단 회귀식 $\beta_0 + \beta_1 X_i$와의 차이인 오차 ε_i 들의 제곱의 합이 최소가 되도록 회귀계수를 추정하는 방법
>
> 즉, $S = \sum_{i=1}^{n} \varepsilon_i^2 = \sum_{i=1}^{n} (Y_i - \beta_0 - \beta_1 X_i)^2$을 최소화하는 β_0와 β_1의 값을 구한다.

② **최소제곱추정량**

> 최소제곱추정량
> 회귀계수 β_0와 β_1의 최소제곱추정량은 다음과 같다.
>
> $$\text{기울기 } \beta_1\text{의 추정량 } \hat{\beta}_1 = \frac{S_{XY}}{S_{XX}}$$
>
> $$\text{절편 } \beta_0\text{의 추정량 } \hat{\beta}_0 = \overline{Y} - \hat{\beta}_1 \overline{X}$$
>
> 여기에서 $S_{XY} = \sum_{i=1}^{n}(X_i - \overline{X})(Y_i - \overline{Y})$, $S_{XX} = \sum_{i=1}^{n}(X_i - \overline{X})^2$

③ **최소제곱추정량의 성질**

㉠ $\hat{\beta}_0$와 $\hat{\beta}_1$은 β_0와 β_1의 불편추정량이다. 즉 $E(\hat{\beta}_0) = \beta_0$이고 $E(\hat{\beta}_1) = \beta_1$이다.

㉡ 최소제곱추정량의 분산은 각각 다음과 같다.

$$Var(\hat{\beta}_1) = \frac{\sigma^2}{S_{XX}}, \quad Var(\hat{\beta}_0) = \sigma^2 \left(\frac{1}{n} + \frac{\overline{X}^2}{S_{XX}} \right)$$

㉢ $\hat{\beta}_1$과 Y_i들의 표본평균 $\overline{Y}$의 공분산이 0 이다. 즉, $Cov(var\,Y, \hat{\beta}_1) = 0$

㉣ 잔차들의 합은 0 이다. 즉 $\sum_{i=1}^{n} e_i = \sum_{i=1}^{n}(Y_i - \hat{\beta}_0 - \hat{\beta}_1 X_i) = 0$

$$\because \sum_{i=1}^{n} e_i = \sum_{i=1}^{n}(Y_i - \hat{Y}_i) = \sum_{i=1}^{n} Y_i - \sum_{i=1}^{n} \hat{Y}_i = n\overline{Y} - \sum_{i=1}^{n}(\hat{\beta}_0 + \hat{\beta}_1 X_i)$$

$$= n\overline{Y} - n(\hat{\beta}_0 + \hat{\beta}_1 \overline{X}) = n\overline{Y} - n\overline{Y} = 0$$

㉤ 잔차들의 X_i에 의한 가중합(weighted sum)은 0이다. 즉 $\sum_{i=1}^{n} X_i e_i = 0$

$$\because \sum_{i=1}^{n} X_i e_i = \sum_{i=1}^{n} X_i(Y_i - \hat{Y}_i) = \sum_{i=1}^{n} X_i Y_i - \sum_{i=1}^{n} X_i \hat{Y}_i = \sum_{i=1}^{n} X_i Y_i - \sum_{i=1}^{n} X_i(\hat{\beta}_0 + \hat{\beta}_1 X_i)$$

$$= \sum_{i=1}^{n} X_i Y_i - \sum_{i-1}^{n} X_i(\overline{Y} - \hat{\beta}_1 \overline{X} + \hat{\beta}_1 X_i)$$

$$= \sum_{i=1}^{n} X_i Y_i - \overline{Y} \sum_{i=1}^{n} X_i - \hat{\beta}_1 \left(\sum_{i=1}^{n} X_i^2 - n\overline{X}^2 \right)$$

$$= \sum_{i=1}^{n} X_i Y_i - n\overline{X}\,\overline{Y} - \hat{\beta}_1 S_{XX} = S_{XY} - \hat{\beta}_1 S_{XX} = 0$$

ⓗ 잔차들의 $\widehat{Y}_i$에 의한 가중합은 0 이다. 즉 $\sum_{i=1}^{n} \widehat{Y}_i e_i = 0$

$$\because \sum_{i=1}^{n} \widehat{Y}_i e_i = \sum_{i=1}^{n} (\widehat{\beta}_0 + \widehat{\beta}_1 X_i) e_i = \widehat{\beta}_0 \sum_{i=1}^{n} e_i + \widehat{\beta}_1 \sum_{i=1}^{n} X_i e_i = 0$$

ⓢ 적합된 회귀식은 항상 평균점 $(\overline{X}, \overline{Y})$를 지난다.

$\quad\quad \because$ 추정량 $\widehat{\beta}_0 = \overline{Y} - \widehat{\beta}_1 \overline{X}$에 의해 항상 성립한다.

④ **오차분산의 추정**

> **오차분산의 추정량**
>
> 오차항 ε_i의 분산인 σ^2의 불편추정량은 다음과 같다.
>
> $$s^2 = \frac{1}{n-2} \sum_{i=1}^{n} e_i^2 = \frac{1}{n-2} \sum_{i=1}^{n} (Y_i - \widehat{Y}_i)^2$$
>
> 여기에서 잔차의 두 제약식 $\sum_{i=1}^{n} e_i = 0$, $\sum_{i=1}^{n} X_i e_i = 0$이 존재하므로 잔차의 제곱합의 자유도는 $n-2$이다.

(4) 회귀직선의 적합도

가정된 회귀식을 추정한 다음에는 그 회귀식이 얼마나 타당한가를 조사하여야 한다. 이는 종속변수를 독립변수의 함수로 설명하고자 할 때 그 설명정도가 어느 정도인지를 알아 볼 필요가 있다. 이와 같은 타당성 조사에는 추정의 표준오차와 결정계수가 사용된다.

① **추정의 표준오차**

ⓐ 정의 : 관측값들이 추정회귀식의 주위에 흩어져 있는 정도를 나타내는 측도가 추정의 표준오차로 s^2의 제곱근으로 정의된다.

ⓑ $s = \sqrt{\dfrac{1}{n-2} \sum_{i=1}^{n} (Y_i - \widehat{Y}_i)^2}$

ⓒ 추정의 표준오차 s가 작으면 관측값들이 추정회귀식에 근접해 있음을 의미하지만 어느 정도의 값이 "작은" 것인지 분명하지 않다.

ⓓ 추정의 표준오차는 Y의 단위에 의존한다.

② **제곱합 유도**

> $$\sum_{i=1}^{n} (Y_i - \overline{Y})^2 = \sum_{i=1}^{n} (Y_i - \widehat{Y}_i)^2 + \sum_{i=1}^{n} (\widehat{Y}_i - \overline{Y})^2$$
> $$\quad SST \quad\quad = \quad\quad SSE \quad\quad + \quad\quad SSR$$

㉠ 총제곱합(total sum of squares ; SST) : Y의 관측값들이 가지는 총변동을 나타내는 제곱합으로 자유도가 $n-1$이며, $\dfrac{SST}{n-1}$ 은 Y_i값들의 분산이 된다.

㉡ 오차제곱합(error sum of squares ; SSE) : 잔차들의 제곱합으로 Y의 총변동 중 설명 안된 변동을 나타내며, 자유도는 $n-2$를 가진다.

㉢ 회귀제곱합(regression sum of squares ; SSR) : Y_i의 총변동 중 회귀식에 의해 설명된 변동을 나타내며, 자유도 1을 가진다.

$$SSR = \sum_{i=1}^{n} (\widehat{Y}_i - \overline{Y})^2 = \widehat{\beta_1}^2 \sum_{i=1}^{n} (X_i - \overline{X})^2$$

㉣ 자유도 관계식

제곱합과 자유도 분할
제곱합 : $SST = SSE + SSR$
자유도 : $(n-1) = (n-2) + 1$

③ 결정계수

㉠ 정의 : Y_i들이 가지는 총변동 중 회귀직선에 의해 설명되는 변동의 비(ratio)로 주어지므로 변수의 종류와 단위에 상관없이 사용할 수 있는 상대 측도이다.

결정계수
$$R^2 = \frac{\text{설명된 변동}}{\text{총변동}} = \frac{SSR}{SST}$$

㉡ 결정계수는 회귀식의 적합도를 나타내는 측도이다.

㉢ 결정계수의 값은 항상 0 과 1 사이에 있다.

㉣ 이 값이 1 에 가까울수록 표본들이 회귀직선 주위에 밀집되어 있음을 의미하고, 추정된 회귀식이 관측값들을 잘 설명하고 있다는 뜻이다.

(5) 회귀의 분산분석

추정된 회귀직선이 종속변수를 적절히 설명하고 있는지 알아보기 위한 검정이 필요하다. 만약 독립변수의 값이 변하여도 종속변수에는 아무런 영향을 미치지 않는다면 추정된 회귀식이 종속변수를 적절히 설명하지 못한다는 의미이다. 따라서 회귀모형의 유의성 검정을 위해 기울기 β_1의 유의성 검정을 이용한다.

[회귀의 분산분석표]

요인	제곱합(SS)	자유도(df)	평균제곱(MS)	$F-$비
회귀	SSR	1	$MSR = \dfrac{SSR}{1}$	$F = \dfrac{MSR}{MSE}$
오차	SSE	$n-2$	$MSE = \dfrac{SSE}{n-2}$	
계	SST	$n-1$		

① **평균제곱**(mean square ; MS) … 제곱합을 각각의 자유도로 나눈 것을 평균제곱이라 하고, 회귀와 오차에 대한 평균제곱은 다음과 같다.

ⓐ 회귀평균제곱 : $MSR = \dfrac{SSR}{1}$

ⓑ 오차평균제곱 : $MSE = \dfrac{SSE}{n-2}$, σ^2의 불평추정량과 같은 통계량

② **$F-$ 검정통계량**

ⓐ $F-$비는 가설 $H_0 : \beta_1 = 0$ 대 $H_1 : \beta_1 \neq 0$의 검정에 사용된다.

$$F = \dfrac{MSR}{MSE}$$

ⓑ 이 검정통계량은 귀무가설 $H_0 : \beta_1 = 0$하에서 자유도가 $(1, n-2)$인 F분포를 따른다.

ⓒ 만약 β_1이 0이 아니라면 가정된 회귀식이 타당하여 Y의 변동이 회귀식에 의해 상당부분 설명될 것으로 예상할 수 있다.

③ **의사결정** … 귀무가설 $H_0 : \beta_1 = 0$ 하에서 유의수준 α의 기각역은 다음과 같다.

$$F = \dfrac{MSR}{MSE} \geq F_{(\alpha, 1, n-2)}$$

ⓐ 통계적 결정 : 검정통계량 F값이 유의수준 α에서 분포값 $F_{(\alpha, 1, n-2)}$보다 크거나 검정통계량 F값의 유의확률($p-$값)이 유의수준 α보다 작으면 귀무가설을 기각할 수 있다.

ⓑ $H_0 : \beta_1 = 0$이 성립하는 경우에는 종속변수 Y와 독립변수 X가 서로 관련성이 없다는 것을 의미하여 두 변수는 통계적으로 유의하지 않다는 것이다. 따라서 귀무가설을 기각하는 경우 두 변수는 통계적으로 유의하다고 할 수 있다.

ⓒ 이 경우 두 변수간의 선형적인 관계에 대해서만 성립된다.

⑹ 회귀분석에서의 추론

① 기울기 β_1에 관한 추론

ㄱ) 회귀직선의 기울기인 모수 β_1은 종속변수와 독립변수간의 선형관계 존재여부와 그 정도를 나타낸다.

ㄴ) 귀무가설 $H_0 : \beta_1 = 0$에 대한 검정은 독립변수가 종속변수를 유의적으로 설명하는 지에 대한 것으로 매우 중요하다.

ㄷ) 검정통계량

기울기 β_1에 관한 검정통계량

$$T = \frac{\hat{\beta}_1 - \beta_1}{SE(\hat{\beta}_1)} = \frac{\hat{\beta}_1 - \beta_1}{\dfrac{s}{\sqrt{S_{XX}}}} = \frac{\hat{\beta}_1 - \beta_1}{s}\sqrt{S_{XX}}$$

여기에서 $s = \sqrt{\dfrac{1}{n-2}\displaystyle\sum_{i=1}^{n}(Y_i - \hat{Y}_i)^2}$, $S_{XX} = \displaystyle\sum_{i=1}^{n}(X_i - \overline{X})^2$이다.

T-검정통계량은 자유도 $n-2$인 t-분포를 따른다.

ㄹ) 유의수준 α에 대한 기각역

귀무가설	검정통계량	대립가설	H_0 기각역
$H_0 : \beta_1 = 0$	$T = \dfrac{\hat{\beta}_1 - \beta_1}{SE(\hat{\beta}_1)}$	$H_1 : \beta_1 \neq 0$	$\lvert T \rvert > t_{\alpha/2}(n-2)$

* T-검정통계량의 제곱은 F-검정통계량과 같다.

② 절편 β_0에 관한 추론

ㄱ) 회귀직선의 절편인 모수 β_0에 대하여 귀무가설 $H_0 : \beta_0 = 0$에 대한 검정은 사전에 주장된 값에 대한 타당성조사가 요구되거나 회귀직선이 원점을 지나는지의 여부를 확인할 때 매우 중요하다.

ㄴ) 검정통계량

절편 β_0에 관한 검정통계량

$$T = \frac{\hat{\beta}_0 - \beta_0}{SE(\hat{\beta}_0)} = \frac{\hat{\beta}_0 - \beta_0}{s\sqrt{\dfrac{1}{n} + \dfrac{\overline{X}^2}{S_{XX}}}}$$

여기에서 $s = \sqrt{\dfrac{1}{n-2}\displaystyle\sum_{i=1}^{n}(Y_i - \hat{Y}_i)^2}$, $S_{XX} = \displaystyle\sum_{i=1}^{n}(X_i - \overline{X})^2$이다.

T-검정통계량은 자유도 $n-2$인 t-분포를 따른다.

ⓒ 유의수준 α에 대한 기각역

귀무가설	검정통계량	대립가설	H_0 기각역
$H_0 : \beta_0 = 0$	$T = \dfrac{\widehat{\beta_0} - \beta_0}{SE(\widehat{\beta_0})}$	$H_1 : \beta_0 \neq 0$	$\vert T \vert > t_{\alpha/2}(n-2)$

③ Y의 평균값에 관한 추론

ⓐ 목적 : 회귀분석의 중요한 목적 중 하나는 예측이고, 추정된 회귀직선을 이용하여 독립변수 X의 임의의 값에서 종속변수 Y가 갖는 값에 대한 분석을 할 수 있다. 이를 위하여 주어진 X값에서의 Y의 평균값에 대한 추정이 필요하다.

ⓑ $X = x$에서 Y의 평균 $E[Y(x)] = \beta_0 + \beta_1 x$의 점추정량은 $\widehat{Y}(x) = \widehat{\beta_0} + \widehat{\beta_1} x$로 주어진다. 이 통계량의 기댓값과 분산은 다음과 같다.

$$E[\widehat{Y}(x)] = E(\widehat{\beta_0} + \widehat{\beta_1} x) = \beta_0 + \beta_1 x$$
$$Var[\widehat{Y}(x)] = Var(\widehat{\beta_0} + \widehat{\beta_1} x) = Var[\overline{Y} - \widehat{\beta_1}(x - \overline{X})] \leftarrow \overline{Y}\text{와 }\widehat{\beta_1}\text{은 서로 독립}$$
$$= Var(\overline{Y}) + (x - \overline{X})^2 Var(\widehat{\beta_1}) = \sigma^2 \left(\frac{1}{n} + \frac{(x - \overline{X})^2}{S_{XX}} \right)$$

ⓒ $\widehat{Y}(x)$의 표준오차 : $SE(\widehat{Y}(x)) = s \sqrt{\dfrac{1}{n} + \dfrac{(x - \overline{X})^2}{S_{XX}}}$, σ^2의 추정량 s^2 대입

ⓓ 추정량 $\widehat{\beta_0}$와 $\widehat{\beta_1}$이 정규분포를 따르므로 $\widehat{Y}(x)$도 정규분포를 따르게 된다. 따라서 표준오차를 사용하는 경우 $t -$분포를 이용하여 추정 및 검정을 한다.

ⓔ $X = x$에서 Y의 평균 $E[Y(x)] = \beta_0 + \beta_1 x$의 신뢰도 $100(1 - \alpha)\%$의 신뢰구간은
$(\widehat{\beta_0} + \widehat{\beta_1} x) - t_{\alpha/2}(n-2) SE(\widehat{Y}(x)) < \beta_0 + \beta_1 x < (\widehat{\beta_0} + \widehat{\beta_1} x) + t_{\alpha/2}(n-2) SE(\widehat{Y}(x))$이다.

ⓕ 표준오차의 식에서 알 수 있듯이 $x = \overline{X}$일 때 가장 신뢰구간의 폭이 좁고 x가 $\overline{X}$에서 멀어질수록 넓어진다.

(7) 잔차분석

① 의미 ⋯ 각 모수에 대한 추론은 모두 모집단 회귀모형에 포함된 오차항 ε에 대한 몇 가지 가정에 바탕을 둔다. 그러나, 오차항 ε은 관측될 수 없는 값이기 때문에 이들의 일종의 "추정량"인 잔차 e를 이용하여 이들의 타당성을 조사하는데 이를 잔차분석(residual analysis)이라 한다.

② 회귀분석에서의 가정

ⓐ 가정된 모형 $Y_i = \beta_0 + \beta_1 X_i + \varepsilon_i$은 옳다(선형성)

ⓛ 오차 ε_i의 평균값은 0이다. 즉 $E(\varepsilon_i) = 0$, $i = 1, 2, ..., n$

ⓒ 모든 오차 ε_i 의 분산은 σ^2으로 동일하다(등분산성)

즉 $Var(\varepsilon_i) = \sigma^2$, $i = 1, 2, ..., n$

이 가정의 결과로 X 의 모든 점에서 Y의 분포의 형태가 동일하게 주어진다.

ⓔ 오차 ε_i들은 서로 독립이다(독립성) : 오차들의 상관계수가 0 이라는 가정을 포함한다.

이 가정에 의하여 Y_1, Y_2, ..., Y_n들도 독립이다.

ⓜ 오차 ε_i들은 **정규분포를** 따른다 : 이 가정에 의하여 모수들의 추론에서 $t-$분포와 $F-$분포를 사용할 수 있다.

ⓗ **독립변수 X는 확률변수가 아니다** : 독립변수들의 값은 관측된 것이 아니라 주어진 상수로 취급한다. 즉 X_i의 값에는 측정 오차가 없다.

③ **잔차분석**

㉠ 회귀모형의 타당성과 위의 기본가정들에 대한 위반사항들을 검토하기 위한 잔차의 산점도를 그려본다.

㉡ 또한 잔차분석을 통해 자료의 이상값의 여부와 중요한 독립변수가 모형에서 제외되었는가의 여부도 검토할 수 있다.

㉢ 잔차의 산점도

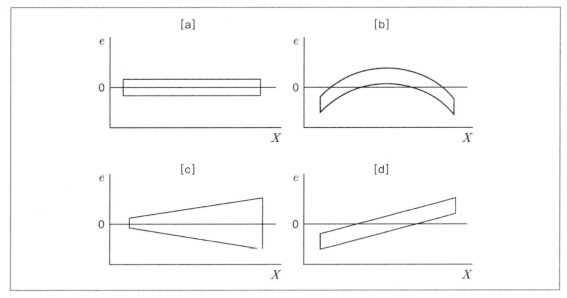

(a) 선형회귀모형이 선형성, 독립성, 등분산성의 가정이 성립된다. 이 가정이 충족되면 독립변수에 대한 잔차의 산점도가 0 을 중심으로 수평대 안에서 완전히 랜덤하게 나타나고, 어떤 체계적인 형태를 갖지 않는다.

(b) 회귀모형의 형태가 직선보다는 이차곡선이 적절한 모형으로 판단된다. 따라서 선형회귀모형은 적합하지 않고 X의 이차항 X^2이 포함된 모형을 고려해야 한다.

(c) X_i가 증가함에 따라 오차의 분산이 점점 커져 등분산 가정이 충족되지 못함을 보여주고 있다.

(d) 종속변수와 어떤 선형적인 관계가 있는 변수가 모형에 생략되어 있음을 나타낸다.

(8) 상관분석

① **의미** … 두 확률변수 X와 Y에 대한 모집단 상관계수를 추정하여 변수들 간의 선형관계의 정도를 분석하는 방법이 상관분석(correlation analysis)이다.

② **상관계수의 추정** … 두 확률변수 X와 Y에 대한 n개의 표본 (X_1, Y_1), (X_2, Y_2), ..., (X_n, Y_n)이 주어졌을 때 이들 표본에 대한 상관계수는 다음과 같이 정의된다.

㉠ 표본상관계수 $r = \dfrac{S_{XY}}{\sqrt{S_{XX}}\sqrt{S_{YY}}} = \dfrac{\displaystyle\sum_{i=1}^{n}(X_i - \overline{X})(Y_i - \overline{Y})}{\sqrt{\displaystyle\sum_{i=1}^{n}(X_i - \overline{X})^2}\sqrt{\displaystyle\sum_{i=1}^{n}(Y_i - \overline{Y})^2}}$

㉡ 표본상관계수 r은 모집단상관계수 ρ의 점추정량이다.

㉢ 표본상관계수의 공식은 단순선형회귀에서 기울기의 추정량 공식과 다음과 같은 관계를 가지고 있다.

$$r = \widehat{\beta_1}\sqrt{\frac{S_{XX}}{S_{XY}}}$$

㉣ 기울기의 추정량 $\widehat{\beta_1}$의 값이 0이면 표본상관계수 r의 값 역시 0이 된다.

㉤ 단순선형회귀에서의 결정계수는 표본상관계수의 제곱과 같다. 즉, $R^2 = r^2$

③ **상관계수에 대한 검정** … 두 확률변수 X와 Y가 선형상관관계 존재 여부에 관한 검정은 다음과 같다.

귀무가설	검정통계량	대립가설	H_0 기각역
$H_0 : \rho = 0$	$t = r\sqrt{\dfrac{n-2}{1-r^2}}$	$H_1 : \rho \neq 0$	$\lvert T \rvert > t_{\alpha/2}(n-2)$

기출유형문제

1 다음은 입학 시 수학 성적(X)과 1학년 때의 통계학 성적(Y)에 대하여 단순선형회귀모형 $Y_i = \alpha + \beta X_i + \epsilon_i$, $i = 1, 2, \cdots, n$을 적용하여 얻은 결과이다. 이에 대한 설명으로 옳은 것은? (단, $F_\alpha(k_1, k_2)$는 분자의 자유도가 k_1이고 분모의 자유도가 k_2인 F-분포의 제$100 \times (1-\alpha)$ 백분위수를 나타내고, $F_{0.05}(1, 10) = 4.96$, $F_{0.05}(1, 11) = 4.84$이다. 그리고 $t_\alpha(k)$는 자유도가 k인 t-분포의 제$100 \times (1-\alpha)$ 백분위수를 나타내고, $t_{0.05}(10) = 1.812$, $t_{0.025}(10) = 2.228$, $t_{0.025}(11) = 2.201$이다)

요인	제곱합	자유도	평균제곱	F-값
회귀	541.69	1	541.69	29.04
잔차	186.56	10	18.66	

	회귀계수	표준오차	t-값
상수항	30.04	10.14	2.96
X	0.90	0.17	5.34

① 자료의 개수(n)는 11이다.

② 추정된 회귀직선은 $\hat{Y} = 10.14 + 0.17X$이다.

③ X와 Y 사이의 모상관계수(ρ)가 0인지 검정할 때, 귀무가설($H_0 : \rho = 0$)은 유의수준 5%에서 기각되지 않는다.

④ 추정된 회귀모형의 유의성을 검정할 때, 귀무가설($H_0 :$ 회귀모형은 유의하지 않다)은 유의수준 5%에서 기각된다.

✅ **ANSWER** | 1.④

1 ① 자료이 개수(n)는 잔차의 자유도가 $n-2$이므로 12이다.

② 추정된 회귀식은 $\hat{Y} = 30.04 + 0.90X$이다.

③ 최소제곱법에 의해 추정된 회귀계수 $\hat{\beta}$와 모상관계수 ρ의 추정량이 표본상관계수 r과의 관계는 $r = \hat{\beta}\sqrt{\dfrac{S_{XX}}{S_{YY}}}$ 이므로 귀무가설 $H_0 : \rho = 0$을 검정하는 것은 $H_0 : \beta = 0$을 검정하는 것과 같다. 따라서 유의수준 5%에서 $t_{0.025}(10) = 2.228$ 보다 기울기에 대한 검정통계량 t-값 5.34가 크므로 귀무가설을 기각한다. 즉 $\beta \neq 0$이므로 $\rho \neq 0$ 이다.

④ 귀무가설($H_0 :$ 회귀모형은 유의하지 않다)은 유의수준 5%에서 F-분포의 값 $F_{0.05}(1, 10) = 4.96$ 보다 검정통계량 F-값 29.04이 크기 때문에 귀무가설을 기각한다.

2 자료의 수가 n인 표본 (x_i, y_i) $(i = 1, 2, \cdots, n)$에 대해 다음 두 회귀모형 M_1과 M_2를 적용하여 분석하고자 한다. 두 모형에 대한 설명으로 옳은 것만을 모두 고르면?

$M_1:$ $Y_i = \alpha + \epsilon_i$,
$M_2:$ $Y_i = \alpha + \beta X_i + \epsilon_i$ $(i = 1, 2, \cdots, n)$

ㄱ. 모형 M_1에서 $\widehat{Y_i} = \overline{Y}$이다.
ㄴ. 모형 M_2의 결정계수는 0 이상이다.
ㄷ. 모형 M_2의 회귀제곱합은 모형 M_1의 회귀제곱합보다 크거나 같다.

① ㄱ, ㄴ
② ㄱ, ㄷ
③ ㄴ, ㄷ
④ ㄱ, ㄴ, ㄷ

3 선형회귀모형에 대한 가정으로 옳지 않은 것은?
① 오차의 등분산성
② 오차 간의 독립성
③ 독립변수와 종속변수의 선형성
④ 독립변수 간 상관관계 존재성

ANSWER | 2.④ 3.④

2 ㄱ. 모형 M_1에서 $\sum_{i=1}^{n} \varepsilon_i^2 = \sum_{i=1}^{n} (Y_i - \alpha)^2$이 최소가 되는 α를 구하면 $\overline{Y}$이므로 $\widehat{Y_i} = \overline{Y}$이다.

ㄴ. 모형 M_2의 결정계수는 0 이상이다.

ㄷ. 회귀제곱합은 $\sum_{i=1}^{n} (\widehat{Y_i} - \overline{Y})^2$으로 모형 M_1의 회귀제곱합은 0이므로 모형 M_2의 회귀제곱합이 크거나 같다.

3 회귀분석은 종속변수와 독립변수(설명변수) 간의 관계를 선형모형으로 정의한다. 예를 들어 단순선형회귀모형은 다음과 같다.
$Y_i = \beta_0 + \beta_1 X_i + \varepsilon_i$
여기에서 오차 ε_i는 평균이 0이고 분산이 σ^2인 확률변수이며, 서로 확률적으로 독립이라 가정한다.
회귀분석에서 독립변수 간의 상관관계가 높은 경우 최소제곱추정량의 계산이 불가능할 수 있고, 추정량의 분산이 커지는 문제가 발생할 수 있는데, 이 때 독립변수들 간에 다중 공선성이 존재한다고 한다.

4 다음 자료에 단순선형회귀모형 $Y_i = \alpha + \beta X_i + \epsilon_i$, $(i = 1, 2, \cdots, 7)$을 적용하려고 한다.

i	1	2	3	4	5	6	7
X	1	2	3	5	7	9	8
Y	6	9	10	12	15	13	17

회귀분석 결과가 다음과 같을 때, 옳은 것만을 모두 고른 것은?

	회귀계수	표준오차	$t-$값	$p-$값
상수항	6.3695	1.4031	4.539	0.006
x	1.0690	0.2432	4.395	0.007

$$R^2 = 0.794,\ R_{adj}^2 = 0.753,\ F = 19.32\ (p-\text{값} = 0.007)$$

㉠ 유의수준 5 %에서 귀무가설 $H_0 : \beta = 0$을 기각한다.

㉡ 결정계수는 75 % 이상이다.

㉢ X와 Y의 표본상관계수는 0.9보다 크다.

㉣ 유의수준 1 %에서 단순선형회귀직선은 통계적으로 유의하다.

---

① ㉠, ㉡

② ㉡, ㉢

③ ㉠, ㉡, ㉣

④ ㉠, ㉢, ㉣

✅ **ANSWER** | 4.③

4 ㉠ 귀무가설 $H_0 : \beta = 0$은 검정통계량 $F = 19.32$이고 이에 대한 유의확률$(p-\text{값})$이 0.007로 유의수준 5% 보다 작으므로 귀무가설을 기각한다. 또한 회귀계수의 검정에서 $t = 4.395$이고 이에 대한 유의확률$(p-\text{값})$이 0.007 로 유의수준 5% 보다 작으므로 귀무가설을 기각한다.

㉡ 결정계수는 0.794이고 조정된 결정계수는 0.753이므로 75% 이상이다.

㉢ X와 Y의 표본상관계수는 $\sqrt{0.794}$ 이므로 0.9 보다 작다.

㉣ 단순선형회귀직선이 타당하지 않다는 귀무가설에 대하여 유의수준 1% 에서 $F-$검정통계량 유의확률$(p-\text{값})$이 0.007 이므로 귀무가설을 기각한다. 즉 모형이 통계적으로 유의하다.

5 자료 $(X_i, \ Y_i), \ (i = 1, 2, ..., 10)$에 단순선형회귀모형을 적용하여 얻은 분산분석표의 일부는 다음과 같다.

요인	제곱합	자유도	평균제곱	F-값	p-값
회귀	15				0.002
잔차	6				
합계	21	9			

최소제곱법으로 추정된 회귀직선이 $\widehat{Y_i} = 3 - 2.5X_i$일 때, X와 Y의 표본상관계수와 유의수준 5 %에서 회귀직선이 유의하지 않다는 귀무가설에 대한 검정 결과가 옳게 짝지어진 것은?

    표본상관계수   검정 결과

① $\sqrt{\dfrac{5}{7}}$ 귀무가설 기각함

② $-\sqrt{\dfrac{5}{7}}$ 귀무가설 기각함

③ $\sqrt{\dfrac{5}{7}}$ 귀무가설 기각하지 않음

④ $-\sqrt{\dfrac{5}{7}}$ 귀무가설 기각하지 않음

---

5 표본상관계수의 제곱은 결정계수와 같으므로 $r^2 = \dfrac{15}{21} = \dfrac{5}{7}$ 이고, 추정된 회귀직선의 기울기가 음이므로 표본상관계수는

$r = -\sqrt{\dfrac{5}{7}}$ 이 된다.

또한 유의수준 5%에서 회귀직선이 유의하지 않다는 귀무가설에 대해 유의확률 p-값이 0.02로 유의수준보다 작으므로
귀무가설을 기각할 수 있다.

6 표본의 크기가 n인 자료 (X_i, Y_i)에 단순선형회귀모형 $Y_i = \beta_0 + \beta_1 X_i + \epsilon_i, \ (i = 1, 2, \ldots, n)$을 적용하고자 한다. 최소제곱법으로 추정된 회귀직선이 $\hat{Y}_i = \hat{\beta}_0 + \hat{\beta}_1 X_i$ 일 때, 옳은 것만을 모두 고른 것은?

> ㉠ $X = x_0$에서 Y의 평균반응에 대한 신뢰구간의 길이는 x_0가 $\overline{X}$에 가까울수록 짧아진다.
>
> ㉡ 회귀제곱합(regression sum of squares)은 $\hat{\beta}_1^2 \sum_{i=1}^{n} (X_i - \overline{X})^2$과 같다.
>
> ㉢ Y와 $\hat{Y}$의 표본상관계수의 제곱은 Y와 X의 표본상관계수의 제곱과 같다.

① ㉠, ㉡   ② ㉠, ㉢

③ ㉡, ㉢   ④ ㉠, ㉡, ㉢

---

6 ㄱ. $X = x_0$에서 Y의 평균반응에 대한 신뢰구간의 길이는 추정량 $\hat{Y}$의 표준오차에 의존한다. $\hat{Y}$의 표준오차

$$SE(Y(x)) = s\sqrt{\frac{1}{n} + \frac{(x_0 - \overline{X})^2}{S_{XX}}}$$ 는 x_0와 $\overline{X}$의 차이의 제곱값에 따라 크기가 달라지므로, x_0가 $\overline{X}$에 가까울수록

표준오차는 작아지고 신뢰구간의 길이는 짧아진다.

ㄴ. 회귀제곱합은

$$SSR = \sum_{i=1}^{n} (\hat{Y}_i - \overline{Y})^2 = \sum_{i=1}^{n} ((\hat{\beta}_0 + \hat{\beta}_1 X_i) - (\hat{\beta}_0 + \hat{\beta}_1 \overline{X}))^2 = \hat{\beta}_1^2 \sum_{i=1}^{n} (X_i - \overline{X})^2 \text{ 이다.}$$

ㄷ. Y와 $\hat{Y}$의 표본상관계수를 구한다는 것은 Y와 $\hat{\beta}_0 + \hat{\beta}_1 X$와의 표본상관계수를 구하는 것과 같다. 따라서 Y와 $\hat{Y}$의 표본상관계수의 제곱은 Y와 X의 표본상관계수의 제곱과 같다.

10 20개의 시점에서 관측한 시장포트폴리오의 수익률(X)과 A 회사 주식의 수익률(Y)에 대해 단순선형회귀모형을 적용하여 최소제곱법으로 추정된 회귀직선이 $\hat{Y} = 1 + 2X$이다. X와 Y의 표본분산이 각각 4와 32일 때, X와 Y의 표본상관계수는?

① $\dfrac{1}{\sqrt{2}}$　　　　　　　　　　　　② $\dfrac{1}{2}$

③ $\dfrac{1}{2\sqrt{2}}$　　　　　　　　　　　④ $\dfrac{1}{4}$

11 $\sum_{i=1}^{n}(X_i - \overline{X})^2 = 80$, $\sum_{i=1}^{n}(Y_i - \overline{Y})^2 = 360$인 두 변수 X와 Y에 대하여 단순회귀모형 $Y_i = \beta_0 + \beta_1 X_i + \epsilon_i$, $i = 1, 2, \cdots, n$

에서 추정된 회귀직선이 $\hat{Y}_i = 0.8 + 2.0 \times X_i$일 때, 잔차제곱합 $\sum_{i=1}^{n}(Y_i - \hat{Y}_i)^2$은? (단, $\overline{X} = \dfrac{1}{n}\sum_{i=1}^{n}X_i$, $\overline{Y} = \dfrac{1}{n}\sum_{i=1}^{n}Y_i$이다)

① 40　　　　　　　　　　　　② 160

③ 200　　　　　　　　　　　④ 280

✅ **ANSWER** | 7.① 8.①

---

7 $n = 20$인 단순선형회귀모형에서 최소제곱법으로 추정된 회귀식이 $\hat{Y} = 1 + 2X$이고 X와 Y의 표본분산이 각각 4와 32이며 자유도는 각각 19이다.

추정된 회귀식에서 기울기는 $2 = \dfrac{S_{XY}}{S_{XX}} = \dfrac{\sum_{i=1}^{20}(X_i - \overline{X})(Y_i - \overline{Y})}{\sum_{i=1}^{20}(X_i - \overline{X})^2}$이므로 $S_{XY} = 2S_{XX}$이다.

또한 결정계수는 X와 Y의 표본상관계수의 제곱과 같으므로

$$R = r^2 = \frac{(S_{XY})^2}{S_{XX}S_{YY}} = \frac{(2S_{XX})^2}{S_{XX}S_{YY}} = \frac{4S_{XX}}{S_{YY}} = \frac{4S_{XX}/19}{S_{YY}/19} = \frac{4\,Var(X)}{Var(Y)} = \frac{4 \times 4}{32} = \frac{1}{2}$$

이다. 따라서 X와 Y의 표본상관계수 r은 $\dfrac{1}{\sqrt{2}}$이다.

8 단순회귀모형에서 잔차제곱합은 총제곱합에서 회귀제곱합을 뺀 것과 같다.

즉, $\sum_{i=1}^{n}(Y_i - \hat{Y}_i)^2 = \sum_{i=1}^{n}(Y_i - \overline{Y})^2 - \sum_{i=1}^{n}(\hat{Y}_i - \overline{Y})^2$

여기에서 총제곱합은 $\sum_{i=1}^{n}(Y_i - \overline{Y})^2 = 360$이다.

또한 추정된 회귀직선은 $\hat{Y}_i = 0.8 + 2.0 X_i$이고, 절편의 추정식은 $0.8 = \overline{Y} - 2.0\overline{X}$이므로 $\overline{Y} = 0.8 + 2.0\overline{X}$이다.

그러므로 회귀제곱합은

$$\sum_{i=1}^{n}(\hat{Y}_i - \overline{Y})^2 = \sum_{i=1}^{n}((0.8 + 2.0X_i) - (0.8 + 2.0\overline{X}))^2 = \sum_{i=1}^{n}4.0(X_i - \overline{X})^2 = 4.0 \times 80 = 320$$

이다. 따라서 잔차제곱합은 $360 - 320 = 40$이다.

12 표본상관계수 r에 대한 설명으로 옳은 것만을 모두 고른 것은?

> ㉠ r가 -1이면 산점도에서 모든 관측값은 일직선 위에 있다.
> ㉡ r가 -0.5이면 단순회귀분석에서 결정계수는 0.25이다.
> ㉢ r가 양수이면 단순회귀분석에서 기울기의 추정값도 양수이다.

① ㉠, ㉡　　　　　　　　　　　　② ㉠, ㉢

③ ㉡, ㉢　　　　　　　　　　　　④ ㉠, ㉡, ㉢

9　㉠ 표본상관계수기　1인 경우 두 변수 사이의 관계를 선형식으로 표현 할 수 있으므로 모든 관측값들은 일직선 위에 있다.

㉡ 단순회귀분석에서 결정계수 $R^2 = \dfrac{SSR}{SST} = r^2$는 회귀제곱합($SSR$)과 총제곱합($SST$)의 비로 정의되고, 이는 상관계수를 제곱한 값과 같다.

㉢ 단순회귀직선에서 기울기의 추정값은 $\widehat{\beta_1} = \dfrac{S_{XY}}{S_{XX}} = r\sqrt{\dfrac{S_{YY}}{S_{XX}}}$ 이므로 표본상관계수와 동일한 부호를 따른다. 따라서 표본상관계수가 양수이면 단순회귀분석에서 기울기의 추정값도 양수이다.

13 단순회귀모형 $Y_i = \beta_0 + \beta_1 X_i + \epsilon_i$, $i = 1, 2, \cdots, n$에서 최소제곱법으로 구한 추정회귀식이 $\widehat{Y}_i = \hat{\beta}_0 + \hat{\beta}_1 X_i$이고, 잔차가 $e_i = Y_i - \widehat{Y}_i$일 때, 이에 대한 설명으로 옳은 것만을 모두 고른 것은? (단, $\overline{X} = \dfrac{1}{n}\sum\limits_{i=1}^{n} X_i$, $\overline{Y} = \dfrac{1}{n}\sum\limits_{i=1}^{n} Y_i$이다)

㉠ $\overline{Y} = \hat{\beta}_0 + \hat{\beta}_1 \overline{X}$	㉡ $\sum\limits_{i=1}^{n} e_i = 0$	㉢ $\sum\limits_{i=1}^{n} \widehat{Y}_i e_i = 0$

① ㉠, ㉡　　　　　　　　　　　　　　　② ㉠, ㉢

③ ㉡, ㉢　　　　　　　　　　　　　　　④ ㉠, ㉡, ㉢

✅ **ANSWER** | 10.④

10 단순회귀모형 $Y_i = \beta_0 + \beta_1 X_i + \varepsilon_i$에서 오차 ε_i들의 제곱의 합이 최소가 되도록 회귀계수를 추정한다.

$$S = \sum_{i=1}^{n} \varepsilon_i^2 = \sum_{i=1}^{n} (Y_i - \beta_0 - \beta_1 X_i)^2$$

즉, 식 S를 β_0와 β_1으로 각각 편미분하여 0으로 놓고 β_0와 β_1에 대해 이원연립방정식을 풀면 된다.

$$\frac{\partial S}{\partial \beta_0} = (-2)\sum_{i=1}^{n} (Y_i - \beta_0 - \beta_1 X_i) = 0$$

$$\frac{\partial S}{\partial \beta_1} = (-2)\sum_{i=1}^{n} (Y_i - \beta_0 - \beta_1 X_i) X_i = 0$$

두 식을 만족시키는 β_0와 β_1을 각각 $\hat{\beta}_0$, $\hat{\beta}_1$라 하면 다음과 같다.

$$\hat{\beta}_1 = \frac{S_{XY}}{S_{XX}} = \frac{\sum\limits_{i=1}^{n}(X_i - \overline{X})(Y_i - \overline{Y})}{\sum\limits_{i=1}^{n}(X_i - \overline{X})^2} = \frac{\sum\limits_{i=1}^{n} X_i Y_i - n\overline{X}\,\overline{Y}}{\sum\limits_{i=1}^{n} X_i^2 - n\overline{X}^2}, \quad \hat{\beta}_0 = \overline{Y} - \hat{\beta}_1 \overline{X}$$

㉠ 따라서 $\overline{Y} = \hat{\beta}_0 + \hat{\beta}_1 \overline{X}$이다.

㉡ 잔차의 합을 구하면

$$\sum_{i=1}^{n} e_i = \sum_{i=1}^{n}(Y_i - \widehat{Y}_i) = \sum_{i=1}^{n} Y_i - \sum_{i=1}^{n} \widehat{Y}_i = n\overline{Y} - \sum_{i=1}^{n}(\hat{\beta}_0 + \hat{\beta}_1 X_i) = n\overline{Y} - n(\hat{\beta}_0 + \hat{\beta}_1 \overline{X}) = n\overline{Y} - n\overline{Y} = 0$$

㉢ $\displaystyle\sum_{i=1}^{n} \widehat{Y}_i e_i = \sum_{i=1}^{n}(\hat{\beta}_0 + \hat{\beta}_1 X_i)e_i = \hat{\beta}_0 \sum_{i=1}^{n} e_i + \hat{\beta}_1 \sum_{i=1}^{n} X_i e_i = \hat{\beta}_1 \sum_{i=1}^{n} X_i e_i$

여기에서

$$\sum_{i=1}^{n} X_i e_i = \sum_{i=1}^{n} X_i(Y_i - \widehat{Y}_i) = \sum_{i=1}^{n} X_i Y_i - \sum_{i=1}^{n} X_i \widehat{Y}_i = \sum_{i=1}^{n} X_i Y_i - \sum_{i=1}^{n} X_i(\hat{\beta}_0 + \hat{\beta}_1 X_i)$$

$$= \sum_{i=1}^{n} X_i Y_i - \sum_{i=1}^{n} X_i(\overline{Y} - \hat{\beta}_1 \overline{X} + \hat{\beta}_1 X_i)$$

$$= \sum_{i=1}^{n} X_i Y_i - \overline{Y}\sum_{i=1}^{n} X_i - \hat{\beta}_1\left(\sum_{i=1}^{n} X_i^2 - n\overline{X}^2\right)$$

$$= \sum_{i=1}^{n} X_i Y_i - n\overline{X}\,\overline{Y} - \hat{\beta}_1 S_{XX} = S_{XY} - \hat{\beta}_1 S_{XX} = 0 \text{이므로} \sum_{i=1}^{n} \widehat{Y}_i e_i = \hat{\beta}_1 \sum_{i=1}^{n} X_i e_i = 0 \text{이다.}$$

14 절편이 있는 단순선형회귀분석에서 결정계수(coefficient of determination)에 대한 설명으로 옳지 않은 것은?

① 항상 0보다 크거나 같고 1보다 작거나 같다.
② 종속변수와 독립변수 사이의 표본상관계수 제곱과 같다.
③ 종속변수의 분산에 대한 불편추정량(unbiased estimator)이다.
④ 총변동(total sum of squares) 중에서 추정된 회귀식에 의해 설명되는 변동(regression sum of squares)의 비율을 나타낸다.

15 다음은 단순선형회귀모형 $Y_i = \beta_0 + \beta_1 X_i + \epsilon_i$, $i = 1, 2, \cdots, n$을 적합할 때 나타나는 분산분석표의 일부이다. 이에 대한 설명으로 옳지 않은 것은? (단, ϵ_i는 평균이 0이고 분산이 σ^2인 정규분포를 따르며, 서로 독립이다)

요인	제곱합	자유도	평균제곱	F-값	p-값
회귀			20		0.0064
잔차	30	15			

① F-값은 10이다.
② 표본의 크기 n은 17이다.
③ 종속변수와 독립변수 사이의 표본상관계수는 0.4이다.
④ 유의수준 5%에서 '이 회귀모형은 유의하지 않다'는 귀무가설을 기각한다.

✅ **ANSWER | 11.③ 12.③**

11
결정계수는 $R^2 = \dfrac{(회귀제곱합)}{(총제곱합)} = \dfrac{SSR}{SST} = \dfrac{(S_{XY})^2}{S_{XX}S_{YY}} = r^2$이다.

③ 종속변수의 분산에 대한 불편추정량은 오차항 ϵ_i의 분산으로 다음과 같다.

$$s^2 = \frac{1}{n-2}\sum_{i=1}^{n} e_i^2 = \frac{1}{n-2}\sum_{i=1}^{n}(Y_i - \widehat{Y_i})^2$$

① 결정계수는 항상 0과 1 사이의 실수 값을 갖는다.
② 종속변수 Y와 독립변수 X 사이의 표본상관계수 제곱과도 같다.
④ 총변동(총제곱합) 중에서 추정된 회귀식에 의해 설명되는 변동(회귀변동 또는 회귀제곱합)의 비율을 나타낸다.

12
③ 표본상관계수 r에 대해 $r^2 = \dfrac{(회귀제곱합)}{(총제곱합)} = \dfrac{20}{50} = 0.4$이므로 $r = \sqrt{0.4}$이다.

① $F = \dfrac{(회귀제곱합)/1}{(잔차제곱합)/n-2}$이므로 $F = \dfrac{20/1}{30/15} = 10$이다.

② 표본의 크기를 n이라 할 때, 잔차의 자유도는 $n-2$이므로 $n = 17$이다.

④ 유의수준 5%에서 F-검정통계량의 유의확률(p-값)이 0.0064로 유의수준보다 작으므로 '이 회귀모형은 유의하지 않다'는 귀무가설을 기각한다.

출제예상문제

1 모집단 회귀계수 β에 대한 표본 회귀계수가 0.23일 경우, 독립변수가 종속변수에 의미있는 영향을 미치는지를 알기 위해 모집단 회귀계수에 대해 가설검정하려고 할 때 귀무가설과 대립가설은?

① 귀무가설 $\beta = 0$, 대립가설 $\beta \neq 0$

② 귀무가설 $\beta \neq 0$, 대립가설 $\beta = 0$

③ 귀무가설 $\beta = 0.23$, 대립가설 $\beta \neq 0.23$

④ 귀무가설 $\beta \neq 0.23$, 대립가설 $\beta = 0.23$

2 다음은 회귀분석 결과를 정리한 분산분석표이다. ( )안에 들어갈 A, B, C, D 값을 순서대로 나타내면?

	자유도	제곱합	평균제곱	F
모델	2	390	(A)	(B)
잔차	(C)	276	(D)	
전체	14	666		

① A : 195, B : 8.48, C : 11, D : 21   ② A : 195, B : 8.48, C : 12, D : 23

③ A : 190, B : 5.21, C : 11, D : 21   ④ A : 190, B : 5.21, C : 12, D : 23

✅ ANSWER | 1.① 2.②

1 회귀계수는 회귀직선의 기울기로 종속변수와 독립변수 간의 선형관계 존재여부와 그 정도를 나타낸다. 기울기가 0이라면 회귀직선이 유의하지 않다는 것이므로 회귀계수에 대한 유의성 검정은 매우 중요하다. 이 때 회귀직선이 유의하다는 것을 대립가설로 세운다. 즉 기울기인 회귀계수가 0이 아니라는 가설 $\beta \neq 0$을 대립가설에, 그리고 회귀직선이 유의하지 않다는 $\beta = 0$을 귀무가설로 세우고 검정하면 된다.

2

	자유도	제곱합	평균제곱	F
모델	2	390	$\frac{390}{2} = 195$	$195/23 = 8.48$
잔차	$14 - 2 = 12$	276	$\frac{276}{12} = 23$	
전체	14	666		

3 두 변량 X, Y에서 X의 표준편차가 4, Y의 표준편차가 3, 두 변량의 공분산이 11일 때 상관계수의 값은?

① 0.458   ② 0.677

③ 0.917   ④ 0.958

4 두 회귀직선이 직교하면 상관계수는 얼마가 되는가?

① -1   ② 0

③ 0.5   ④ 1

5 두 변수 가족 수와 생활비 간의 상관계수가 0.6이라면, 생활비 변동의 몇 %가 가족 수로 설명되어진다고 할 수 있는가?

① 0.36   ② 36

③ 0.6   ④ 60

6 n개의 범주로 된 변수를 가변수(dummy variable)로 만들어 회귀분석에 이용할 경우 몇 개의 가변수가 회귀분석 모형에 포함되어야 하는가?

① n   ② n-1

③ n-2   ④ n-3

ANSWER | 3.③   4.②   5.①   6.②

3   상관계수 $= \dfrac{11}{4 \times 3} = 0.917$

4   두 회귀직선이 직교하면 상관계수는 0이 된다.

5   결정계수 = 상관계수의 제곱 $= (0.6)^2 = 0.36$

6   가변수의 수 = '범주 수 - 1'이다.

7 다음 중 공분산과 상관계수에 관한 설명이 바르지 못한 것은?

① 공분산이 두 변수 간의 관계정도를 나타내 주기는 하지만 측정단위에 따라 그 값이 크게 변할 수 있다.

② 상관계수는 측정단위의 영향을 배제시킬 수 있어 다양한 자료를 비교할 수 있다.

③ 공분산값을 x의 표준편차와 y의 표준편차로 나누어 구한 것이 상관계수이다.

④ 공분산이나 상관계수는 음의 값을 취할 수 없다.

8 다음 중 상관계수에 관한 설명이 바르지 않은 것은?

① 상관계수 r은 −1과 1 사이의 값을 갖는다.

② 상관계수 r이 +1에 가까울수록 강한 양(+)의 상관관계를 가진다.

③ 상관계수 r이 0에 가까울수록 강한 음(−)의 상관관계를 가진다.

④ 모집단 상관계수 ρ 가 0이라는 귀무가설의 검정은 자유도가 (n−2)인 t−분포를 이용한다.

9 판매가격이 매출액에 미치는 영향 정도를 알아보기 위해 회귀분석을 실시하였다. 그 결과 Y=100,000−900x 라는 회귀식이 도출되었다. 다음 중 바르게 기술한 것은?

① 가격을 천 원 올리면 매출액은 900,000원이 줄어든다.

② 가격을 천 원 올리면 매출액은 900,000원이 늘어난다.

③ 가격을 천 원 올리면 매출액은 900원이 줄어든다.

④ 가격을 천 원 내리면 매출액은 900,000원이 줄어든다.

ⓒ ANSWER | 7.④ 8.③ 9.①

7 공분산이나 상관계수는 음의 값을 취할 수 있다.
   ※ 공분산
   $$Cov(X,\ Y) = E(X-\mu_X)(Y-\mu_Y)$$
   기댓값의 성질을 이용하여 다음과 같은 공분산의 간편식을 얻을 수 있다.

공분산의 간편식
$Cov(X,\ Y) = E(XY) - \mu_X\mu_Y$

8 상관계수 r이 −1에 가까울수록 강한 음(−)의 상관관계를 가진다.
   ※ 상관계수
   $$p = Corr(X,\ Y) = \frac{Cov(X,\ Y)}{\sigma_X\sigma_Y}$$

9 판매가격 x에 1,000원을 대입하여 민감도를 계산하면 된다.

10 다음 중 회귀식의 적합도에 관한 설명이 바르지 못한 것은?

① 결정계수 공식의 분자인 SST−SSE는 총변동에서 외생요인의 변동분을 뺀 것이다.

② 결정계수 공식의 분모는 총변동이므로 결정계수는 0과 1 사이의 값을 취할 수밖에 없다.

③ 종속변수의 변동폭이 클수록 적합도는 낮아진다.

④ 모든 관측치들이 회귀선상에 위치한다면 R^2은 1이 될 것이며, 독립변수가 종속변수의 변동을 설명해 주는 정도가 적으면 적을수록 R^2값은 0에 가까워진다.

11 회귀분석 결과 결정계수값이 85%로 도출되었다. 그 의미를 제대로 설명한 것은?

① 전체 변동 중 15%가 회귀식에 의해 설명된다는 것을 의미한다.

② 독립변수는 종속변수 변동의 85%를 설명한다고 결론지을 수 있다.

③ 독립변수와 종속변수 간의 상관계수가 0.85라는 의미이다.

④ 독립변수값이 1단위 움직이면 종속변수는 0.85단위 변동한다.

12 회귀분석 결과 SST=1,000 and SSE=400임이 도출되었다. 이 경우 결정계수값은 얼마인가?

① 0.4   ② 0.6

③ 0.6667   ④ 1.5

13 회귀분석 결과 SST=20 and SSE=5임이 도출되었다. 이 경우 결정계수값은 얼마인가?

① 0.25   ② 0.333

③ 0.75   ④ 4

✅ **ANSWER** | 10.③ 11.② 12.② 13.③

10 종속변수의 변동폭이 클수록 적합도는 높아진다.

11 회귀분석 결과 결정계수값이 85%라는 의미는 독립변수가 종속변수 변동의 85%를 설명한다고 결론지을 수 있다.

12 결정계수 $= \dfrac{1,000-400}{1,000} = 0.6$

13 결정계수 $= \dfrac{20-5}{20} = 0.75$

14 다음 중 상관계수와 회귀계수와의 관계가 틀린 것은?

① 회귀계수>0이면 상관계수>0이므로 두 변수 X와 Y는 양의 상관관계이다.

② 회귀계수<0이면 상관계수<0이므로 두 변수 X와 Y는 음의 상관관계이다.

③ 회귀계수=0이면 상관계수=0이므로 두 변수 X와 Y는 무상관이다.

④ 회귀계수와 상관계수는 아무런 관계가 없다.

15 X의 표본표준편차는 40이고, Y의 표본표준편차는 80이다. 그리고 추정회귀직선은 $\hat{y} = 0.5x + 4.5$이다. 두 변수 X와 Y사이의 상관계수를 구하면 얼마인가?

① $\dfrac{1}{5}$ 　　　　　　　　　② $\dfrac{1}{4}$

③ $\dfrac{1}{3}$ 　　　　　　　　　④ $\dfrac{1}{2}$

16 X의 표본표준편차는 2000이고, Y의 표본표준편차는 500이다. 그리고 추정회귀직선은 $\hat{y} = 0.05x + 80$이다. 두 변수 X와 Y사이의 상관계수를 구하면 얼마인가?

① 0.02 　　　　　　　　　② 0.04

③ 0.4 　　　　　　　　　④ 0.6

✓ ANSWER | 14.④ 15.② 16.①

14 회귀계수와 상관계수는 밀접한 관계가 있다.

즉, 회귀계수 = 상관계수 × $\dfrac{\text{Y의 표본표준편차}}{\text{X의 표본표준편차}}$ 의 관계가 성립한다.

15 회귀계수 = 상관계수 × $\dfrac{\text{Y의 표본표준편차}}{\text{X의 표본표준편차}}$ 의 관계가 성립한다.

$0.5 = $ 상관계수 $\times \dfrac{8}{4}$, 따라서 상관계수는 $\dfrac{1}{4}$ 이다.

16 회귀계수 = 상관계수 × $\dfrac{\text{Y의 표본표준편차}}{\text{X의 표본표준편차}}$ 의 관계가 성립한다.

$0.05 = $ 상관계수 $\times \dfrac{500}{200}$

따라서 상관계수는 0.02이다.

17 두 변수 X와 Y사이의 상관계수가 0.80이다. X의 평균은 20이고 X의 표본분산은 64이고, Y의 평균은 30이고 Y의 표본분산은 625이다. 추정회귀직선을 구하면 어떻게 표시되는가?

① $\hat{y} = 0.8x - 20$ ② $\hat{y} = 0.8x + 20$

③ $\hat{y} = 2.5x - 20$ ④ $\hat{y} = 2.5x + 20$

18 두 변수 X와 Y사이의 상관계수가 0.5이다. X의 평균은 100이고 X의 표본분산은 16이고, Y의 평균은 200이고 Y의 표본분산은 36이다. 추정회귀직선을 구하면 어떻게 표시되는가?

① $\hat{y} = 0.5x - 12.5$ ② $\hat{y} = 0.5x + 12.5$

③ $\hat{y} = 0.75x - 12.5$ ④ $\hat{y} = 0.75x + 12.5$

19 추정된 회귀식이 실제치와 얼마나 합치하느냐를 객관적으로 검토할 때 쓰이는 것은 무엇인가?

① 상관계수   ② 절편

③ 기울기   ④ 결정계수

Ⓥ ANSWER | 17.③ 18.④ 19.④

17 회귀계수는 $0.8 \times \dfrac{25}{8} = 2.5$이므로

$\hat{y} - 30 = 2.5(x-20)$가 된다.

따라서, 구하는 추정회귀직선식은 $\hat{y} = 2.5x - 20$이다.

18 회귀계수는 $0.5 \times \dfrac{6}{4} = 0.75$이므로

$\hat{y} - 20 = 0.75(x-10)$가 된다.

따라서, 구하는 추정회귀직선식은 $\hat{y} = 0.75x + 12.5$ 이다.

19 추정된 회귀식이 실제치와 얼마나 합치하느냐를 객관적으로 검토할 때 결정계수를 사용한다.

표본회귀선이 $\widehat{Y_i} = 24.6 + 0.75X_i$로 추정되었다.

20 X_i가 10일 때 Y_i는 얼마가 될 것으로 예측할 수 있는가?

① 7.5

② 24.6

③ 32.1

④ 253.5

21 위 회귀식이 무엇을 뜻하는가를 잘못 말한 것은?

① X가 1 증가하면 Y가 0.75 증가한다.

② X가 0 일 때 Y가 24.6 이 된다.

③ X가 10 감소하면 Y가 7.5 감소한다.

④ X가 0 일 때는 X의 변화에도 불구하고 Y는 변하지 않는다.

22 회귀분석의 가정 중 독립변수가 변화함에 따라 종속변수가 변화할 때에 그 변화가 일정해야 한다는 것은 무엇을 말하는 것인가?

① 독립성

② 등분산성

③ 선형성

④ 정규성

✅ **A N S W E R** | 20.③ 21.④ 22.③

20 $\widehat{Y_i} = 24.6 + 0.75 \times 10 = 32.1$

21 X가 변화하면 당연히 Y도 변하게 된다.

22 독립변수가 변화함에 따라 종속변수가 변화할 때에 그 변화가 일정해야 한다는 것은 선형성의 가정을 말한다.

23 P-값이 의미하는 것은?

① H_0가 맞을 확률

② H_0가 틀릴 확률

③ 회귀식이 독립변수와 종속변수의 상관관계를 설명하는 비율

④ 회귀식의 예측능력

24 회귀분석에서는 몇 가지의 가정을 근거로 하여 실시하게 되는데, 그 가정이 타당성이 있는지 잔차분석 (residual analysis)을 통하여 판단하게 된다. 이 때 검토되어지는 가정이 아닌 것은?

① 선형성   ② 등분산성

③ 독립성   ④ 불편성

25 다음 중 회귀분석에 대한 설명으로 옳지 않은 것은?

① 회귀분석은 독립변수의 값에 대한 종속변수 값의 추정치와 예측치를 제공한다.

② 회귀분석은 독립변수와 종속변수 간의 관계의 존재 여부는 알려주지만 수식으로 나타내지는 못한다.

③ 회귀분석의 결과로 나온 독립변수와 종속변수 간의 관계는 완전히 정확하지는 못하고 확률적이다.

④ 회귀분석을 통해 우리는 종속변수의 값의 변화에 영향을 미치는 중요한 독립변수들이 무엇인지를 알 수 있다.

ANSWER | 23.① 24.④ 25.②

23 P-값이란 독립변수와 종속변수 간에 상관관계가 없다는 귀무가설(H_0)이 맞을 확률을 나타내며, P-값이 작을수록 회귀식의 설득력이 높아진다.

24 회귀분석 시 선형성, 정규성, 독립성, 등분산성의 가정이 요구된다.

25 회귀분석을 통해 독립변수와 종속변수 간의 관계를 구체적인 수식으로 나타낼 수 있다.

26 매출액(Y)과 광고액(X)은 직선의 관계에 있으며, 이때 상관계수는 0.90이다. 만일 매출액(Y)을 종속변수 그리고 광고액(X)을 독립변수로 선형 회귀분석을 실시할 경우, 다음 중 추정된 회귀선의 설명력과 가장 가까운 값은?

① 0.99

② 0.91

③ 0.81

④ 결정할 수 없다.

27 두 변수 간의 선형 관련성을 측정하는 도구이며 (+)값은 양의 관계를, (−)값은 음의 관계를 의미하는 것은?

① 표준편차

② 분산

③ 공분산

④ 결정계수

28 다음 중 (   )에 들어갈 알맞은 용어는 무엇인가?

> 회귀분석에서 설명 변수 중에 서로 상관이 높은 것이 포함되어 있을 때는 분산·공분산 행렬의 행렬식이 0에 가까운 값이 되어 회귀 계수의 추정 정밀도가 매우 나빠지는 일이 발생하는데, 이러한 현상을 (   )(이)라 한다.

① 최소자승법

② 더미변수

③ 적합도 검정

④ 다중 공선성

ANSWER | 26.③ 27.③ 28.④

26 단순회귀 분석 시 $R^2 = \rho^2 = (0.9)^2 = 0.81$

27 공분산(Covariance)이란 두 변수 간의 선형 관련성을 측정하는 도구이며 (+)값은 양의 관계를, (−)값은 음의 관계를 의미한다.

28 다중 공선성(multicollinearity)이란 회귀분석에서 설명 변수 중에 서로 상관이 높은 것이 포함되어 있을 때는 분산·공분산 행렬의 행렬식이 0에 가까운 값이 되어 회귀 계수의 추정 정밀도가 매우 나빠지는 일이 발생하는데, 이러한 현상을 다중 공선성이라 한다.

29 n개의 범주로 된 변수를 가변수(dummy variable)로 만들어 회귀분석에 이용할 경우 몇 개의 가변수가 회귀분석모형에 포함되어야 하는가?

① n

② n-1

③ n-2

④ n-3

30 피어슨 상관계수에 관한 설명으로 옳은 것은?

① 두 변수가 곡선관계가 되었을 때 기울기를 의미한다.

② 두 변수가 모두 양적변수일 때만 사용한다.

③ 상관계수가 음일 경우는 어느 한 변수가 커지면 다른 변수도 커지려는 경향이 있다.

④ 단순회귀분석에서 결정계수의 제곱근이 반응변수와 설명변수의 피어슨 상관계수이다.

31 단순회귀분석에서 회귀직선의 추정식이 $\hat{y} = 0.5 - 2x$와 같이 주어졌을 때, 다음 설명 중 틀린 것은?

① 반응변수는 y이고 설명변수는 x이다.

② 설명변수가 한 단위 증가할 때 반응변수는 2단위 감소한다.

③ 반응변수와 설명변수의 상관계수는 0.5이다.

④ 설명변수가 0일 때 반응변수의 예측값은 0.5이다.

⊘ **ANSWER | 29.② 30.④ 31.③**

29 n개의 범주로 된 변수를 더미변수(dummy variable)로 만들어 회귀분석에 이용할 경우 (n-1) 개의 더미변수가 회귀분석모형에 포함되어야 한다.

30 피어슨 상관계수는 두 변수간의 선형관계의 정도를 나타내는 척도를 의미한다. 이때 사용되는 자료는 수치형 자료로 양적변수(이산형과 연속형)에 해당하는 데 두 변수가 정규분포를 따른다는 가정이 필요하다.
단순회귀분석의 경우 상관분석의 유의확률은 독립변수의 회귀계수 유의확률과 동일하다.

31 설명변수와 반응변수의 상관계수는 -2이다.

32 X의 표본표준편차는 40이고, Y의 표본표준편차는 80이다. 그리고 추정회귀직선은 $\hat{y} = 0.5x + 4.5$이다. 두 변수 X와 Y 사이의 상관계수를 구하면 얼마인가?

① 0.25

② 0.5

③ 0.75

④ 1

33 추정회귀직선이 $\hat{y} = 2x - 3$이고 X의 표본표준편차와 Y의 표본표준편차가 각각 3과 8일 때 X와 Y 사이의 상관계수를 구하면 얼마인가?

① 0.188

② 0.375

③ 0.67

④ 0.75

34 회귀분석에서 관찰값과 예측값의 차이는?

① 오차(error)

② 편차(deviation)

③ 잔차(residual)

④ 거리(distance)

35 다음 중 단순회귀모형에 대한 설명으로 틀린 것은?

① 독립변수는 오차없이 측정가능 해야 한다.
② 종속변수는 측정오차를 수반하는 확률변수이다.
③ 독립변수는 정규분포를 따른다.
④ 종속변수의 측정오차들은 서로 독립적이다.

ANSWER | 32.① 33.④ 34.③ 35.③

32 상관계수 $= 0.5 \times \dfrac{4}{8} = 0.25$

33 상관계수 $= 2 \times \dfrac{3}{8} = 0.75$

34 회귀분석에서 관찰값과 예측값의 차이를 잔차(residual)라고 한다.

35 독립변수는 다양한 분포를 따를 수 있으며, 분포의 성격에 따라 β의 추정방법이 달라질 수 있다.

36 두 변수 X와 Y의 상관계수가 0.1일 때, $2X$와 $3Y$의 상관계수는?

① 0.6

② 0.3

③ 0.2

④ 0.1

37 피어슨의 상관계수 값의 범위는?

① 0에서 1사이

② −1에서 0사이

③ −1에서 1사이

④ −∞에서 ∞사이

38 다음 중 상관분석의 적용을 위해 산점도에서 관찰해야 하는 자료의 특징이 아닌 것은?

① 선형 또는 비선형 관계의 여부

② 이상점의 존재 여부

③ 자료의 층화 여부

④ 원점(0, 0)의 통과 여부

39 크기가 10인 표본으로부터 얻은 회귀방정식은 $y = 2 + 0.3x$이고, x의 표본평균이 2이고 표본분산은 4, y의 표본평균은 2.6이고 표본분산은 9이다. 이 요약치로부터 x와 y의 상관계수는?

① 0.1

② 0.2

③ 0.3

④ 0.4

ANSWER | 36.④ 37.③ 38.④ 39.②

36 상관계수는 단위가 없는 수이며, 변수의 모든 관측값들에 어떠한 상수를 더하거나 곱하여도 그 크기가 변하지 않는다.

37 피어슨 상관계수 값은 −1~1까지 값을 가지며, 절댓값 0.6 이상이면 상관이 높다고 판단한다.

38 상관분석은 하나의 변수가 다른 변수와 어느 정도 밀집성을 갖고 변화하는가를 분석하는 것으로 상관관계에서 반드시 원점을 통과할 필요는 없다.

39 상관계수 $= 0.3 \times \dfrac{2}{3} = 0.2$

40 Y의 X에 대한 회귀직선식이 $\hat{Y}=3+X$이라 한다. Y의 표준편차는 5, X의 표준편차가 3일 때, Y와 X의 상관계수는?

① 0.6

② 1

③ 0.8

④ 0.5

41 결정계수(coefficient of determination)에 대한 설명으로 틀린 것은?

① 총 변동 중에서 회귀식에 의하여 설명되어지는 변동의 비율을 뜻한다.

② 종속변수에 미치는 영향이 적은 독립변수가 추가 된다면 결정계수는 변하지 않는다.

③ 모든 측정값들이 추정회귀직선상에 있는 경우 결정계수는 1이다.

④ 단순회귀의 경우 독립변수와 종속변수 간의 표본상관계수의 제곱과 같다.

42 단순회귀분석에서 회귀직선의 기울기와 독립변수와 종속변수의 상관계수와의 관계에 대한 설명으로 옳은 것은?

① 회귀직선의 기울기가 양수이면 상관계수도 양수이다.

② 회귀직선의 기울기가 양수이면 상관계수는 음수이다.

③ 회귀직선의 기울기가 음수이면 상관계수는 양수이다.

④ 회귀직선의 기울기가 양수이면 공분산이 음수이다.

ANSWER | 40.① 41.② 42.①

40 상관계수 $=1\times\dfrac{3}{5}=0.6$

41 아무리 적은 영향을 주는 독립변수라고 할지라도 그에 의해 결정계수는 변하게 된다.

42 회귀직선의 기울기가 양수이면 상관계수도 양수이며, 회귀직선의 기울기가 음수이면 상관계수도 음수이다.